高职高专“十三五”规划教材

单片机原理及应用

——单片机基础

主　编　郑毛祥　赵晓红

华中科技大学出版社
中国·武汉

内容提要

全书共分为两册，分别为单片机基础、单片机接口技术。全书以51系列单片机为例，力求系统化、项目化。单片机基础共涉及7个项目：项目1为单片机基础知识；项目2为MCS-51单片机基本结构；项目3为MCS-51指令系统；项目4为汇编语言程序设计；项目5为中断系统；项目6为定时器及应用；项目7为MCS-51单片机串行接口。以上各项目的设置，针对性强，贴近高职、高专学生的实际需求。

本书适合作为高职、高专类院校的电子信息工程、电子应用技术、通信工程、电气工程、自动化及计算机应用等专业的教学用书，也可作为其他院校及相关专业教学、培训班教学的教材，还可作为从事单片机应用领域工作的工程技术人员的业务参考书。

图书在版编目(CIP)数据

单片机原理及应用：单片机基础/郑毛祥，赵晓红主编. —武汉：华中科技大学出版社，2015.3(2023.7重印)
ISBN 978-7-5680-0777-1

Ⅰ.①单… Ⅱ.①郑… ②赵… Ⅲ.①单片微型计算机-高等职业教育-教材 Ⅳ.①TP368.1

中国版本图书馆CIP数据核字(2015)第066870号

单片机原理及应用——单片机基础 郑毛祥 赵晓红 主编

策划编辑：周芬娜
责任编辑：周芬娜
封面设计：范翠璇
责任校对：马燕红
责任监印：周治超
出版发行：华中科技大学出版社(中国·武汉) 电话：(027)81321913
武汉市东湖新技术开发区华工科技园 邮编：430223
录 排：华中科技大学惠友文印中心
印 刷：武汉开心印印刷有限公司
开 本：787mm×1092mm 1/16
印 张：13.5
字 数：350千字
版 次：2023年7月第1版第4次印刷
定 价：32.00元

本书若有印装质量问题，请向出版社营销中心调换
全国免费服务热线：400-6679-118 竭诚为您服务
版权所有 侵权必究

前　言

在我国各类高等院校中，机电一体化、电气自动化、应用电子、汽车电子、智能仪表控制等各类工科专业都开设了“单片机应用”这门课程。本课程实践性、理论性都很强，它需要电工电子技术、数字电子技术、传感器技术等基础课程的支撑，是一门计算机软、硬件有机结合的课程。

全书共分为两册。分别为单片机基础、单片机接口技术。全书以 51 系列单片机为例，力求系统化、项目化。单片机基础共涉及 7 个项目，分别为：单片机基础知识，MCS-51 单片机基本结构，MCS-51 指令系统，汇编语言程序设计，中断系统，定时器及应用，MCS-51 单片机串行接口等。单片机接口技术共涉及 8 个项目，分别为：最小单片机系统，存储器扩展，I/O 口扩展，显示与键盘，过程输入通道与接口，过程输出通道与接口，抗干扰技术 ，单片机控制系统设计及开发等。以上各项目的设计，针对性强，贴近高职高专学生的实际需求，全书循序渐进，实例引导，通俗易懂，容易激发学生的学习兴趣，增强学生的自信心和成就感。

全书注重理论与实践、教学与教辅相结合，深入浅出、层次分明、实例丰富、实用性强、可操作性强，全书每个任务的硬件电路和软件代码，都经过成功的调试，具有很强的实际操作性。每个项目的习题，全部是相关知识的衍生，有很强的趣味性和实用性。全书在具体的任务上，以 51 系列单片机为控制主体，结合传统的知识体系，将理论融入项目中，融实训教学和理论教学于一体，适合“做—学—教”的教学方法，真正达到“理实一体，学做合一”的目标。

本书由武汉铁路职业技术学院郑毛祥、赵晓红任主编，石烺峰、但旭参与了本书的编写，全书由郑毛祥负责统稿。

为了方便教学，本书配有免费电子课件，请到华中科技大学出版社官方网站下载，网址：http://www.hustp.com。

由于作者水平有限，书中难免有不当之处，敬请读者批评指正。

编　者

2015 年 3 月

目　录

项目 1

单片机基础知识

知识目标

1. 了解单片机的概念;
2. 了解单片机的应用领域;
3. 了解单片机的发展趋势;
4. 掌握十进制、二进制、十六进制整数的特点;
5. 了解机器数的概念;
6. 了解字符的编码形式;
7. 掌握有关组合数字逻辑电路和存储器的结构与工作原理;
8. 掌握字节、字、存储单元地址、存储内容的概念。

能力目标

1. 理解十进制数、二进制数、十六进制数;
2. 掌握二进制数的算术、逻辑运算;
3. 学会不同进制数之间的转换;
4. 学会机器数的原码、反码、补码的表示方法;
5. 学会由机器数求真值及数的补码运算;
6. 学会通过 ASCII 码表查找不同的字符编码;
7. 掌握基本逻辑部件(如触发器、寄存器、三态门、译码器)的应用;
8. 掌握存储器结构与工作原理。

任务一　单片机概述

任务要求

✧ 了解什么是单片机
✧ 了解单片机的应用领域
✧ 了解单片机的发展趋势

相关知识

1. 单片机概述

单片微型计算机(SCMC，Single-Chip Microcomputer)简称单片机，是将计算机的基本部件微型化，集成在一块芯片上，构成一种功能独特、功能完整的微型计算机。单片机是微型计算机的一个重要分支，它主要面向控制，因此又称微控制器(MCU，Microcontroller Unit)。单片机具有体积小、功能强、价格低、电源单一、功耗低、运算速度快、控制功能强、可靠性高、抗干扰能力强、输入/输出线多、逻辑操作能力强等优点，特别适用于实时控制。它既可作单机控制，又可作多级控制的前沿处理机。单片机系统开发方便、研制周期短，它只需要极少量的外部电路与程序软件相结合，便可组成为一个单片机控制系统。目前单片机已被广泛应用于国民经济的各个领域，对企业技术改造和产品更新换代起到了重要的作用。

2. 单片机的应用

由于单片机技术的飞速发展，单片机的应用范围日益广泛，已经深入到工业自动化、智能化仪器仪表、计算机网络与通信技术、军事装备、日常生活中等领域。

下面仅就一些典型应用方面进行介绍。

(1) 工业自动化方面

自动化能使工业系统处于最佳状态，可以提高经济效益、改善产品质量和减轻劳动强度。自动化技术被广泛应用于机械、电子、电力、石油、化工、纺织、食品等工业领域中，在工业自动化技术中，无论是过程控制技术、数据采集和测控技术，还是生产线上的机器人技术，都有单片机的参与。由于单片机体积小，可以把它做到产品的内部，取代部分老式机械零件和电子元器件，缩小了产品体积，增强了功能，实现了不同程度的智能化，机电一体化技术将发挥愈来愈重要的作用。如国内外有相当一部分汽车工业，其汽车生产流水线控制，以及汽车自身的点火控制、反锁制动、牵引、转向等控制都是采用单片机实现的。又如电脑缝纫机，用单片机代替了传统机械凸轮花样控制，不仅简化了机械结构，减少了加工工序和设备，而且使缝纫机性能大大提高，并能提供许多老式缝纫机无法提供的缝纫花样。

(2) 智能化仪器仪表

智能化仪器仪表是目前国内外应用单片机最多、最活跃的领域。现代仪器仪表(例如，测试仪表和医疗仪器等)的自动化和智能化要求越来越高，在各类(包括温度、湿度、流量、流速、电压、频率、功率、厚度、角度、长度、硬度、元素测定等)仪器仪表中引入单片机，使仪器仪表向数字化、智能化、微型化、多功能化方向发展。此外，单片机的使用还有助于提高仪器仪表的精度和准确度，简化结构、减小体积及重量后易于携带和使用，并具有降低成本，增强抗干扰能力，便于增加仪器仪表的显示、报警和自诊断等功能。如便携式心率监护仪，采用单片机能判断心跳过缓、心跳过速、停搏、漏搏等异常心率。

(3) 计算机网络与通信技术方面

高档的单片机都具有通信接口，为单片机在计算机网络与通信设备中的应用创造了很好的条件。例如，计算机的外部设备(键盘、打印机、磁盘驱动器等)和自动化办公设备(传真机、复印机、考勤机、电话机等)中，都有单片机在其中发挥作用。

(4) 军事装备方面

科技强军、国防现代化离不开单片机。在现代化的飞机、军舰、坦克、大炮、导弹火箭和雷达等各种军用装备上，都有单片机深入其中。

近些年来，单片机正朝着高性能和多品种方向发展，尤其是MCS-51系列单片机，由于它具有价格低廉、应用软件齐全、开发方便等特点，已成为目前单片机中的主流机型。单片机的发展速度非常快，从有关统计资料提供的数据来看，单片机的产量已占整个微机(包括一般的微处理器)产量的 80%以上。单片机正处在上升的前沿时期，就其整体的发展趋势而言，单片机正向着大容量、高性能化、低价格化和外围电路内装化方向发展。

(5) 日常生活中

当前，家用电器产品的一个重要发展趋势是不断提高其智能化程度，通过采用单片机进行控制，智能化家用电器将给我们带来更大的舒适和方便，例如，电脑全自动洗衣机、电冰箱、空调、电脑微波炉、电视机和音像视频设备等，进一步改善生活质量，可以把我们的生活变得更加丰富多彩。如电子秤，是出现最早、最典型的一种单片机应用产品，内装单片机接收信息，计价处理时能立即显示单价、售价，在菜场、商店里获得广泛应用。高级电子玩具的出现使玩具智能化，有很大的发展潜力，尤其是在国际市场需求量较大。

3. 单片机的发展趋势

随着半导体集成工艺的进步，外围电路也将是大规模的，应用时可把所需要的外围电路装入单片机芯片内，从而简化外围电路的设计。未来的单片机将会使系统单片化、功能更强大；单片机的工作电压低、功耗小；价格更低；单片机的种类会更加丰富。

随着社会的进步和科学技术的发展，单片机的发展及对单片机的需求和它在各个领域中的应用将得到进一步扩大。

思考与练习

1. 单片机的应用领域有哪些方面？
2. 介绍你见到的单片机应用的产品，它们有哪些功能？
3. 单片机的发展趋势是怎样的？

任务二　数制与二进制数的运算

任务要求

✧ 了解数制及数的表示形式
✧ 掌握不同进制数之间的转换
✧ 掌握二进制数的算术、逻辑运算

相关知识

单片机是一种数字逻辑器件，其内部是以二进制数形式进行算术运算和逻辑操作的。用户通过输入设备输入的命令、十进制数字和符号，只有转换成二进制形式，才能被单片机识别、运算和处理。为了方便今后的学习，本节先介绍数制与数制之间的转换和二进制数的算术、逻辑运算规则。

1. 数制

(1) 十进制整数(Decimal)

人们习惯用十进制计数，其特点如下：

① 有10个元素符号：0、1、2、3、4、5、6、7、8、9。

② 计数原则“逢十进一”，基数为10。

③ 十进制数每位的权值是10的n次方幂。

例1.1　$666=6\times10^2+6\times10^1+6\times10^0$

虽然3个元素全是6，但它们的含义是不同的，最高位6的权是10^2，最低位6的权是10^0。

任意一个十进制整数都可表示为

$$(D)_{10}=D_{n-1}\times10^{n-1}+D_{n-2}\times10^{n-2}+\cdots+D_0\times10^0$$

其中，n为整数部分的位数，D_i的值取决于一个具体的数，i=0, 1, 2, 3, …, n−1。

(2) 二进制整数(Binary)

二进制数是一种最简单的数，其特点如下：

① 有两个元素符号：0、1。

② 计数规则：“逢二进一”，基数为2。

③ 二进制数每位的权值是2的n次方幂。

例1.2　$(1011)_2=1\times2^3+0\times2^2+1\times2^1+1\times2^0=(11)_{10}$

任意一个二进制整数都可表示为

$$(B)_2=B_{n-1}\times2^{n-1}+B_{n-2}\times2^{n-2}+\cdots+B_0\times2^0$$

其中，n为整数部分的位数，B_i的值取决于一个具体的数，i=0, 1, 2, 3, …, n−1。

(3) 十六进制整数(Hexa decimal)

十六进制数的特点如下：

① 有16个元素符号：0、1、2、3、4、5、6、7、8、9、A、B、C、D、E、F。

② 计数规则：“逢十六进一”，基数为16。

③ 十六进制数每位的权值是16的n次方幂。

例1.3　$(3E8)_{16}=3\times16^2+14\times16^1+8\times16^0=(1000)_{10}$

任意一个十六进制整数都可表示为

$$(H)_{16}=H_{n-1}\times16^{n-1}+H_{n-2}\times16^{n-2}+\cdots+H_0\times16^0$$

其中，n为整数部分的位数，H_i的值取决于一个具体的数，i=0, 1, 2, 3, …, n−1。

同一数字形式的数在不同进制下，表示数的大小是不同的。如：“11”在十进制下表示数的大小为11；但在二进制下表示数的大小为3；在十六进制下表示数的大小为17。为了能分辨出不同进制的数，需要对不同进制的数加以标记，标记数的类型的方法有两种：一种是把数加上括号，并在括号右下角标注数制代号，如：$(11)_2$、$(11)_{10}$、$(11)_{16}$；另一种方法是用英文字母标记，加在被标记数的后面，分别用B、D和H表示二进制数、十进制数和十六进制数，如：11B、123D、5ACH，其中表示十进制数的D标记可省略不写。

十进制数、二进制数、十六进制数的比较如表1-1所示。

表 1-1　十进制数、二进制数、十六进制数的比较

	十进制数	二进制数	十六进制数
元素符号	0、1、2、3、4、5、6、7、8、9	0、1	0、1、2、3、4、5、6、7、8、9、A、B、C、D、E、F
运算规则	逢十进一	逢二进一	逢十六进一
权值	10^n	2^n	16^n
助记符	D	B	H
举例	123D	101011B	2A3BH

2. 不同进制数之间的转换

在现实生活中，人们习惯用十进制数表示数的大小，总是用十进制数来书写数字。但单片机只能识别二进制数，为了利用单片机处理问题，就需要先将十进制数变成单片机能够“看得懂”的二进制数形式。单片机对二进制数运算处理后，再将二进制数转换为十进制数，用十进制数形式显示出来。

(1) 二进制与十进制整数之间的转换

① 十进制整数转换成二进制整数的方法。将一个十进制整数转换成二进制整数时，采用“除 2 取余”的方法得到。即：将十进制整数一次一次地除以 2，直到商为 0 为止，最后把每次除以 2 后所得到的余数按由下至上顺序书写，这就是转换后的二进制整数表示形式。

例 1.4　将十进制数 25 转换成二进制数。

```
2 | 25
   2 | 12      …余数为 1（最低位）
     2 | 6     …余数为 0
       2 | 3   …余数为 0
         2 | 1 …余数为 1
             0 …余数为 1（最高位）
```

$(25)_{10}=(11001)_2$

② 二进制整数转换成十进制整数的方法。根据定义，只需将二进制整数按权位展开相加即可。

例 1.5　将二进制数 11011 转换成十进制数。

$$(11011)_2=1\times2^4+1\times2^3+0\times2^2+1\times2^1+1\times2^0=(27)_{10}$$

(2) 十进制整数与十六进制整数之间的转换

① 十进制整数转换成十六进制整数的方法。一个十进制整数转换成十六进制整数时，可采用“除 16 取余”的方法得到。即：将十进制整数一次一次地除以 16，直到商为 0 为止，最后把每次除以 16 后所得到的余数按由下至上顺序书写，这就是转换后的十六进制整数表示形式。

例 1.6　将十进制数 26 转换成十六进制数。

```
16 | 26
16 | 1   …余数为 10 即 A（最低位） ↑
     0   …余数为 1      （最高位）
```

$(26)_{10}=(1A)_{16}$

② 十六进制整数转换成十进制整数的方法。根据定义，只需将十六进制整数按权位展开相加即可。

例 1.7 将十六进制数 1B3 转换成十进制数。

$$(1B3)_{16}=1\times16^2+11\times16^1+3\times16^0=(435)_{10}$$

(3) 二进制整数与十六进制整数之间的转换

由于在阅读或书写一个稍大的二进制数时位数太多，很不方便，且容易出错，为此，在实际工作中常常把二进制数转换成相应的十六进制数。

二进制、十进制、十六进制整数编码对照表如表 1-2 所示。

表 1-2 二进制、十进制、十六进制整数编码对照表

十 进 制	十 六 进 制	二 进 制	十 进 制	十 六 进 制	二 进 制
0	0	0000	8	8	1000
1	1	0001	9	9	1001
2	2	0010	10	A	1010
3	3	0011	11	B	1011
4	4	0100	12	C	1100
5	5	0101	13	D	1101
6	6	0110	14	E	1110
7	7	0111	15	F	1111

从表 1-2 中可以看出，4 位二进制整数的 16 种组合与十六进制整数的 16 个符号一一对应，在将二进制整数转换成十六进制整数时，只需把二进制整数以最低位为基准，向左每 4 位为一组(不够 4 位时，在最前面添 0)，每组转换成一位对应十六进制整数即可；十六进制整数转换成二进制整数时，只需将每一位十六进制整数转换成相应的 4 位二进制整数，去掉前面多余的 0 后，即可得相应的二进制整数。

例 1.8 将$(110100101011)_2$、$(11011)_2$转换成十六进制数。

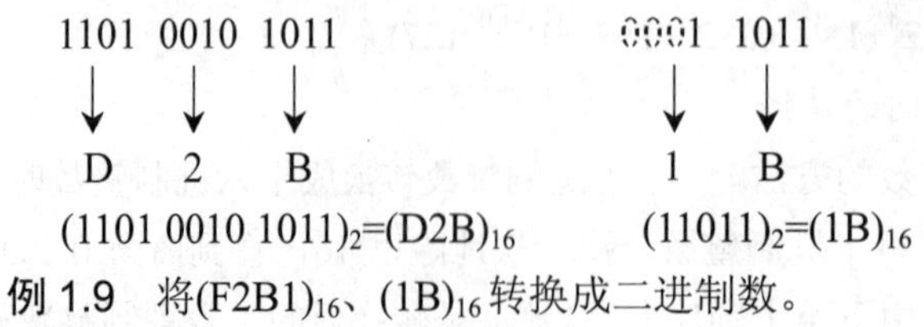

例 1.9 将$(F2B1)_{16}$、$(1B)_{16}$转换成二进制数。

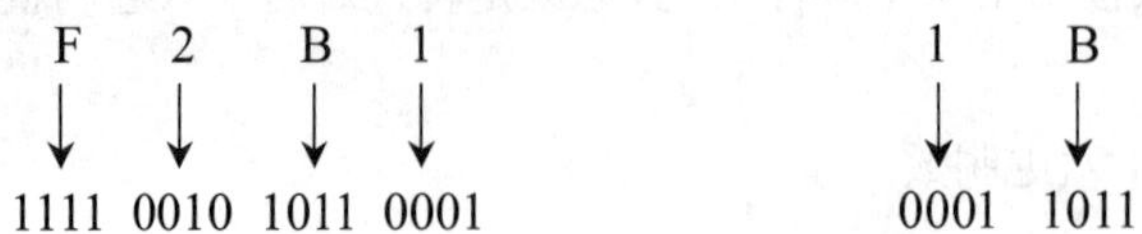

$(F2B1)_{16}=(1111\ 0010\ 1011\ 0001)_2$　　　$(1B)_{16}=(11011)_2$

十进制、二进制、十六进制整数之间的转换关系如图 1-1 所示。

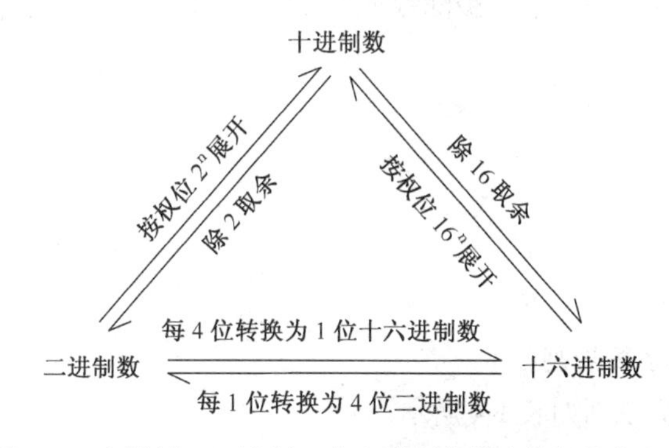

图 1-1　十进制、二进制、十六进制整数之间的转换关系

3. 二进制数的算术运算规则

二进制数的算术运算规则如表 1-3 所示。

表 1-3　二进制数的算术运算规则

二进制加法基本规则	二进制减法基本规则	二进制乘法基本规则	二进制除法基本规则
0+0=0	0−0=0	0×0=0	0/0；无意义
0+1=1	10−1=1；向高位有借位，借 1 当 2	0×1=0	0/1=0
1+0=1	1−0=1	1×0=0	1/0；无意义
1+1=10；向高位有进位，进 1 当 2	1−1=0	1×1=1	1/1=1

例 1.10　求 1101+1011

```
            加数 1101
  +         加数 1011
---------------------
          和     11000
```

例 1.11　求 11000100−01100101

```
          被减数 11000100
  −         减数 01100101
-------------------------
      差         01011111
```

例 1.12　求 1111×1101

```
            被乘数 1111
  ×           乘数 1101
-----------------------
                   1111
                  0000
                 1111
  +             1111
-----------------------
          积    11000011
```

例 1.13　求 1001110÷110

```
                 0001101
除数        110)1001110    被除数
                110
                 111
                 110
                   110
                   110
                     0
```

4. 二进制数的逻辑运算规则

二进制数的逻辑运算规则如表 1-4 所示。

表 1-4　二进制数的逻辑运算规则

逻辑与运算	逻辑或运算	逻辑异或运算	逻辑非运算
$0\wedge 0=0$	$0\vee 0=0$	$0\oplus 0=0$	/0=1
$0\wedge 1=0$	$0\vee 1=1$	$0\oplus 1=1$	/1=0
$1\wedge 0=0$	$1\vee 0=1$	$1\oplus 0=1$	
$1\wedge 1=1$	$1\vee 1=1$	$1\oplus 1=0$	
当两个相同位数二进制数逻辑“与”、“或”及“异或”运算时，将它们对应位进行逻辑“与”、“或”及“异或”运算即可			当一个多位二进制数非运算时，对应各位取反

例 1.14　求 10100011 与 00001111 的与运算、或运算、异或运算。

```
      10101100        10101100        10101100
∧     00001111    ∨   00001111    ⊕   00001111
      --------        --------        --------
      00001100        10101111        10100011
```

例 1.15　求 10101100 的非运算。

```
10101100
↓↓…↓
01010011
```

思考与练习

1. 将下列十进制数转换成二进制数。

　　a. 51　　b. 67　　c. 35

2. 将下列二进制数转换成十进制数和十六进制数。

　　a. 11111010　　b. 10101010　　c. 10000110　　d. 11100110　　e. 11101110

3. 将下列十六进制数转换成二进制数和十进制数。

　　a. 1FH　　b. 2FH　　c. FFH　　d. 0FFFH　　e. 1000H

4. 写出数 11110000 和数 00001111 逻辑“与”、“或”、“异或”运算的结果。

任务三　单片机中数的表示与字符编码

任务要求

✧ 掌握单片机中数的几种表示形式
✧ 掌握数的补码运算
✧ 了解 BCD 码及字符编码

相关知识

单片机中的信息有数据、字符和命令。其中，数据有大与小、正数与负数之分，如+1011B、−1011B。单片机是如何用“0”或“1”来表示这些信息的呢？

1. 单片机中数的表示形式

在单片机中，只有数码 1 和 0，对于一个数的正、负号两种不同状态，规定正数的符号用 0 表示，负数的符号用 1 表示。由于 MCS-51 单片机为 8 位机，信息是以 8 位为单位进行处理的，如果用 8 位二进制数来表示上述两个符号数，它们可分别表示为：

最高位为符号位，后面 7 位为数字位。

这种单片机用来表示数的形式叫机器数，而把对应于该机器数的算术值叫真值。

机器数和真值都是用来表示数字的方法，但面向的对象不同。机器数面向单片机，真值面向用户。

机器数编码形式有很多种，其中常见的有原码、反码和补码 3 种形式。下面以 8 位二进制数来加以说明。

(1) *原码表示方法*

用 8 位二进制数表示数的原码时，最高位为数的符号位，其余 7 位为数值位。

例如：真值为+120 和−120 的原码形式。

$[+120]_{原}=01111000$

$[-120]_{原}=11111000$

特例：对于零，可以认为它是正零，也可以认为它是负零，所以零的原码有两种表示形式：

$[+0]_{原}=00000000$

$[-0]_{原}=10000000$

8 位二进制数原码表示数的范围为：11111111～01111111，即−127～+127。

原码表示的数比较直观，通过数的原码形式可直接得出数的真值。

(2) *反码表示方法*

在反码表示方法中，正数的反码与正数的原码相同，负数的反码由它对应的原码除符号位之外，其余各位按位取反得到。

例如：

$[+120]_{\text{反}}=[+120]_{\text{原}}=01111000$

$[-120]_{\text{原}}=11111000$

$[-120]_{\text{反}}=10000111$

特例：零的反码有两种表示方式，即

$[+0]_{\text{反}}=00000000$

$[-0]_{\text{反}}=11111111$

8 位二进制数反码表示数的范围为：11111111～01111111，即−127～+127。

(3) 补码表示方法

在补码表示方法中，正数的补码表示方法与原码相同，负数的补码表示形式为它的反码加 1。

例如：

$[+10]_{\text{原}}=00001010$　　$[-10]_{\text{原}}=10001010$

$[+10]_{\text{反}}=00001010$　　$[-10]_{\text{反}}=11110101$

$[+10]_{\text{补}}=00001010$　　$[-10]_{\text{补}}=11110110$

在补码表示法中，零的补码只有一种表示法，即$[+0]_{\text{补}}=[-0]_{\text{补}}=00000000$。

对于 8 位二进制数而言，补码能表示数的范围为：−128～+127。

一个正数的原码、反码、补码都相同；但负数的反码由它对应的原码除符号位之外其余各位按位取反得到；负数的补码为其反码加 1 得到。

设有一个正数 $x=X_6X_5X_4X_3X_2X_1X_0$，则 x 的机器数归纳如表 1-5 所示。

表 1-5　x 的机器数归纳

	原　码	反　码	补　码
机器数	$[+x]_{\text{原}}=0X_6X_5X_4X_3X_2X_1X_0$	$[+x]_{\text{反}}=0X_6X_5X_4X_3X_2X_1X_0$	$[+x]_{\text{补}}=0X_6X_5X_4X_3X_2X_1X_0$
	$[-x]_{\text{原}}=1X_6X_5X_4X_3X_2X_1X_0$	$[-x]_{\text{反}}=1\overline{X_6}\,\overline{X_5}\,\overline{X_4}\,\overline{X_3}\,\overline{X_2}\,\overline{X_1}\,\overline{X_0}$	$[-x]_{\text{补}}=[-x]_{\text{反}}+1$
所能表示数的大小范围	−127～+127	−127～+127	−128～+127
特例	$[+0]_{\text{原}}=00000000$ $[-0]_{\text{原}}=10000000$	$[+0]_{\text{反}}=00000000$ $[-0]_{\text{反}}=11111111$	$[-0]_{\text{补}}=00000000$ $[-0]_{\text{补}}=00000000$

注：$\overline{X_n}$ 为 X_n 的反。

2. 数的补码运算

(1) 已知 x 的补码，求 x 的真值

通过数的原码形式很容易知道数的正负或大小，但是在单片机中，符号数的表示形式一般是以数的补码形式出现的，而通过一个数的补码形式很难看出数的大小(特别是负数的补码)，这就需要能方便地将数的补码形式转换成数的原码形式后再判断它的大小。已知 x 的补码，求 x 的原码时，可以将 x 的补码当作一个数的原码形式，对它再一次求补码得到，即$[[x]_{\text{补}}]_{\text{补}}=[x]_{\text{原}}$。

例 1.16　已知$[x]_{\text{补}}=11110110$，$[y]_{\text{补}}=01110110$，求 x、y 的真值。

$[x]_{\text{补}}=11110110$ 符号位为 1，x 为负数，　$[x]_{\text{原}}=[[x]_{\text{补}}]_{\text{补}}=10001001+1=10001010$

x=−0001010B=－10D

$[y]_{补}$=01110110 符号位为 0，y 为正数， $[y]_{原}=[[y]_{补}]_{补}$=01110110

y=+1110110B=118

(2) 补码的加减运算

带符号数一般都以补码形式在机器中存放和参与运算。当用补码表示数时，可用加法完成减法运算。

补码的运算公式是：

$$[x+y]_{补}=[x]_{补}+[y]_{补}，[x-y]_{补}=[x]_{补}+[-y]_{补}$$

该结论表明，补码的“和”等于“和”的补码。也就是说，在进行补码加法运算时，不论相加的两数是正、是负，只要把它们表示成相应的补码形式，直接按二进制数运算规则相加，其结果都应为“和”的补码。

例1.17　用补码运算求：72－10。

$[72-10]_{补}=[72]_{补}+[-10]_{补}$

$[72]_{补}$=01001000

$[-10]_{原}$=10001010

$[10]_{反}$=11110101

$[-10]_{补}$=11110110

做加法：

```
   01001000
 + 11110110
 ----------
 1 00111110      (最高位为进位，自然丢失)
```

相加结果为正数，可直接求得真值：(00111110)B=62。

例 1.18　用补码运算求：72−73。

$[72-73]_{补}=[72]_{补}+[-73]_{补}$

$[72]_{补}$=01001000

$[-73]_{补}$=10110111

做加法：

```
   01001000
 + 10110111
 ----------
   11111111
```

由于补码和为负数，求真值时，需再求一次补才能得到原码：

$[72-73]_{原}$=10000001

真值　72−73=−0000001=−1

例 1.19　用补码运算求 64+65。

$[64+65]_{补}=[64]_{补}+[65]_{补}$

$[64]_{补}$=01000000

$[65]_{补}$=01000001

做加法：

```
   01000000
 + 01000001
 ----------
   10000001
```

$[64+65]_{补}$=10000001

$[64+65]_{原}$=11111111

所以 64+65=−127。

此时两个正数相加，其结果为负数，产生了错误码的结果，这是因为：两个正数相加的结果超出了 8 位二进制数补码所能表示数的范围(−128～+127)，产生了结果错误，这称为溢出。一般而言，若两正数相加其结果为负数或两个负数相加其结果为正数，都表明产生了溢出。溢出与自然丢失有着本质的不同，自然丢失不会使运算结果产生错误，而溢出时，运算结果是错误的。

3. BCD 码

BCD 码是一种用二进制编码表示十进制数的形式。它采用 4 位二进制编码 0000～1001 来代表十进制数 10 个符号 0～9。由于 4 位二进制编码可以表示 16 种状态；而十进制符号只有 10 种状态，在 BCD 码表示的十进制数中不允许出现 1010、1011、1100、1101、1110、1111 六种非法状态。

例如：$(175)_{10}$的 BCD 码为(0001 0111 0101)BCD。

值得注意的是 BCD 码是十进制数，不是二进制数。如：36 的 BCD 码为(0011 0110)BCD，36 的二进制数为 100100B。

4. ASCII 码

ASCII 码如表 1-6 所示。

表 1-6　ASCII 码

	列	0	1	2	3	4	5	6	7
行	654 / 3210	000	001	010	011	100	101	110	111
0	0000	NUL	DLE	SP	0	@	P	、	p
1	0001	SOH	DC1	!	1	A	Q	a	q
2	0010	STX	DC2	“	2	B	R	b	r
3	0011	ETX	DC3	#	3	C	S	c	s
4	0100	EOT	DC4	$	4	D	T	d	t
5	0101	ENQ	NAK	%	5	E	U	e	u
6	0110	ACK	SYN	&	6	F	V	f	v
7	0111	BEL	FTB	，	7	G	W	g	w
8	1000	BS	CAN	(	8	H	X	h	x
9	1001	HT	EM	)	9	I	Y	i	y
A	1010	LF	SUB	*	：	J	Z	j	z
B	1011	VT	ESC	+	；	K	[	k	{
C	1100	FF	FS	，	<	L	\	l	|
D	1101	CR	GS	—	=	M	]	m	}
E	1110	SO	RS	.	>	N	(↑)^	n	～
F	1111	SI	US	/	?	o	(←) —	o	DEL

由于单片机只能识别、处理二进制信息，因此，字母和各种符号也必须按照某种特定的规则用二进制代码来表示。目前，世界上最普遍采用的是 ASCII(American Standard Code for Information Interchange)码，全称为“美国信息交换标准码”。

ASCII 码是一种 8 位代码，一般用低 7 位二进制代码来代表字符信息，最高位可用于奇偶校验，共有 128 个不同的字符。其中 32 个是控制字符，如 NUL(代码是 00H)为空白符，CR(代码为 0DH)为回车；96 个是图形字符，如数字 0～9 的 ASCII 码为 30H～39H，字母 A～Z 的 ASCII 码为 41H～5AH。

我国于 1980 年制定了“信息处理交换用的 7 位编码字符集”，除了用人民币符号￥代替美元符号$外，其余代码含义都和 ASCII 码相同。

思考与练习

1. 已知数的原码如下，写出各数的反码和补码。

   a. 01100110　　b. 10100110　　c. 10000010
   d. 11111111　　e. 00111110　　f. 11111100

2. 已知$[x]_补$，求真值。

   a. $[x]_补$=01001010　　b. $[x]_补$=11001011　　c. $[x]_补$=01011011　　d. $[x]_补$=10010110

3. 已知$[x]_补$和$[y]_补$，求 x+y，x－y 的值，并判断有无溢出。

   a. $[x]_补$=01001010，　$[y]_补$=01100001　　b. $[x]_补$=01001011，　$[y]_补$=11100001
   c. $[x]_补$=01011011，　$[y]_补$=00110100　　d. $[x]_补$=10010110，　$[y]_补$=11111111

4. 填空。

   a. 大写字母 A 的 ASCII 码是________，小写字母 a 的 ASCII 码是________。
   b. 数字 0～9 的 ASCII 码是____～____，字母 A～B 的 ASCII 码是____～____。
   c. 48 的 BCD 码是________，69 的 BCD 码是________。

任务四　基本逻辑单元与逻辑部件

任务要求

✧ 了解基本逻辑部件的组成及工作原理
✧ 了解寄存器的组成与分类
✧ 掌握三态门、译码器的作用
✧ 掌握字节、字、存储单元地址、存储单元内容的概念
✧ 了解存储器的组成与工作原理

相关知识

单片机是一种数字逻辑器件，它由许多逻辑部件组成，各逻辑部件由基本逻辑单元构成。通过对基本逻辑单元与逻辑部件的学习有利于对单片机的学习。

1. 触发器

触发器由逻辑门电路组成，是构成逻辑部件的基本单元。触发器具有记忆功能，它能接收、保存和输出逻辑信号 0 和 1。

(1) 基本 RS 触发器

基本 RS 触发器是最简单的触发器，它是将两个与非门的输入与输出交叉连接构成，如图 1-2 所示。触发器的两个输入端分别是 $\overline{R}$ 和 $\overline{S}$，其中 $\overline{S}$ 端称为置 1 或置位(Set)端，$\overline{R}$ 端称为置 0 或复位(Reset)端。触发器有两输出端 Q 和 $\overline{Q}$，在正常工作时，它们总是处于互补的状态。用 Q 端的状态来表示触发器的状态，根据与非门的逻辑功能，要使触发器为 1 状态，可使 $\overline{S}$=0，$\overline{R}$=1；要使触发器为 0 状态，需令 $\overline{S}$=1，$\overline{R}$=0。触发器一旦为 1 状态(或 0 状态)，$\overline{S}$(或 $\overline{R}$)端从 0 变成 1，触发器将保持 1 状态(或 0 状态)不变，即 $\overline{R}$=1，$\overline{S}$=1 时触发器的状态不变。但 $\overline{R}$ 和 $\overline{S}$ 不能同时为 0，因为同时为 0 时，Q 和 $\overline{Q}$ 都为 1，当这种输入状态消失时，触发器的 Q 可能为 0，也可以为 1，到底是 0 还是 1，不确定，称为不确定状态。基本 RS 触发器真值表如表 1-7 所示。

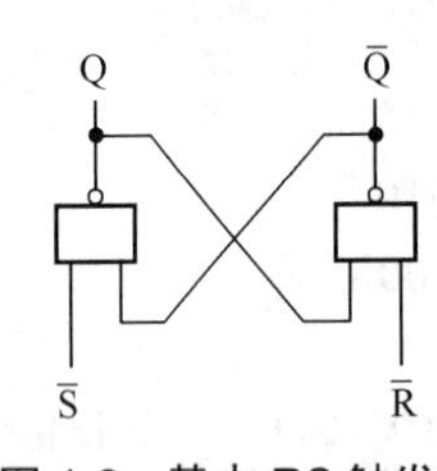

图 1-2　基本 RS 触发器

表 1-7　基本 RS 触发器真值表

$\overline{R}$	$\overline{S}$	Q
1	0	1
0	1	0
1	1	维持原状态
0	0	不确定状态

(2) 同步 RS 触发器

在基本 RS 触发器中，输入端的触发信号直接控制触发器的输出状态。但在实际应用中，希望触发器受一个时钟信号控制，做到按时钟信号的节拍翻转。这个控制信号称为时钟脉冲 CP(Clock Pulse)。引入 CP 后，触发器的状态不是在输入信号($\overline{R}$、$\overline{S}$ 端)变化时立刻翻转，而是等待时钟信号到达时才翻转，故得名同步 RS 触发器，而基本 RS 触发器也称为异步 RS 触发器。

同步 RS 触发器的电路结构如图 1-3 所示。该电路由基本 RS 触发器和控制电路两部分组成。在时钟脉冲未到来时(即 CP=0 时)，由于控制电路的两个与非门均被封锁，它们的输出都为 1，使基本 RS 触发器维持原状态不变。在时钟脉冲作用期间(即 CP=1)，控制电路的两个与非门均被开启，R 端和 S 端的输入被反相后送到基本 RS 触发器的输入端。由基本 RS 触发器的逻辑功能可知，若 RS=01，则触发器被置位；若 RS=10，则触发器被复位；若 RS=00，则触发器的状态不变。RS=11 的输入状态，对同步 RS 触发器是不允许的。同步 RS 触发器真值表如表 1-8 所示。

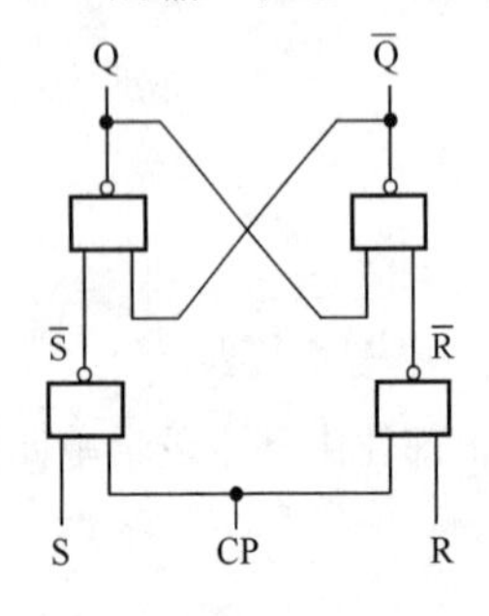

图 1-3　同步 RS 触发器

表 1-8　同步 RS 触发器真值表

CP	R	S	Q
0	×	×	维持原状态
1	0	1	1
1	1	0	0
1	0	0	维持原状态
1	1	1	不确定状态

(3) D 触发器

同步 RS 触发器工作时，不允许 RS 端的输入信号同时为 1，如果将 R 端改接到控制电路另一个与非门的输出端，只在 S 端加入输入信号，S 端改称为 D 端，同步 RS 触发器就转换成了 D 触发器。由于总是将 D 端的输入反相后作为另一个与非门的输入信号，故无论 D 端的状态如何，都满足 RS 触发器的约束条件，即不会出现不允许的输入状态。由 RS 触发器的特性可直接求出 D 触发器的特性。不管 D 触发器 Q 端的原状态 Q_n 如何，次态 Q_{n+1} 总是与时钟脉冲来到时 D 端的输入状态相同。D 触发器的电路结构、逻辑符号如图 1-4 所示，真值表如表 1-9 所示。

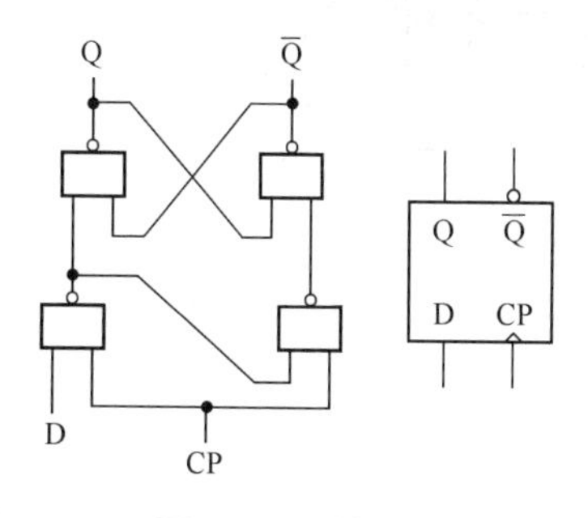

图 1-4　D 触发器

表 1-9　D 触发器真值表

CP	D	Q_{n+1}	说明
0	×	Q_n	不变
1	0	0	置 0
1	1	1	置 1

(4) JK 触发器

在同步 RS 触发器的基础上，增加了 J 和 K 输入端及两条反馈线组成 JK 触发器。JK 触发器的电路结构、逻辑符号如图 1-5 所示，真值表如表 1-10 所示。由于 Q 和 $\overline{Q}$ 的互补关系，控制电路的两个与非门不会同时出现开启的情况，因而 JK 的任意一种输入状态都是允许的，不再有什么约束条件。

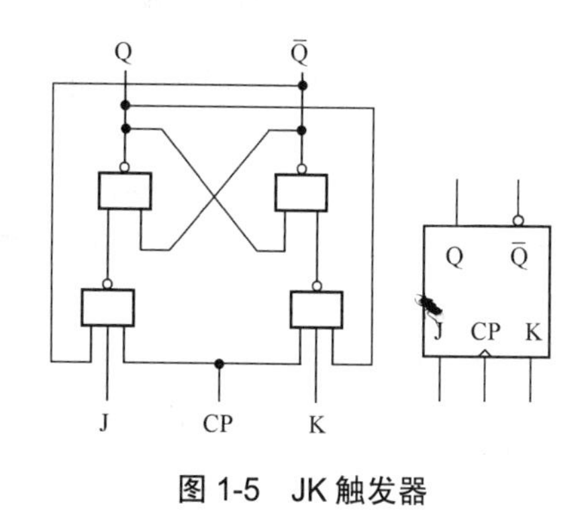

图 1-5　JK 触发器

表 1-10　JK 触发器真值表

CP	J	K	Q_{n+1}	说明
0	×	×	Q_n	不变
1	0	0	Q_n	不变
1	1	1	$\overline{Q_n}$	状态反变
1	1	0	1	置 1
1	0	1	0	置 0

2. 寄存器

寄存器是计算机中用得最多的逻辑部件之一，它用来存放二进制信息，具有接收数码和寄存数码的功能。

(1) 锁存寄存器

寄存器由触发器组成。触发器具有两个稳定状态，每一个触发器可以存放 1 位二进制数，N 个触发器可以构成存放 N 位二进制数的寄存器。图 1-6 所示为由 4 个 D 触发器构成的寄存器的逻辑图。当 $\overline{CP}$ =1 时，时钟脉冲将待送的数码 $D_4D_3D_2D_1$ 送到寄存器的 $Q_4Q_3Q_2Q_1$ 保存起来。

(2) 移位寄存器

具有移位逻辑功能的寄存器称为移位寄存器。移位寄存器一般由 D 触发器构成。图 1-7 所示为由 4 个 D 触发器构成的移位寄存器的逻辑图。它的第 4 级触发器的 D 端接输入信号，其余各触发器的D端接前一级触发器的Q端，所有触发器的CP端连在一起接收时钟脉冲信号。每来一个时钟脉冲，来自外部的输入数码输入一位，已被寄存的数码就右移一位。

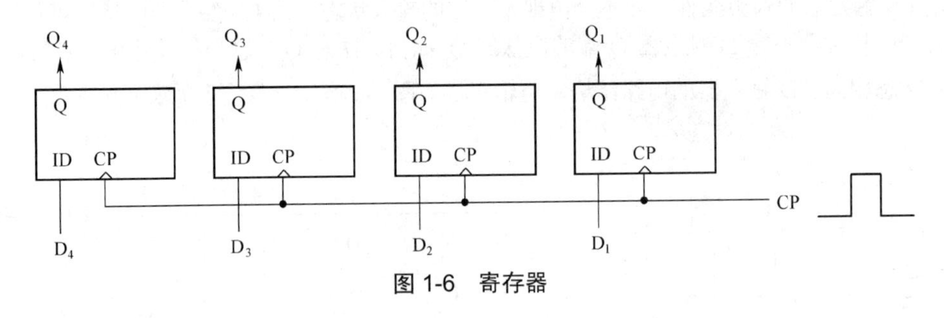

图 1-6　寄存器

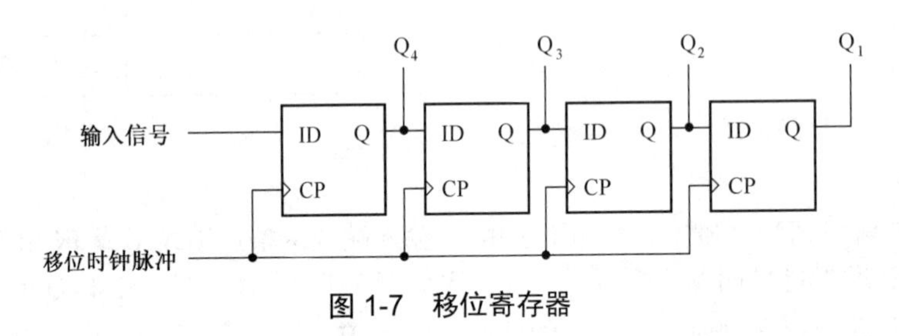

图 1-7　移位寄存器

(3) 计数器

计数器是单片机中又一种常用的逻辑部件，它不仅能存储数据，而且还能记录输入脉冲的个数。

由JK触发器构成的3位异步二进制加法计数器的逻辑图如图1-8所示，其工作波形如图1-9所示。初始时，将计数器置为全0状态(即$Q_3Q_2Q_1$为000)。第1个计数脉冲来到后，第1级触发器翻转，Q_1由0变1，第2、第3级触发器因时钟端无触发脉冲，它们维持原状态不变，故计数器的状态$Q_3Q_2Q_1$为001。第2个计数脉冲来到后，第1级触发器又翻转，Q_1由1变0，第2级触发器因其时钟输入端有脉冲下降沿的作用，也进行翻转，Q_2由0变1，Q_3仍保持原状态，计数器的状态$Q_3Q_2Q_1$为010。按照这样的顺序工作下去直至第7个计数脉冲来到后，计数器的状态$Q_3Q_2Q_1$为111，此时再来一个计数脉冲，计数器又回到初始时的全0状态，这样周而复始地工作。

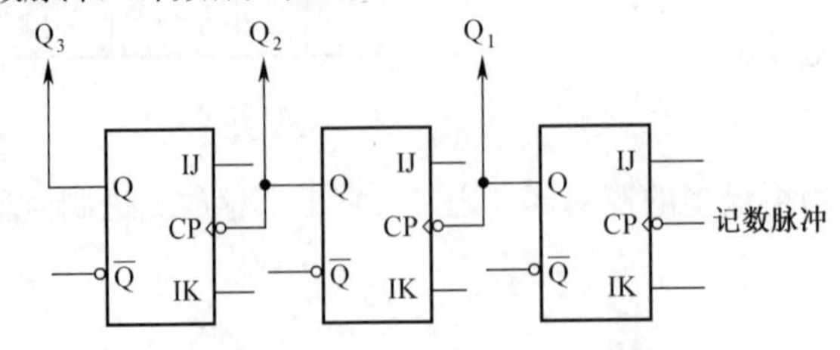

图 1-8　异步二进制加法计数器

3. 三态门

在逻辑电路中，逻辑值有1和0，它们分别对应于高电平和低电平这两种状态。三态输出门除去上述两种状态之外，还有被称作“高阻抗”的第三种状态。可以把高阻抗状态理解为输出与输入之间近于开路的状态。决定三态输出门是否进入高阻态，是由一条辅助控制线来控制的，当这条线的控制电平为允许态 (1或者0)时，三态输出门与一般的两态输出门一样；当这

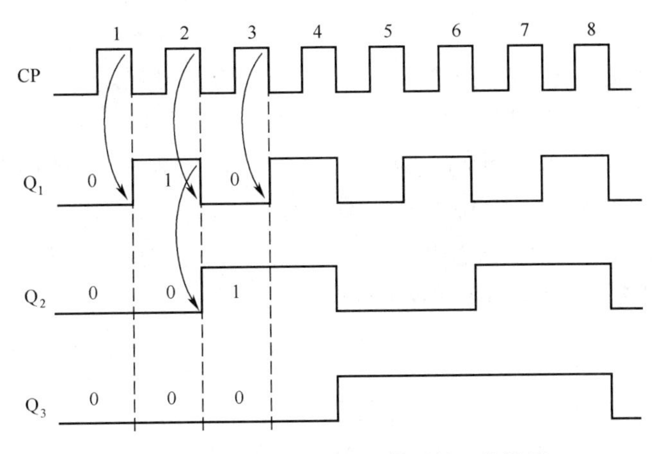

图 1-9　异步二进制加法计数器的工作波形

条线的控制电平成为禁止态(0 或者 1)时，三态门就进入高阻态。这种三态输出门电路的符号如图 1-10 所示。三态输出门也称作三态缓冲器。

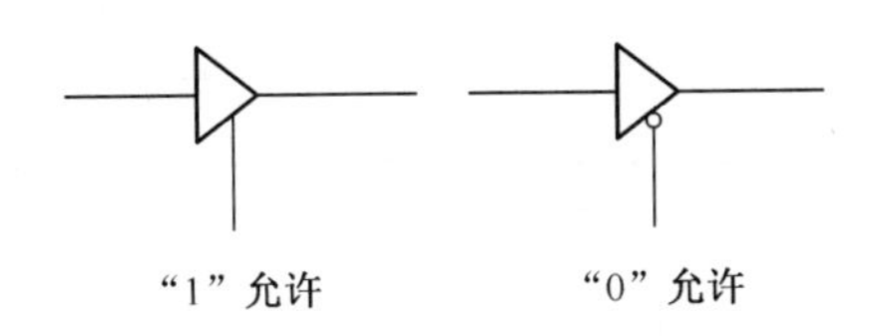

图 1-10　三态输出门电路

三态输出门电路可以加到寄存器的输出端上，这样的寄存器就称为三态(缓冲)寄存器，如图 1-11(a)所示。使用三态输出门电路单片机可以通过一组信息传输线与一个寄存器接通，也可以与其断开而与另外一个寄存器接通，即一组信息传输线可以传输任意多个寄存器的信息，这组传输线就是单片机的总线(Bus)。

三态输出门电路还可以使一组总线实现双向信号传输。双向信号传输线如图 1-11(b)所示。当 E=0 时，数据 D_i 传向 D_j；当 E=1 时，数据 D_j 传向 D_i。

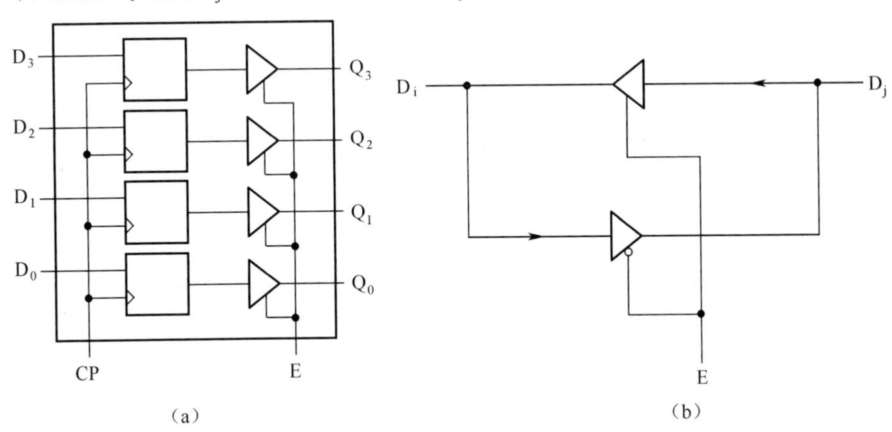

图 1-11　三态寄存器与双向信号传输线

4. 译码器

在单片机中常常需要将一种代码翻译成控制信号，或在一级信息中取出所需要的一部分信息，能完成这种功能的逻辑部件称为译码器。2-4 译码器如图 1-12 所示。当 E=0 时，$\overline{Y_0}\sim\overline{Y_3}$ 均为 1，译码器没有工作。当 E=1 时，译码器进行译码输出。如果 A_1A_0=00，则 $\overline{Y_0}$=0，其余为 1；同样 A_1A_0=01 时，只有 $\overline{Y_1}$=0；A_1A_0=10 时，只有 $\overline{Y_2}$=0；A_1A_0=11 时，只有 $\overline{Y_3}$=0。由此可见，输入的代码不同，译码器的输出状态也就不同，从而完成了把输入代码翻译成对应输出线上的控制信号的工作。2-4 译码器真值表如表 1-11 所示。

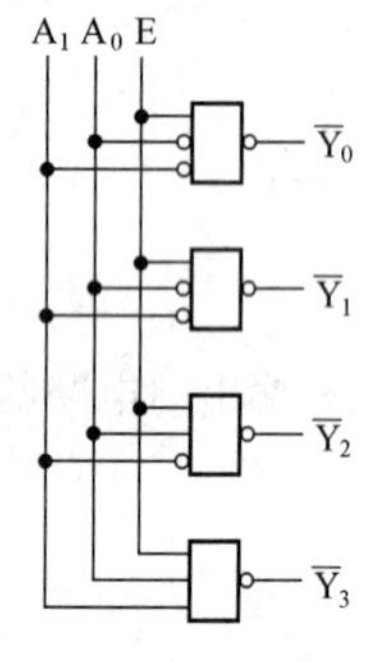

图 1-12　2-4 译码器

表 1-11　2-4 译码器真值表

输入			输出			
E	A_1	A_0	$\overline{Y_0}$	$\overline{Y_1}$	$\overline{Y_2}$	$\overline{Y_3}$
0	×	×	1	1	1	1
1	0	0	0	1	1	1
1	0	1	1	0	1	1
1	1	0	1	1	0	1
1	1	1	1	1	1	0

5. 存储器

存储器的主要功能是存放程序和数据，不管是程序还是数据，在存储器中都是用二进制的 0 和 1 表示，统称为信息，为实现自动计算，这些信息必须预先放在存储器中。

存储器由许许多多寄存器组成(见图 1-13)，分为许多小单元，称为存储单元，每个存储单元相当于一个缓冲寄存器。为了便于存入和取出信息，每个存储单元都有一个唯一的地址，存储在存储单元中的信息称为存储单元中的内容，存储单元中的内容是可以更改的。

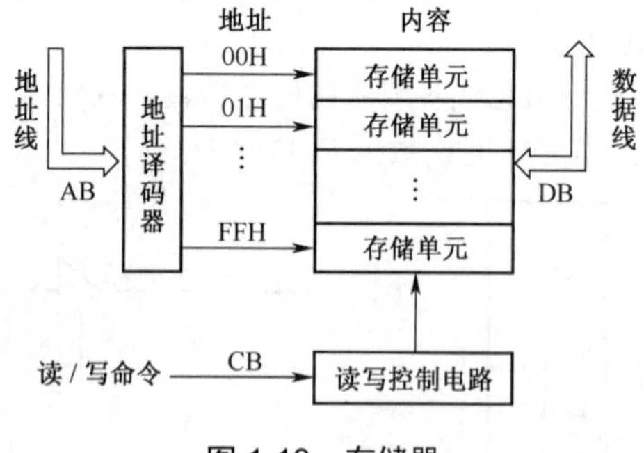

图 1-13　存储器

(1) 几个与存储信息有关的概念

① 位(bit)。位是单片机所能表示的最基本、最小的数据单元。单片机是一种逻辑器件，所有信息都是以二进制数的形式出现的，一个二进制位，它只有两种状态“0”或“1”，由若干个二进制位的组合就可以表示数据、字符命令等。

② 字节(Byte)、字(Word)。字节是单片机存储信息的基本单位，字节长度固定为 8 位二进制数，它将 8 位二进制数组成一组，作为一个单元进行处理，存储器每个存储单元存放一个字节的数据。将 16 位二进制数称为 1 个字(Word)，存储时占用两个存储单元。

③ 存储容量。存储器中存储单元的个数，存储器存储容量表示单位有字节(Byte)、千字节(KB)、兆字节(MB)。

$1KB=2^{10}B=1024B$；

$1MB=2^{10}KB=1024KB=2^{20}B$。

单片机采用二进制编码来表示存储单元的地址，为了能使每一个存储单元有唯一的正确编号，采用二进制数表示的地址位数与存储单元数满足如下关系：2^n=存储单元数，n 为二进制地址位数。

显然，如果存储器有 n 条地址线，对应 n 位二进制地址，则能表示的存储单元数为 2^n 个。例如：2 条地址线，可以有 4 种不同的二进制编码，即 00、01、10、11，能对 4 个不同存储单元进行编号；3 条地址线，可以有 8 种不同的二进制编码，即 000、001、010、011、100、101、110、111，能对 8 个不同存储单元进行编号；10 条地址线，可以有 1024(=2^{10})个不同的编码，能对 1024 个不同存储单元进行编号。

(2) 存储单元的两种基本操作

向存储器存放或取出信息，称为访问存储器，向存储器中存放信息称为写操作(Write)，取出存储器中预先存放的信息称为读操作(Read)。访问存储器时先由地址译码器将送来的单元地址进行译码，找到相应的存储单元，再由读/写控制电路根据送来的读/写命令确定访问存储器的方式，完成读出(读)或写入(写)操作。

设存储器容量为 256B，则地址编码为 0～255(即 00H～FFH)，需要 8 条存储器的地址线来输送 8 位的存储单元地址。

① 存储器的读操作 $\overline{RD}$ (Read)。图 1-14 为读操作示意图。

若地址为 04H 的单位中存放的内容为 97H，现将其取出，操作过程如下：

第一步，将地址信号 04H 经地址线送至地址译码器，经过译码后选中 04H 单元；

第二步，发出读命令，04H 单元的内容 97H 被送至数据线 DB 上，通过数据线传出。

② 存储器的写操作 $\overline{WR}$ (Write)。图 1-15 为写操作示意图。

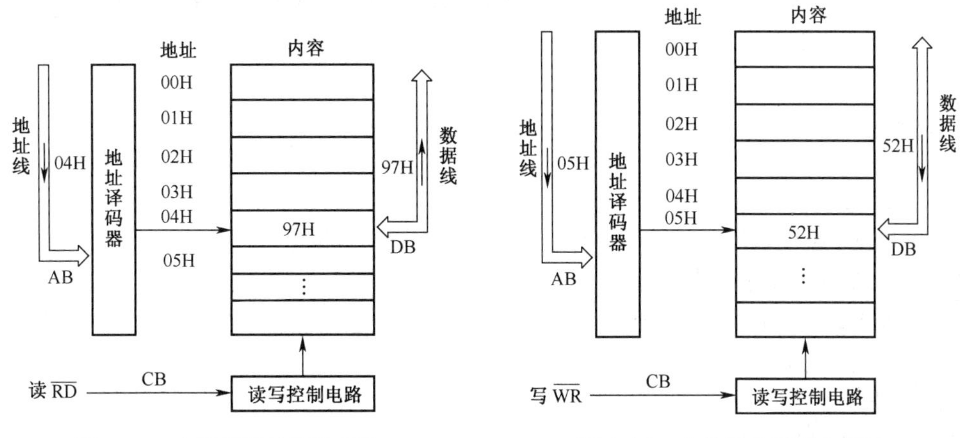

图 1-14 存储器的读操作 $\overline{RD}$　　图 1-15 存储器的写操作 $\overline{WR}$

若把 52H 写入到 05H 存储单元中，操作过程如下：

第一步，将地址信号 05H 经地址线送至地址译码器，经过译码后选中 05H 单元，同时将数据 52H 送至数据线上；

第二步，发出写命令，数据线上的 52H 便被写入 05H 存储单元。

(3) 存储器的特点

① 一个单元的内容被读出后，并不破坏该单元的内容，该单元仍保留着原来的数据，即非破坏性读出。

② 一个单元写入了新的内容后，原存的内容就被新的内容所替代而不复存在。

③ 每个存储单元都存放着 1B 的内容，它和这个单元的地址是两个不同的概念，地址是这个存储单元的编号，而内容则是这个存储单元存放的信息。每个单元的地址是事先编好的，固定不变，而每个单元的内容则可以读出和写入，是可变的。

思考与练习

1. D 触发器的工作过程是怎样的？
2. 简述寄存器的分类及功能。
3. 画出存储器的结构形式图，指出存储器的读写控制过程。
4. 2KB、4KB、64KB 存储单元的存储器各有几条地址线？

项目小结

单片机是微型计算机的一个分支，其主要特点是集成度高、控制功能强、可靠性高、低功耗、低电压、外部总线丰富、功能扩展性强、体积小和性价比高。

在单片机中，常用的数制有十进制、二进制和十六进制 3 种。不同数制之间的转换都有一定的规则。二进制数转换成十六进制数采用“四位合一位”法，十六进制数转换成二进制数采用“一位分四位”法，十进制整数转换成二进制整数采用除 2 取余倒序法。

有符号二进制数在单片机中有三种表示法，即原码、反码和补码。在单片机中，有符号数一般用补码表示。BCD 码、ASCII 码是国际通用的标准编码，ASCⅡ码采用 7 位二进制编码，分为图形字符和控制字符两类，共 128 字符。

项目测试

一、填空题

1. 单片机中数的编码形式常作的码制有______、______和______。
2. 十进制 29 的二进制表示为______。
3. 十进制数－29 的 8 位补码表示为______。
4. 单片机中的数称为______，它的实际值叫______。

二、选择题

1. 十进制数 121 转换成二进制数是______。
   A. 01111001B　　B. 01110111B　　C. 01101110B　　D. 10001010B
2. 十进制数 100 的 8 位二进制数的补码为______。
   A. 11100100B　　B. 01100100B　　C. 10011100B　　D. 11001110B
3. 下列是 8 位二进制数的补码，其中真值最大的是______。
   A. 10001000B　　B. 11111111B　　C. 00000000B　　D. 00000001B

4. 已知$[x]_{补}$=1111111，则 x 的值为______。

A. －127　　B. 255　　C. －1　　D. 128

5. 11101111101B=______。

A. 77DH　　B. 77CH　　C. 77D1H　　D. 77C1H

6. 数字符号 0 和 9 的 ASCII 码十六进制表示为______。

A. 30 和 39　　B. 30H 和 39H　　C. 48 和 57　　D. 48H 和 57H

7. 一个字节的十六进制数最大相当于十进制数的______。

A. 256　　B. 255　　C. 254　　D. 100

8. 下面哪个不是单片机的特点？______

A. 高性价比　　B. 可编程能力　　C. 可弯曲性　　D. 扩展能力强

9. 计算机中最常用的字符信息编码是______。

A. ASCII 码　　B. BCD 码　　C. 余 3 码　　D. 循环码

三、简答题

1. 把下列十进制数转化成二进制数和十六进制数。

(1) 32　　(2) 79　　(3) 194　　(4) 127

2. 把下列二进制数和十六进制数进行相互转换。

(1) 101001B　　(2) 101110B　　(3) FAH　　(4) 2B6H

3. 完成下列计算。其中 X=100101001B，Y=10011010B，求：

(1) $X \wedge Y$　　(2) $X \vee Y$　　(3) $\overline{X}$

4. 已知$[x]_{补}$=11111111，$[y]_{补}$=00111001，用补码运算求 x+y，x－y 的值。

5. 解释位、字节、字、地址、存储单元、存储容量的概念。

6. 解释触发器、寄存器、存储器的概念及相互关系。

项目2

MCS-51 单片机基本结构

知识目标

1. 了解单片机的内部结构;
2. 掌握单片机片内、片外存储器的组织结构形式;
3. 掌握单片机并行接口的内部结构与使用方法;
4. 了解单片机时钟电路与工作时序;
5. 理解 MCS-51 单片机芯片引脚功能;
6. 理解单片机的工作原理;
7. 了解单片机复位电路与复位的作用。

能力目标

1. 了解 MCS-51 单片机内部构成单元;
2. 掌握 MCS-51 单片机 CPU 结构;
3. 掌握 MCS-51 单片机存储器结构;
4. 了解 MCS-51 单片机并行输入/输出端口内部结构;
5. 掌握 I/O 端口的使用方法;
6. 掌握 MCS-51 单片机芯片引脚功能;
7. 掌握 MCS-51 单片机复位电路的设计。

任务一　MCS-51 单片机概述

任务要求

✧ 认识单片机
✧ 掌握 MCS-51 单片机内部基本结构
✧ 了解 MCS-51 系列单片机的分类和特点

相关知识

MCS-51 单片机是一个由许多个功能部件集成在一起组成的集成电路芯片。图 2-1 所示的为 MCS-51 单片机的外观，MCS-51 单片机的内部基本结构框图如图 2-2 所示。

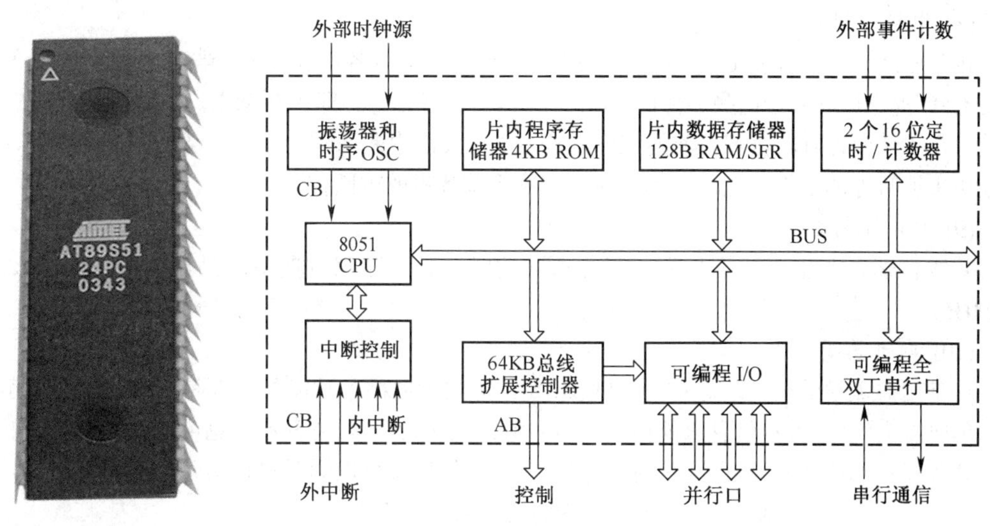

图 2-1　单片机外观　　图 2-2　MCS-51 单片机的内部基本结构框图

下面介绍 MCS-51 单片机的主要组成单元。

(1) 微处理器

微处理器(CPU，Central Processing Unit)，由运算器、控制器和少量寄存器组成，是单片机的核心部分。运算器用来执行基本的算术运算和逻辑运算，控制器是单片机系统的控制指挥中心，寄存器用来暂时存放操作数、中间运算结果和运算结果的状态。

(2) 片内数据存储器与特殊功能寄存器

MCS-51 单片机内部有 128B 的片内数据存储单元(RAM，Random Access Memory)(又称读写存储器或随机存储器)用于存放数据，有 21B 的特殊功能寄存器(SFR，Special Function Register)用于存放一些控制信息，控制片内各功能部件的工作。

(3) 片内程序存储器

MCS-51 片内程序存储器(ROM，Read Only Memory)(又称只读存储器)容量有 4KB 单元，用于存放固定的程序、各种表格和数据。

(4) 并行输入/输出口

MCS-51 单片机有 4 个 8 位并行数据输入/输出(I/O，In or Out)口，即 P0 口、P1 口、P2 口、P3 口，用于单片机与外部信息的传递。

(5) 定时/计数器

MCS-51 单片机内部有 2 个定时/计数器。工作在定时方式时，实现对外部事件按确定的时间间隔进行定时控制；工作在计数方式时，能对外部事件的数目个数的计数加以控制。

(6) 串行通信口

通信口用于单片机与单片机或单片机与计算机之间的通信。

(7) 总线控制器

由于单片机片内数据存储器与程序存储器数目有限，一般情况下，要在片外扩展数据存储器与程序存储器，以满足系统需要。总线控制器用于扩展片外的数据存储器与程序存储器，单片机可扩展的最大外部存储空间各为 64 KB。

(8) 中断控制系统

由于 CPU 的速度快，CPU 所控制的内部部件与外部设备可以很多，当 CPU 所控制的部件需要 CPU 提供服务时，这些部件向 CPU 发出服务请求信号，即中断请求，CPU 根据当前工作状况，在条件允许时，暂停当前的工作，转而去为发出中断请求的设备服务，服务结束后，再继续原来被暂停的工作，这一系列控制过程称为单片机的中断控制系统。

(9) 片内振荡器

片内振荡器产生单片机与系统工作所需的时钟脉冲序列，典型的晶振频率为 6 MHz 或 12 MHz。

(10) 内部总线

内部信息流通的公共通道称为总线(BUS)，单片机内部各功能部件都是通过总线连接起来的。单向箭头线⇨表示信息只能向一个方向流，双向箭头线⇔表示信息可以双向流动，单片机内部各基本部件之间通过总线交换信息，总线上的信息可以同时输送给几个不同部件，但不允许几个不同信息同时输送给总线，否则将产生信息冲突。

总线按传送信息性质不同来分，可分为数据总线(DB，Data Bus)、控制总线(CB，Control Bus)和地址总线(AB，Address Bus)。数据总线用于 CPU、存储器、输入/输出口之间传送数据，例如，从存储器取数到 CPU，把运算结果从 CPU 送到外部设备等，数据总线是双向的；控制总线是传送 CPU 发出的控制信号，也可以是其他部件输入到微处理器的信息，对于每一条控制线，其传送方向是固定的；地址总线用来传输 CPU 发出的地址信息，以选择需要访问的存储单元和输入/输出(I/O)端口，地址总线是单向的，只能是 CPU 向外传送地址信息。单片机采用上述三组总线的连接方式，称为三总线结构。

MCS-51 系列产品种类很多，表 2-1 列举了几种典型 MCS-51 产品的区别。

表 2-1　典型 MCS-51 单片机产品的区别

<table>
<tr><th></th><th>生产工艺</th><th>单片机型号</th><th>片内 ROM/B</th><th>片内 RAM/B</th><th>定时计数器</th><th>中断源</th></tr>
<tr><td rowspan="7">51 子系列</td><td rowspan="3">HMOS</td><td>8051</td><td>4K 掩膜 ROM</td><td rowspan="7">128</td><td rowspan="7">2 个</td><td rowspan="7">5 个</td></tr>
<tr><td>8751</td><td>4K EPROM</td></tr>
<tr><td>8031</td><td>无</td></tr>
<tr><td rowspan="4">CHMOS</td><td>80C51</td><td>4K 掩膜 ROM</td></tr>
<tr><td>87C51</td><td>4K EPROM</td></tr>
<tr><td>80C31</td><td>无</td></tr>
<tr><td>89C51</td><td>4K E^2PROM</td></tr>
<tr><td rowspan="2">52 子系列</td><td rowspan="2">HMOS</td><td>8052</td><td>8K 掩膜 ROM</td><td rowspan="2">256</td><td rowspan="2">3 个</td><td rowspan="2">6 个</td></tr>
<tr><td>8032</td><td>无</td></tr>
</table>

本书以 8051 型为主要学习机型。

思考与练习

1. 画出 MCS-51 单片机芯片内包含的主要逻辑功能部件，指出各部件的作用。
2. 8051 与 8031 单片机的主要区别是什么？

任务二　MCS–51 单片机 CPU 结构

任务要求

✧ 掌握单片机 CPU 的内部构成
✧ 掌握 PSW 寄存器的含义

相关知识

微处理器(CPU)由运算器和控制器两大部分组成，是单片机的核心部件。CPU 的结构框图如图 2-3 所示。

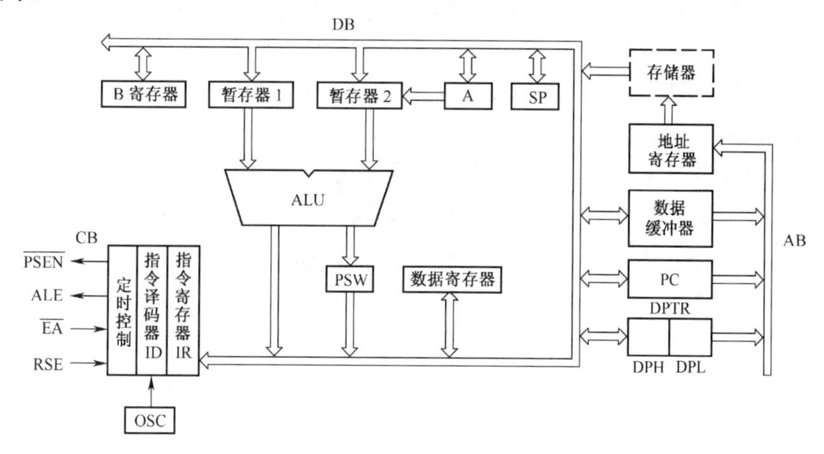

图 2-3　CPU 结构框图

1. 运算器

运算器以算术逻辑运算单元 ALU 为核心，由暂存器 1、暂存器 2、累加器 A、程序状态字 PSW、B 寄存器、SP 堆栈指针寄存器等部件组成。

(1) 算术/逻辑运算单元

算术/逻辑运算单元(ALU，Arithmetic Logic Unit)在控制器所发出的内部控制信号作用下，进行算术运算和逻辑运算。如加法、减法、乘法、除法操作，逻辑与、逻辑或、逻辑异或、移位运算等。

(2) 数据暂存器

数据暂存器起暂时存放数据的作用。

(3) 累加器 A

累加器 A(Accumulator)是最常用的特殊功能寄存器。进入算术/逻辑运算单元(ALU)作算术运算和逻辑运算的操作数之一大多来自累加器 A，操作的结果也通常送回累加器 A。

(4) 程序状态字

程序状态字(PSW，Program State Word)是程序状态字寄存器，简称程序状态字。PSW 是一个 8 位特殊功能寄存器，用于存放指令执行后结果的状态信息，其各位的含义如图 2-4 所示。

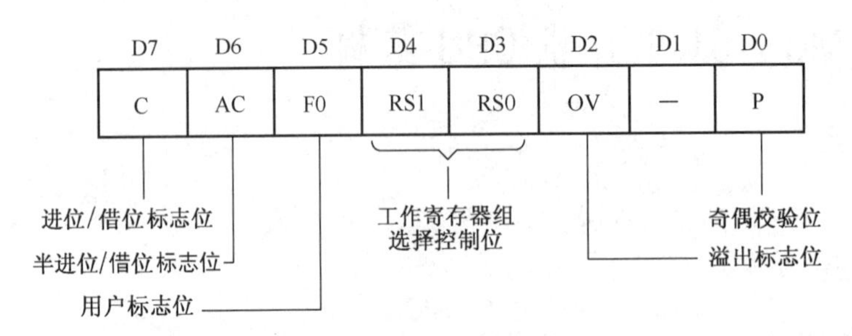

图 2-4　程序状态字 PSW 各位的含义

① D7 进位/借位标志位 C(PSW.7)：在执行某些算术操作时，当 8 位数加法运算时，如果运算结果的最高位 D7 有向更高位的进位，则 C=1，否则 C=0；当 8 位数减法运算时，如果出现被减数不够减，被减数的最高位 D7 有向更高位的借位，则 C=1，否则 C=0。

逻辑运算时，许多操作都与 C 有关，可以对 C 标志位进行位操作，C 可被软件置位、清零、取反，C 位与其他某些位之间可以进行位信息传送，还可以使用 C 与某些位之间进行逻辑“与”、“或”、“非”等位逻辑运算操作，结果存放在进位标志位 C 中。

② D6 辅助进位/借位标志 AC(PSW.6) (又称半进位/借位标志)：8 位二进制数加法运算时，如果低半字节的最高位 D3 有向 D4 位的进位，则 AC=1，否则 AC=0；8 位数减法运算时，如果 D3 有向 D4 位的借位，则 AC=1，否则 AC=0。

③ D5 软件标志 F0(PSW.5)：是为方便用户定义某种状态是否存在的一个状态标志。可通过软件对它置位、清零；在编程时，常测试其是否建起而进行程序分支选择。

④ D4、D3 工作寄存器组选择控制位 RS1、RS0 (PSW.4、PSW.3)：可通过软件置位或清零，用来选定工作寄存器组中的某一组作为当前工作寄存器组。

⑤ D2 溢出标志 OV(PSW.2)：当有符号数进行加法、减法运算时，由硬件置位或清零，以表示运算结果是否溢出。若 OV=1，反映运算结果已超出了累加器以补码形式表示一个有符号数的范围(−128～+127)，放在累加器中的运算结果错误。

⑥ D1 位未定义。

⑦ D0 奇偶标志 P(PSW.0)：每执行一条指令，单片机都能根据结果中“1”的个数的奇偶自动令 P 置位或清零。若结果中“1”的个数为奇数，则 P=1；若结果中“1”的个数为偶数，则 P=0。此标志对单片机通信时数据传输非常有用，通过奇偶校验可检验传输的正确性。

值得注意的是：运算的结果与结果的状态是两个完全不同的概念。

例 2.1　分析 CPU 执行加法操作，完成 7FH 与 47H 相加后的情况。

```
   0111  1111
 + 0100  0111
 ────────────
   1100  0110
```

两数相加后的结果：11000110B=C6H

两数相加后的结果状态：

C=0(没有向更高位的进位)

AC=1(次高位有进位、最高位无进位)

OV=1 有溢出(两个正数相加结果为负数)

P=0(结果中有偶数个 1)

PSW 寄存器的值为：01000100

(5) B 寄存器

B 寄存器是一个 8 位特殊功能寄存器，它与累加器 A 协同工作，实现乘法操作和除法操作，不进行乘、除法运算时，还可作为通用寄存器使用。

(6) SP 堆栈指针寄存器

SP(Stock Point)堆栈指针寄存器是一个 8 位特殊功能寄存器，存放数据和内部数据存储单元地址。

2. 控制器

控制器是单片机的控制和指挥中心，它能根据不同的指令产生不同的操作时序和控制信号。控制器包括程序计数器 PC、地址指针寄存器 DPTR、地址寄存器 AR、数据寄存器 DR、指令寄存器 IR、指令译码器 ID、振荡器、定时电路及控制电路等部件。

(1) 程序计数器 PC

PC(Program Counter)实际上是程序地址计数器，PC 中的内容是存放的将要执行的下一条指令的地址。CPU 每取一条指令后 PC 自动加 1，指向下一条指令地址，改变 PC 的内容就可改变程序执行的顺序。

(2) 数据指针寄存器 DPTR

DPTR(Data Pointer Register)由两个 8 位特殊功能寄存器 DPL 及 DPH 组成的一个 16 位数据指针寄存器，主要用于存放外部存储单元的地址。

(3) 地址寄存器 AR

AR(Address Register)存放将要执行的指令所在程序存储器单元地址、将要被读/写的数据存储单元地址或者是输入/输出设备的地址。

(4) 数据寄存器 DR

DR(Data Register)存放正在译码的指令、从数据总线送来的操作数或者是送往存储器的操作数、中间结果、最后结果等。

(5) 指令寄存器 IR、指令译码器 ID 及定时控制

当 CPU 根据 PC 寄存器的地址值从指定的存储单元中取出选取的指令后，将指令送到指令寄存器 IR(Instruction Register)，再送到指令译码器 ID(Instruction Decoder)，由指令译码器对指令译码后，将控制信号送 PLA 逻辑门阵列，产生一定序列的控制信号，以执行指令所规定的操作。

(6) 振荡器 OSC(Oscillator)及定时电路

8051 单片机内有振荡电路，只需外接石英晶体和频率微调电容就可以产生 8051 工作的基本节拍脉冲。

思考与练习

1. 画出单片机 CPU 的结构图。

2. 程序状态字寄存器 PSW 的作用是什么？PSW 中有哪些标志位？36H 与 40H 相加后，PSW 中各位的值是多少？

3. 有两个数的补码进行加法运算后 PSW 的值为 41H，请表述结果的状态。

任务三　MCS-51 单片机存储器结构

任务要求

✧ 了解存储器分类

✧ 掌握单片机内部数据存储器及特殊功能寄存器特点

✧ 掌握不同存储器特点

相关知识

MCS-51 单片机片内有 4K 个字节单元程序存储器(ROM)和 128 个字节单元片内数据存储器(RAM)。程序存储器在单片机工作时，存入事先已编好的程序、常数、表格。写入到程序存储器中的内容工作时只能读出，不能写入，系统停止供电时，数据仍然可以保存在存储器中而不会丢失。片内数据存储器的内容，根据需要既可随时读出，也可随时写入新的数据。数据读出后，原来存储的数据依然存在，数据写入时，新写入的数据取代原来的数据。数据存储器通常用来存放输入输出数据、中间计算结果或与外部交换的信息，RAM 通常在停止供电之后数据会丢失。

MCS-51 系列单片机内含有的存储器容量十分有限，在容量不够时，需要另外扩展片外程序存储器或片外数据存储器。这样，MCS-8051 单片机存储器在物理结构上共分为 4 个存储空间，即片内程序存储器、片外程序存储器、片内数据存储器和片外数据存储器。单片机的存储空间分布如表 2-2 所示。

表 2-2　MCS-8051 单片机的存储空间分布

	程序存储器	数据存储器
片内存储器	4KB	128B
片外存储器	64KB	64KB

单片机存储系统中，采用程序存储器与数据存储器分开单独编排地址码的结构形式，如图 2-5 所示。

1. 内部数据存储器与特殊功能寄存器

内部数据存储器用来存放运算的中间结果和最终结果，特殊功能寄存器主要用来存放内部功能部件的控制信息和数据，它与内部数据存储器统一编排地址(简称编址)。

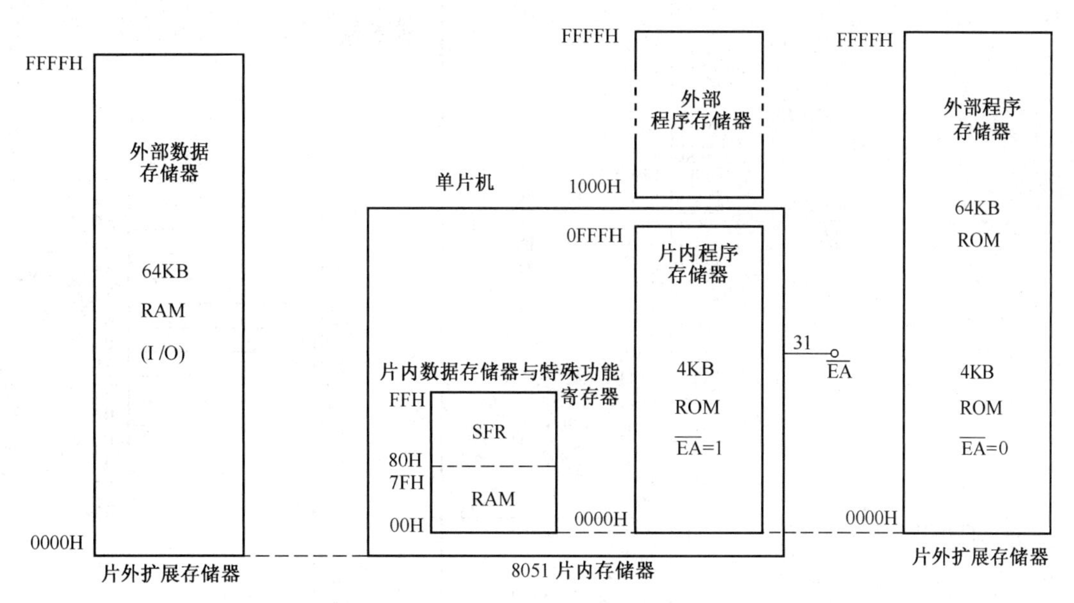

图 2-5　MCS-51 单片机存储器组织结构

(1) 编址

MCS-51 片内数据存储器有 128B，其编址为 00H～7FH(0～127)；特殊功能寄存器(SFR)有 21B，它们离散地分布在 80H～FFH(128～255)地址范围之间。

(2) 片内数据存储器(RAM)

图 2-6 所示为 MCS-51 单片机片内 RAM 的地址空间图。

片内数据存储器按使用的特点来划分，可分为工作寄存器区、位寻址区和数据缓冲区 3 个区域。

① 工作寄存器区。00H～1FH 单元为工作寄存器区，又称通用寄存器区，共有 32B，分成 4 个组，每组 8 个单元，用作 8 个寄存器，都以 R0～R7 来表示，供用户编程时暂时寄存 8B 信息。但 CPU 工作时只能选用其中一组作为当前工作寄存器组，其他各组待用。选择哪一组作为当前工作寄存器组，由程序状态字(PSW)寄存器中的 RS1、RS0 两位来确定，其对应关系见表 2-3。

表 2-3　工作寄存器组选择表

PSW(4、3 位)		工作寄存组	内部 RAM 字节地址							
RS1	RS0		R7	R6	R5	R4	R3	R2	R1	R0
1	1	3 组	1FH	1EH	1DH	1CH	1BH	1AH	19H	18H
1	0	2 组	17H	16H	15H	14H	13H	12H	11H	10H
0	1	1 组	0FH	0EH	0DH	0CH	0BH	0AH	09H	08H
0	0	0 组	07H	06H	05H	04H	03H	02H	01H	00H

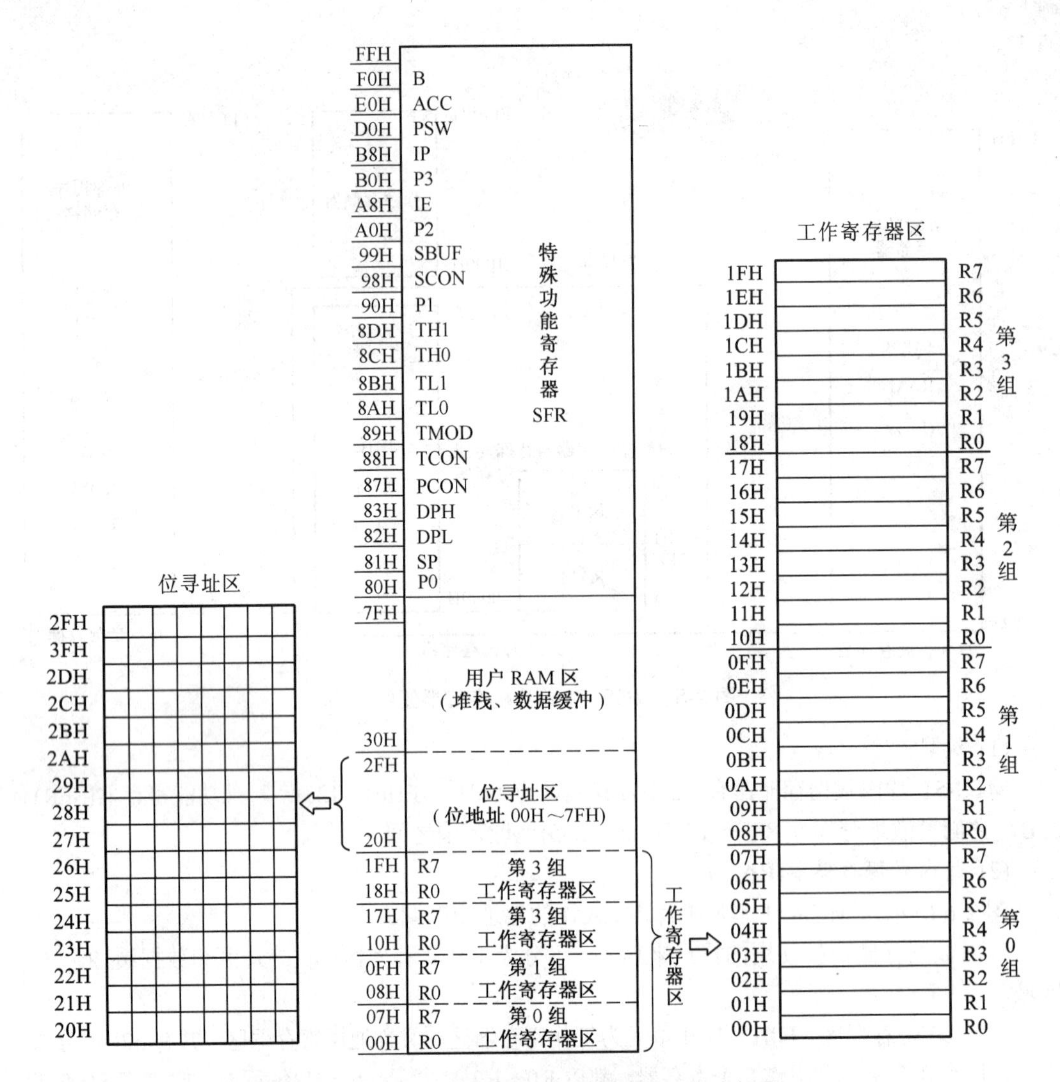

图 2-6　MCS-51 单片机片内 RAM 的地址空间图

程序状态字寄存器(PSW)中 RS1、RS0 的值可用指令置位和清零。

② 位寻址区。20H～2FH 单元是位寻址区，有 16 个单元，该区的每一位都有一个对应位地址，共有 128 个位，位地址编排为 00H～7FH，如表 2-4 所示。

显然，位地址与数据存储区的字节地址范围正好相一致，但含义是完全不同的。单片机通过采用不同的指令和寻址方式加以区别，即访问 128 个位时，用位操作指令，访问 128B 单元时，用字节操作指令，这样就可以区分开 00H～7FH 是表示位地址，还是表示字节地址。

有了位地址就可以对指定位进行操作，如位置位、位清零、判断位是否为 1、是否为 0、位内容传送等，可用作软件标志位或用于布尔处理器，这是一般计算机所没有的，这种位寻址能力是 MCS-51 单片机的一个重要特点。位寻址操作给编程带来很大方便，通常把程序中用到的状态标志、位控制变量等放于位寻址区，通过对位的操作，还可用软件实现逻辑电路的功能。

表 2-4　MCS-51 单片机 RAM 中 20H～2FH 单元的位地址分配图

字节地址	位地址							
	D7	D6	D5	D4	D3	D2	D1	D0
2FH	7FH	7EH	7DH	7CH	7BH	7AH	79H	78H
2EH	77H	76H	75H	74H	73H	72H	71H	70H
2DH	6FH	6EH	6DH	6CH	6BH	6AH	69H	68H
2CH	67H	66H	65H	64H	63H	62H	61H	60H
2BH	5FH	5EH	5DH	5CH	5BH	5AH	59H	58H
2AH	57H	56H	55H	54H	53H	52H	51H	50H
29H	4FH	4EH	4DH	4CH	4BH	4AH	49H	48H
28H	47H	46H	45H	44H	43H	42H	41H	40H
27H	3FH	3EH	3DH	3CH	3BH	3AH	39H	38H
26H	37H	36H	35H	34H	33H	32H	31H	30H
25H	2FH	2EH	2DH	2CH	2BH	2AH	29H	28H
24H	27H	26H	25H	24H	23H	22H	21H	20H
23H	1FH	1EH	1DH	1CH	1BH	1AH	19H	18H
22H	17H	16H	15H	14H	13H	12H	11H	10H
21H	0FH	0EH	0DH	0CH	0BH	0AH	09H	08H
20H	07H	06H	05H	04H	03H	02H	01H	00H

③ 数据缓冲区。30H～7FH 是数据缓冲区，即用户 RAM 区，共 80 个单元。

工作寄存器区、位寻址区和数据缓冲区这 3 个区的单元既有自己独特的功能，又可统一调度使用。工作寄存器区和位寻址区未用及的单元也可作为一般的用户 RAM 单元使用，使容量较小的片内 RAM 得以充分利用。

(3) 特殊功能寄存器(SFR)

特殊功能寄存器也称专用寄存器(SFR)，专用于控制、管理片内算术逻辑部件、并行 I/O 口、串行通信口、定时/计数器、中断系统等功能模块的工作，用户通过编程设定不同的值，控制相应功能部件的工作。在 MCS-51 单片机中，将各专用寄存器(PC 寄存器例外)与片内 RAM 统一编址。MCS-51 单片机有 21 个专用寄存器，共占用 21B；其中字节地址位能被 8 整除的特殊功能寄存器还有位地址，可以对其中的位单独进行操作。表 2-5 列出了各专用寄存器的名称、符号与地址及这些特殊功能寄存器的位地址与对应位名称。

这些特殊功能寄存器分别用于以下各功能部件。

CPU：ACC、B、PSW、SP、DPH、DPL；

并行输入/输出口：P0、P1、P2、P3；

表 2-5　特殊功能寄存器的名称、符号与地址一览表

特殊功能寄存器名称	符号	字节地址	位地址与位名称							
			D7	D6	D5	D4	D3	D2	D1	D0
B 寄存器	B	F0H	F7H	F6H	F5H	F4H	F3H	F2H	F1H	F0H
			B.7	B.6	B.5	B.4	B.3	B.2	B.1	B.0
累加器	ACC	E0H	E7H	E6H	E5H	E4H	E3H	E2H	E1H	E0H
			ACC.7	ACC.6	ACC.5	ACC.4	ACC.3	ACC.2	ACC.1	ACC.0
程序状态字	PSW	D0H	D7H	D6H	D5H	D4H	D3H	D2H	D1H	D0H
			PSW.7	PSW.6	PSW.5	PSW.4	PSW.3	PSW.2	PSW.1	PSW.0
			C	AC	F0	RS1	RS0	OV	—	P
中断优先级控制	IP	B8H	BFH	BEH	BDH	BCH	BBH	BAH	B9H	B8H
			—	—	—	PS	PT1	PX1	PT0	PX0
P3 口	P3	B0H	B7H	B6H	B5H	B4H	B3H	B2H	B1H	B0H
			P3.7	P3.6	P3.5	P3.4	P3.3	P3.2	P3.1	P3.0
中断允许控制	IE	A8H	AFH	AEH	ADH	ACH	ABH	AAH	A9H	A8H
			EA	—	—	ES	ET1	EX1	ET0	EX0
P2 口	P2	A0H	A7H	A6H	A5H	A4H	A3H	A2H	A1H	A0H
			P2.7	P2.6	P2.5	P2.4	P2.3	P2.2	P2.1	P2.0
串行数据缓冲器	SBUF	99H								
串行控制	SCON	98H	9FH	9EH	9DH	9CH	9BH	9AH	99H	98H
			SM0	SM1	SM2	REN	TB8	RB8	TI	RI
P1 口	P1	90H	97H	96H	95H	94H	93H	92H	91H	90H
			P1.7	P1.6	P1.5	P1.4	P1.3	P1.2	P1.1	P1.0
定时/计数器 T1 高 8 位字节	TH1	8DH								
定时/计数器 T0 高 8 位字节	TH0	8CH								
定时/计数器 T1 低 8 位字节	TL1	8BH								
定时/计数器 T0 低 8 位字节	TL0	8AH								
定时/计数方式控制	TMOD	89H	GATE1	C/T1	M1	M0	GATE0	C/T0	M1	M0
定时器/计数器控制	TCON	88H	8FH	8EH	8DH	8CH	8BH	8AH	89H	88H
			TF1	TR1	TF0	TR0	IE1	IT1	IE0	IT0
电源控制	PCON	87H	SMOD							
数据指针高字节	DPH	83H								
数据指针低字节	DPL	82H								
堆栈指针	SP	81H								
P0 口	P0	80H	87H	86H	85H	84H	83H	82H	81H	80H
			P0.7	P0.6	P0.5	P0.4	P0.3	P0.2	P0.1	P0.0

中断系统：IE、IP；

定时/计数器：TCON、TMOD、TL0、TH0、TL1、TH1；

串行口：SCON、SBUF、PCON。

这 21 个专用寄存器字节地址离散分布在 80H～FFH 地址空间，若用指令去访问该块中其他字节单元是没有意义的。

有的特殊功能寄存器有位地址，有的特殊功能寄存器没有位地址，且只有字节地址能被 8 整除的特殊功能寄存器有位地址。

特殊功能寄存器的位地址与内部数据存储器中位寻址区的位地址是连续编排的。

2. 外部数据存储器

片内数据存储器的容量很小，常需扩展片外数据存储器。外部数据存储器可扩展的最大空间是 64KB，其编址为 0000H～FFFFH($0\sim2^{16}-1$)(见图 2-5)。

如只需扩展少量片外数据存储器，容量不超过 256 个单元，也可按 8 位二进制数编址，地址为 00H～FFH。

3. 程序存储器(ROM)

MCS-51 单片机片内有 4KB 单元的程序存储器，如需扩展程序存储器，可外接存储芯片，其容量可扩展到 64KB 单元。如果外接扩展程序存储芯片，程序存储器编址有两种情况，如图 2-5 所示。

① 当单片机芯片 $\overline{EA}$ 引脚接高电平时，片内、片外程序存储单元统一编址，先片内、后片外，片内、片外地址连续。单片机复位后，先从片内 0000H 单元开始执行程序存储器中程序，当 PC 中内容超过 0FFFH 时，将自动转去执行片外程序存储器中的程序。

② 当单片机芯片 $\overline{EA}$ 引脚接低电平时，则片内程序存储器不起作用。外部扩展程序存储器存储单元从 0000H 单元开始编址，单片机只执行片外程序存储器中的程序。

在调试程序时，一般先使 $\overline{EA}$ 引脚接低电平，使片外程序存储器中存放调试程序，单片机工作在调试状态，一旦调试正确，再将程序写入到片内程序存储器中，并将 $\overline{EA}$ 恢复接高电平。

思考与练习

1. 8051 的存储器分哪几个空间？不同空间的地址范围是多少？各有什么特点？

2. 指出 8051 的 $\overline{EA}$ 引脚接高电平与接低电平时存储器组织形式有什么不同。

3. 8051 的内部数据存储器可以分为几个不同的区域？每个区域的地址范围是多少？

4. 如何选定第 1 组寄存器作为当前工作寄存器组？

5. 单片机如何区别位地址 7CH 与字节地址 7CH？位地址 7CH 具体是指片内 RAM 中什么位置？

任务四 MCS-51 单片机并行输入/输出端口(Port)

任务要求

✧ 了解单片机 I/O 端口对应引脚
✧ 了解 I/O 端口内部电路结构
✧ 掌握 I/O 单口的使用方法
✧ 4 个并行 I/O 端口的区别

相关知识

8051 单片机的 4 个 I/O 端口电路设计非常巧妙，熟悉 I/O 端口逻辑电路特性，不但有利于正确合理地使用端口，而且对设计单片机外围电路也有所帮助。

MCS-51 单片机芯片有 4 个 8 位数据并行输入/输出口，如图 2-7 所示，分别称为 P0 口、P1 口、P2 口和 P3 口，这 4 个口可以并行输入或输出 8 位数据；也可按位单独使用，即每一位输入/输出线都能独立地用作输入或输出；每个端口都包括一个数据锁存器(即特殊功能寄存器 P0～P3)、一个输出驱动器和输入缓冲器。作输出时数据可以锁存，作输入时数据可以缓冲，但这 4 个端口的功能并不完全相同。

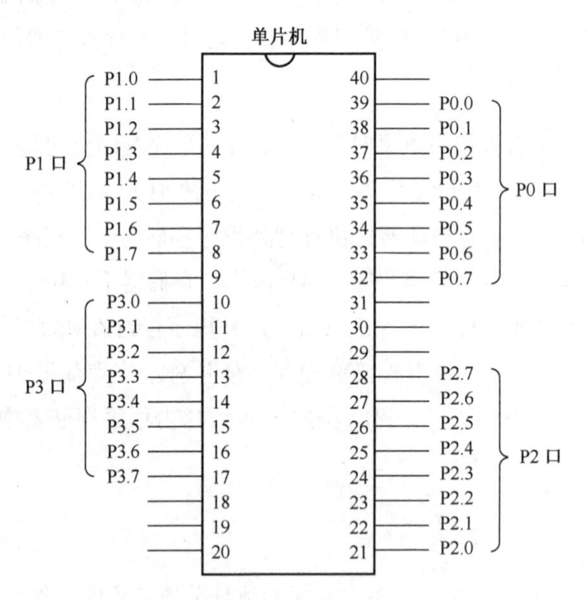

图 2-7 MCS-51 单片机 I/O 口

1. P0 口

P0 口的字节地址为 80H，位地址为 80H～87H。

位地址	87H	86H	85H	84H	83H	82H	81H	80H
字节地址 80H								
位名称	P0.7	P0.6	P0.5	P0.4	P0.3	P0.2	P0.1	P0.0

P0 口的各位口线具有完全相同但又相互独立的逻辑电路，如图 2-8(a)所示。

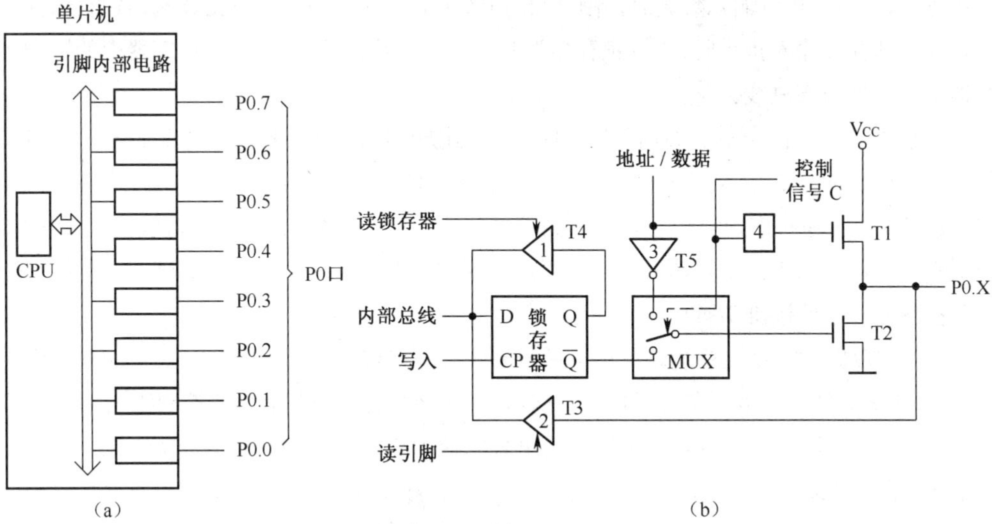

（a）　　　　　　　　　　　　　　　　　　　　（b）

图 2-8　P0 口结构图

图 2-8(b)是 P0 口 8 位中其中 1 位 P0.X 的结构原理图。

(1) P0 口电路的组成

① 一个输出锁存器，用于数据位的输出锁存。

② 两个三态输入缓冲器，分别用于锁存器数据输入缓冲和引脚数据输入缓冲。

③ 一个多路转接开关 MUX，用于选择锁存器输出和 “地址/数据” 输出。转接由“控制”信号 C 控制。

④ 数据输出驱动和控制电路，由两个场效应管 T1、T2 和一个与门组成，上面的场效应管构成上拉电路。

(2) P0 口的工作方式

P0 口有两种工作方式：通用 I/O 口使用方式和地址/数据分时复用总线使用方式。

① 通用 I/O 口使用方式。当系统未扩展片外存储器时，P0 口作准双向通用 I/O 口使用，对片内存储器和 I/O 口读/写。此时控制信号 C=0，开关 MUX 处在图 2-8(b)所示位置，把锁存器 $\overline{Q}$ 端与输出级 T2 基极接通。

a. 输出数据。P0 口输出数据时，写脉冲加在 D 锁存器的 CP 上，与内部总线相连的 D 端的数据取反后，就出现在 $\overline{Q}$ 端，又经过输出级 T2 反相，在 P0.X 上出现的数据正好是内部总线上的数据。

P0 数据输出时，因 C=0，“与门” 4 使 T1 截止。输出级是漏极开路的开漏电路，应外加上拉电阻，如图 2-9 所示。

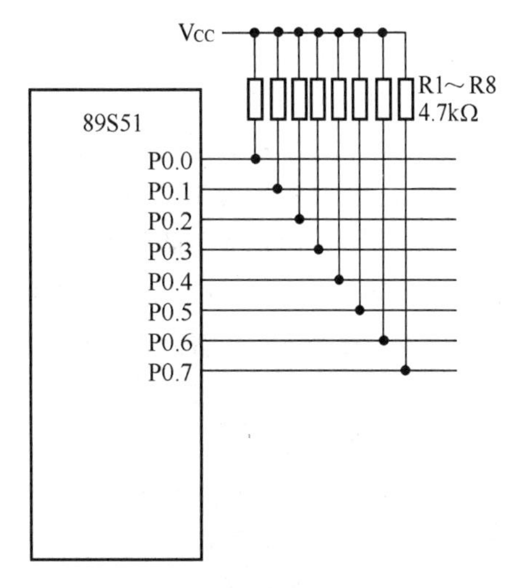

图 2-9　P0 口接上拉电阻

b. 输入数据。输入数据分为读锁存器输入和读引脚输入。

锁存器输入：P0 口输入数据时，图 2-8(b)中缓冲器 1 用于 CPU 直接读端口锁存器数据。当执行一条锁存器输入指令时，“读锁存器”脉冲把三态缓冲器 1 打开，锁存器上的数据经过缓冲器 1 读入到内部总线。

引脚输入：当执行一条引脚输入指令时，“读引脚”脉冲把三态缓冲器 2 打开，端口引脚上的数据经过缓冲器 2 读入到内部总线。但在读引脚时，由于输出驱动 T2 接在引脚上，如果读引脚前 T2 为导通状态，就会将输入的高电平拉成低电平，从而产生读引脚错误。因此，在端口引脚输入前，应先向端口锁存器写入 1，使锁存器 $\overline{Q}$ =0，T2 截止，引脚处于悬浮状态，作高阻抗输入，才能读准引脚电平。

② 地址/数据分时复用总线。单片机系统扩展片外存储器(RAM 或 ROM)时，P0 口作为地址/数据分时复用总线使用。在访问片外存储器时，CPU 送来控制信号使控制线 C=1，模拟开关 MUX 拨在反相器 3 输出端。如果执行输出数据的指令，分时输出的地址/数据经反相器 3、驱动器 T2 送到引脚上。当地址/数据信息为 1 时，T2 截止而 T1 导通，引脚上出现高电平；当地址/数据信息为 0 时，T2 导通而 T1 截止，引脚上出现低电平。

如果执行取指操作或输入数据的指令，地址仍经 T1、T2 输出，而输入的指令或数据直接从引脚经输入缓冲器 2 进入内部总线。

2. P1 口

P1 口的字节地址为 90H，位地址为 90H～97H。

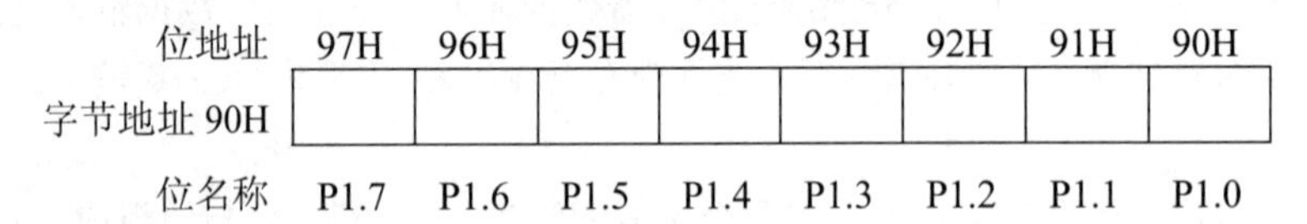

位地址	97H	96H	95H	94H	93H	92H	91H	90H
字节地址 90H								
位名称	P1.7	P1.6	P1.5	P1.4	P1.3	P1.2	P1.1	P1.0

图 2-10 所示是 P1 口 8 位中其中 1 位 P1.X 的结构原理图。P1 口只能作为通用 I/O 口使用。

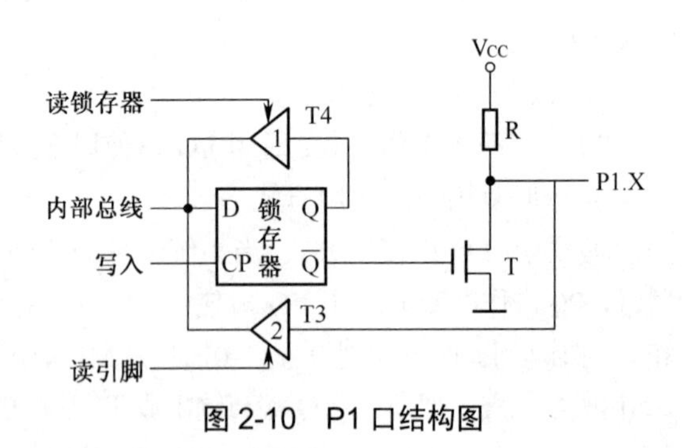

图 2-10　P1 口结构图

图中锁存器起输出锁存作用。P1 口的 8 个锁存器组成特殊功能寄存器，该寄存器用符号 P1 表示。场效应管 T 与内部上拉电阻组成输出驱动器，以增大负载能力，输出数据时，外电路无需再接上拉电阻。三态门 1 是锁存器输入缓冲器，三态门 2 是引脚输入缓冲器。

(1) 输出方式

单片机执行写 P1 口指令时，P1 口工作于输出方式，此时数据(Data)经内部总线送入锁存器锁存。如果某位的数据为 1，该位锁存器输出端 $\overline{Q}$ =0，使 T 截止，从而在引脚 P1.X 上出现高电平。反之，如果数据为 0，则 $\overline{Q}$ =1、使 T 导通，P1.X 上出现低电平。

(2) 输入方式

P1 口输入数据，也分为读锁存器输入和读引脚输入。

P1 口工作于读锁存器输入时，控制器发出的读信号打开三态缓冲器 T4，锁存器中的数据经三态缓冲器 T4 进入内部总线，并送到累加器 A。

P1 口读引脚输入时，输入无锁存功能。在执行引脚输入操作时，如果锁存器原来寄存的数据 Q=0，则 $\overline{Q}$=1，使 T 导通，引脚被下拉为低电平，不可能从引脚输入高电平。为此，用作读引脚输入前，必须先用输出指令向对应的锁存器写 1，使 T 截止。正因为如此，P1 口称为准双向口。单片机复位后，P1 口线的状态都是高电平，可以直接用作读引脚输入。

3. P2 口

P2 口的字节地址为 A0H，位地址为 A0H～A7H。

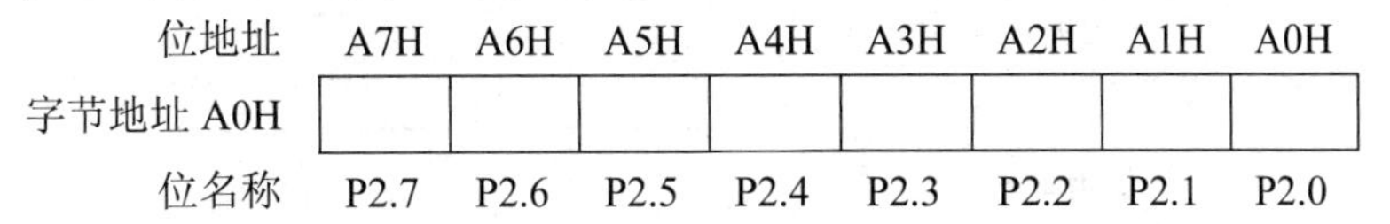

位地址	A7H	A6H	A5H	A4H	A3H	A2H	A1H	A0H
字节地址 A0H								
位名称	P2.7	P2.6	P2.5	P2.4	P2.3	P2.2	P2.1	P2.0

图 2-11 所示是 P2 口 8 位中其中某 1 位 P2.X 的结构原理图。

图中的模拟开关受内部控制信号控制，用于选择 P2 口的工作方式。P2 口有两种工作方式：通用 I/O 口使用方式和高 8 位地址使用方式。

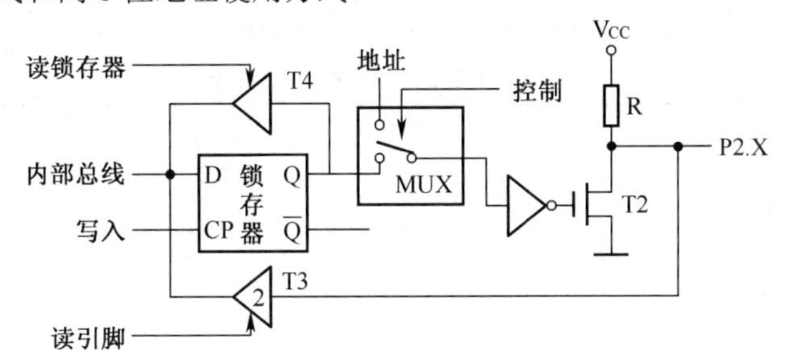

图 2-11　P2 口结构图

(1) 通用 I/O 口状态

P2 口作准双向通用 I/O 口使用时，其功能与 P1 口相同，负载能力也相同。

(2) 地址总线状态

单片机从片外 ROM 中取指令，或者执行访问片外 RAM、片外 ROM 的指令时，模拟开关置于上边，P2 口上出现程序计数器 PC 的高 8 位地址或数据指针 DPTR 的高 8 位地址(A15～A8)。上述情况下，数据锁存器的内容不受影响。取指或访问外部存储器结束后，模拟开关向下边，使输出驱动器与锁存器 Q 端相连，引脚上恢复原来锁存器中的数据。

一般地说，如果系统扩展了外部 ROM，取指的操作将连续不断，P2 口不断送出高 8 位的地址，这时 P2 口就不应再作通用 I/O 口使用。如果系统仅仅扩展外部 RAM，情况应具体分析：

当片外 RAM 容量不超过 256B 时，可以用寄存器间接存址方式的指令，由 P0 口送出 8 位地址，P2 口引脚上原有的数据在访问片外 RAM 期间不受影响，故 P2 口仍可用作通用 I/O 口；当片外 RAM 容量较大需要由 P2 口、P0 口送出 16 位地址时，P2 口不再用作通用 I/O 口；当片外 RAM 的地址大于 8 位而小于等于 16 位时，可以通过软件从 P2 的某几根口线送出高位地址，从而可保留 P2 的部分口线作通用 I/O 口用。

4. P3 口

P3 口的字节地址为 B0H，位地址为 B0H～B7H。

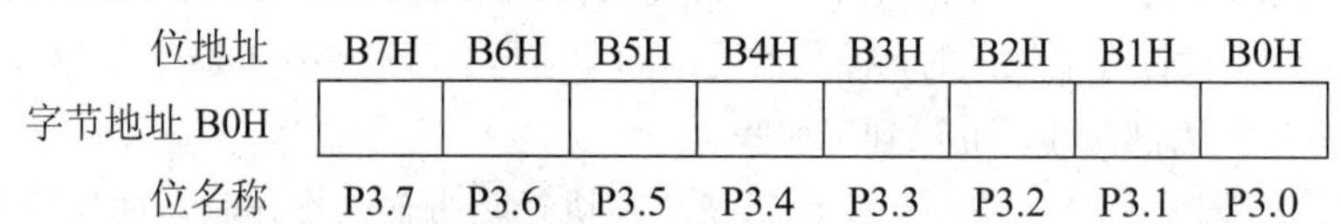

位地址	B7H	B6H	B5H	B4H	B3H	B2H	B1H	B0H
字节地址 B0H								
位名称	P3.7	P3.6	P3.5	P3.4	P3.3	P3.2	P3.1	P3.0

P3 口 8 位中其中一位 P3.X 的结构原理如图 2-12 所示。

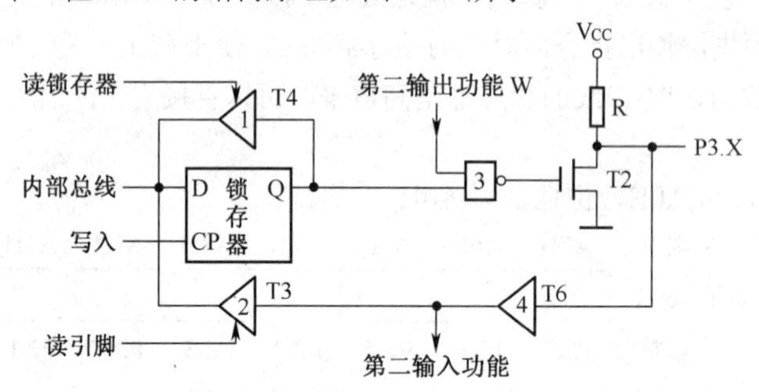

图 2-12　P3 口结构图

P3 口作通用 I/O 口使用时，其功能与 P1 口相同，负载能力也相同。P3 口除了作准双向通用 I/O 口使用外，每一根线还具有第二种功能，详见表 2-6。

表 2-6　P3 口引脚第二功能表

引　脚	第 二 功 能
P3.0	RXD (串行输入)
P3.1	TXD (串行输出)
P3.2	$\overline{INT0}$ (外部中断 0 请求输入端)
P3.3	$\overline{INT1}$ (外部中断 1 请求输入端)
P3.4	T0 (定时器/计数器 0 计数脉冲输入端)
P3.5	T1 (定时器/计数器 1 计数脉冲输入端)
P3.6	WR (片外数据存储器写选通信号输出端)
P3.7	RD (片外数据存储器读选通信号输出端)

P3 口作第二功能使用时，其锁存器 Q 端必须为高电平，否则 T2 管导通，引脚被钳位在低电平，无法输入或输出第二功能信号。单片机复位时，锁存器输出端为高电平，P3 口第二功能的输入信号 RXD、$\overline{INT0}$、$\overline{INT1}$、T0、T1 经缓冲器 4 输入，可直接进入芯片内部。

5. 并行 I/O 口小结

① P0、P1、P2、P3 都是并行 8 位数据 I/O 口，都可用于数据的输入/输出。作通用 I/O 口引脚输入时，必须先对相应端口锁存器写 1，使引脚内部电路中的场效应管 T2 截止，然后再从引脚输入。P0 口和 P2 口除了可进行数据的输入/输出外，通常用来构建系统的数据总线和地址总线，所以在口电路逻辑中有一个多路转接开关 MUX，以便进行两种用途的转换。由于 P0 口可作为地址/数据复用线使用，输送系统的低 8 位地址和 8 位数据，因此 MUX 的一个输入端

为“地址/数据”信号。而 P2 口仅作为高位地址线使用，不涉及数据，所以 MUX 的一个输入信号为“地址”。P1 和 P3 口没有构建数据和地址总线的功能，因此在电路中没有多路转接开关 MUX。

② 在 4 个口中只有 P0 一个口是真正的双向口，而其余的 3 个口都是准双向口。P0 口作为系统的数据总线使用时，为了保证正确的数据传送，需要解决芯片内外的隔离问题，即只有在数据传送时芯片内外才接通；不进行数据传送时，芯片内外应处于隔离状态。为此就要求 P0 口的输出缓冲器是一个三态门。在 P0 口中输出三态门是由两个场效应管(FET)组成的，所以说它是一个真正的双向口。而其他 3 个口中，上拉电阻代替了 P0 口中的场效应管，输出缓冲器不是三态的，因此不是真正的双向口，而只称其为准双向口。正因为如此，P0 口输出时，应当外加提升电阻。P1、P2、P3 口 3 个内部带提升电阻无需外接上拉电阻。

③ P3 口的口线具有第二功能，为系统提供一些控制信号，因此在 P3 口电路中增加了第二功能控制逻辑。这是 P3 口与其他各口不同之处。

思考与练习

1. 8051 P0～P3 口结构有何不同？用作通用 I/O 口输入数据时，应注意什么？
2. 比较 P0、P1、P2、P3 口的功能有什么不同。

任务五　MCS-51 单片机时钟电路与工作时序

任务要求

✧ 了解单片机时钟电路
✧ 了解振荡周期、时钟周期、机器周期、指令周期的概念及相互关系

相关知识

时钟电路用于产生单片机工作所需要的时钟信号。单片机本身就是一个复杂的同步时序电路，为了保证同步工作方式的实现，电路应在唯一的时钟信号控制下严格地按时序进行工作。通过对时序的研究，可以了解指令执行中各信号之间的相互时间关系。

1. 振荡器和时钟电路

MCS-51 系列单片机内含有一个高增益的反相放大器，通过 XTAL1、XTAL2 外接作为反馈元件的晶体后，构成自激振荡器，也可通过 XTAL2 引脚外接时钟信号输入，接法如图 2-13 所示。

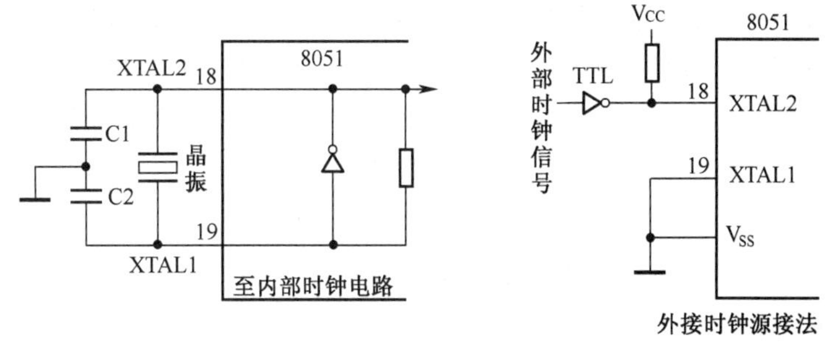

图 2-13　MCS-51 单片机晶振电路图

晶体呈感性，与 C1、C2 构成并联谐振电路。振荡器的振荡频率主要取决于晶体；电容对振荡频率有微调作用，通常取 30 pF 左右，电容的安装位置应尽量靠近单片机芯片。

2. MCS-51 机器周期和指令周期

晶体振荡器的振荡信号从 XTAL2 端输入到片内的时钟发生器上，如图 2-14 所示。时钟发生器是一个 2 分频的触发器电路，它将振荡器的信号频率经 2 分频后，向 CPU 提供了两相时钟信号 P1 和 P2。一个时钟信号的周期称为一个机器状态周期，它是振荡周期的 2 倍，在每个时钟周期的前半周期，相位 1(P1)信号有效，在每个时钟周期的后半周期，相位 2(P2)信号有效。即每个时钟周期(又称为状态周期)有两个节拍 P1 和 P2，CPU 以两相节拍 P1 和 P2 为基本节拍，控制单片机各部件协调工作。

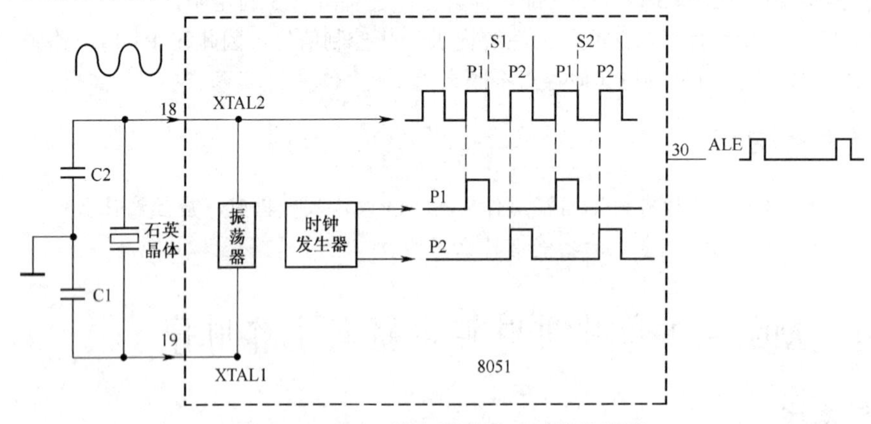

图 2-14　8051 片内振荡器及时钟发生器

6 个时钟周期构成 1 个机器周期。

CPU 执行一条指令的时间称为指令周期，指令周期以机器周期为单位。不同类型的指令，指令周期不完全相同。例如，单周期指令是指执行一条指令的时间为 1 个机器周期，而双周期指令执行时间为 2 个机器周期。若用 12 MHz 晶振，则时钟频率为 6 MHz，机器周期为 1 μs，单周期指令和双周期指令的执行时间分别为 1 μs 和 2 μs。

振荡周期=1/振荡频率

时钟周期=状态周期=节拍周期=2×振荡周期

机器周期=6×状态周期=12×振荡周期

指令周期=1～4 个机器周期

如以 S1、S2、…、S6 表示一个机器周期的 6 个时钟周期，以 P1、P2 表示每个时钟周期的 2 个节拍，则一个机器周期依次有 S1P1、S1P2、S2P1、S2P2、…、S6P2 共 12 个振荡周期。

ALE 脉冲在每个机器周期的 S1P2 至 S2P1 和 S4P2 至 S5P1 期间各发生一次有效。ALE 信号是一种周期信号，有时可以用作其他外部设备的时钟信号。

3. CPU 取指、执行指令周期时序

每一条指令的执行都包括取指令和执行指令两个阶段。在 8051 单片机指令系统中，指令长短不完全相同，指令在存储单元中存放所需的字节数也不同，其指令有单字节、双字节和多

字节指令，从指令的执行速度来看，单字节指令和双字节指令都可以是单机器周期或双机器周期，三字节指令都是双机器周期，乘法指令、除法指令是 4 个机器周期指令。图 2-15 给出了 CPU 执行不同指令时的机器周期时序，其中图 2-15(a)是单字节单周期指令，图 2-15(b)是双字节单周期指令，二者都在 S1P2 期间由 CPU 取指令，将指令代码读入指令寄存器，同时程序计数器 PC 加 1；后者在同一个机器周期的 S4P2 再读第二字节；前者在 S4P2 虽也读操作码，但它是单字节指令，读的已是下一条指令，故读后丢弃不用，PC 也不加 1，两种指令在 S6P2 结束时都会完成操作。图 2-15(c)是单字节双周期指令，图 2-15(d)是双字节双周期指令。单字节双周期指令，在两个机器周期内将 4 次读操作码，不过后 3 次读后都丢弃不用。

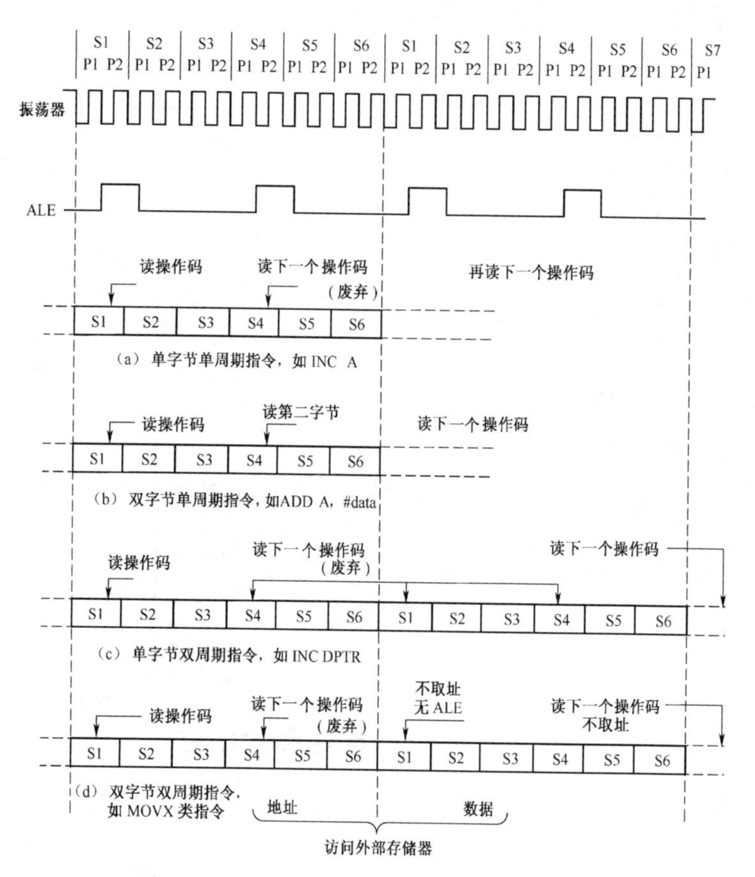

图 2-15　8051 取指令、执行指令周期时序图

思考与练习

1. 结合图 2-15 指出振荡周期、时钟周期(状态周期)、机器周期和指令周期。

2. 在 MCS-51 单片机中，当振荡频率为 6 MHz 时，机器周期是多少？执行一条指令的最短及最长时间分别是多少？

任务六　MCS-51 单片机外部引脚功能

任务要求

✧ 熟悉单片机引脚分布
✧ 掌握单片机引脚功能

相关知识

如图 2-16 所示是一种双列直插式封装 MCS-51 单片机。

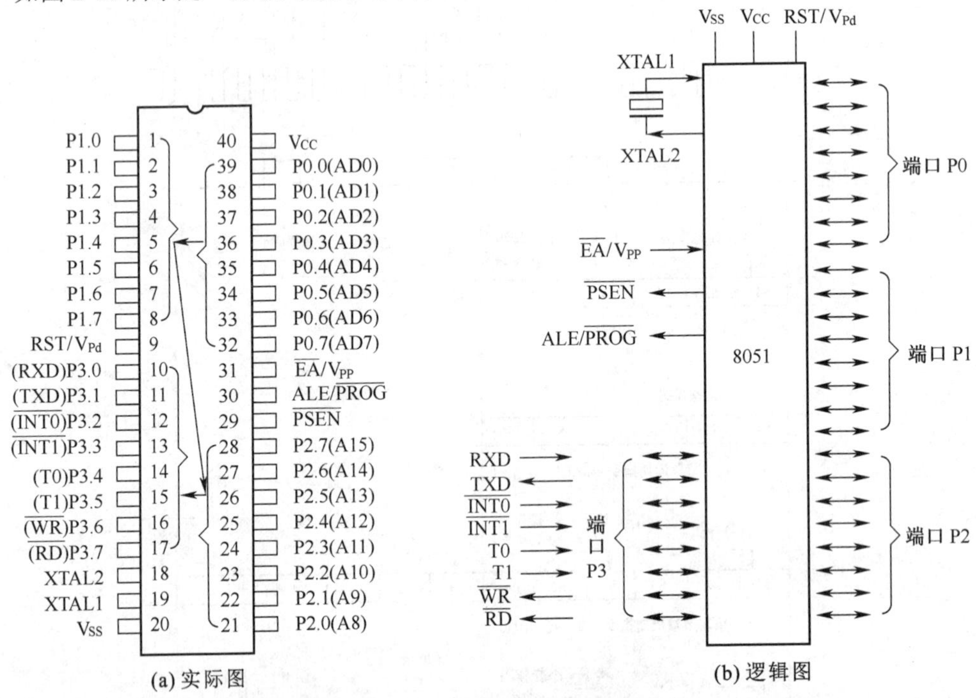

图 2-16　MCS-51 单片机外部引脚图

各引脚功能分类简要说明如下。

1. 电源引脚

V_{CC}：接+5 V 工作电源。

V_{SS}：接电源地端。

2. 外接晶体输入引脚 XTAL(External Crystal Oscillator)

XTAL1：片内反相放大器输入端。

XTAL2：片内反相放大器输出端。外接晶体时，XTAL1 与 XTAL2 各接晶体一端，借外接晶体与片内反相放大器构成振荡器。

3. 输入/输出引脚

P0.0～P0.7：P0 口的 8 个引脚，在不接片外存储器与不扩展 I/O 口时，可作为准双向输入/输出口。在接有片外存储器或扩展 I/O 口时，P0 口分时复用为低 8 位地址总线和双向数据总线。

P1.0～P1.7：P1 口的 8 个引脚。可作为准双向 I/O 口使用。

P2.0～P2.7：P2 口的 8 个引脚。可作为准双向 I/O 口；但在接有片外存储器或扩展 I/O 口且寻址范围超过 256 个字节时，P2 口可作为高 8 位地址总线。

P3.0～P3.7：P3 口的 8 个引脚。除作为准双向 I/O 口使用外，还具有第二功能，详见表 2-6。

记忆方法：从 P0→P1→P2→P3 在排除 V_{SS}、V_{CC}、XTAL1、XTAL2 之后，排成“S”型，分布在单片机 4 个角上，其中只有 PO 口的编号与引脚标号成倒序排列。

4. 控制信号引脚

(1) $\overline{EA}/V_{PP}$ (Enable Address /Voltage Pulse of Programming)

$\overline{EA}$ 片外程序存储器选用端。该引脚接低电平时，只选用片外程序存储器，$\overline{EA}$ 接高电平时，单片机上电或复位后先选用片内程序存储器。

V_{PP} 是在对片内程序存储器编程时，此引脚用作 21V 编程电源的输入端。

(2) ALE / $\overline{PROG}$ (Address Latch Enable/Programming)

地址锁存有效信号输出端 ALE。在访问片外程序存储器期间，每个机器周期该信号出现两次，其下沿用于控制锁存器锁存 P0 口输出的低 8 位地址。即使不在访问片外程序存储器时，该信号也以上述频率(振荡频率 f_{osc} 的 1/6)出现，因此可用作对外输出的时钟脉冲。但在访问片外数据存储器期间，ALE 脉冲会跳空一个，此时作为时钟输出就不妥了。

对片内含程序存储器写入程序时，在编程期间，此引脚用作编程脉冲 PROG 的输入端。

(3) $\overline{PSEN}$ (Program Store Enable)

片外程序存储器读选通信号输出端(或称片外取指信号输出端)。在向外部程序存储器读取指令或常数期间，每个机器周期该信号两次有效(低电平)，以通过数据总线 P0 口读回指令或常数。在访问片外数据存储器期间，$\overline{PSEN}$ 信号不出现。如图 2-17 所示。

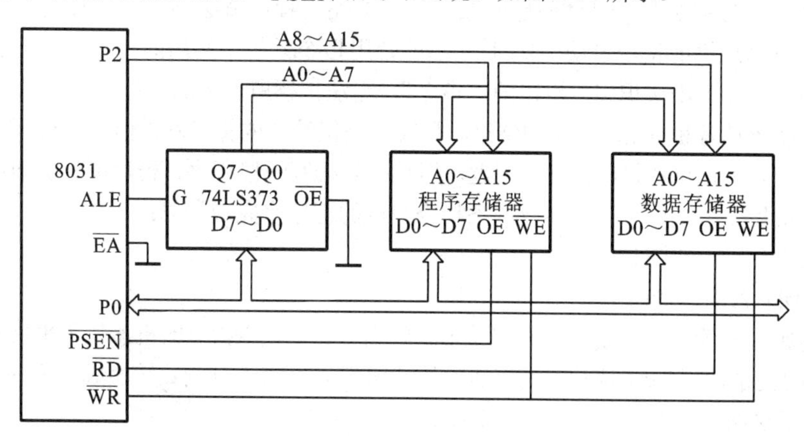

图 2-17　外部存储控制信号

(4) RST(Reset)/V_{Pd}

RST 复位端。单片机的振荡器工作时，该引脚上出现持续两个机器周期的高电平就可实现复位操作，使单片机回复到初始状态。上电时，考虑到振荡器有一定起振时间，该引脚上高电平必须持续 10 ms 以上才能保证有效复位。

在 V_{CC} 掉电期间，该引脚如接备用电源 V_{Pd}(+5±0.5 V)，可用于保存片内 RAM 中的数据。当 V_{CC} 下降到某规定值以下，V_{Pd} 便向片内 RAM 供电。

(5) 单片机中受引脚数目的限制，许多引脚都具有第二功能。单片机对外呈三总线(地址总线、数据总线、控制总线)形式。由 P2、P0 组成 16 位地址总线，使得片外存储器的寻址范围可达到 64KB；由 P0 分时复用为数据总线和低 8 位地址总线；P3 口除了可以作数据输入/输出之外，还有第二功能，如表 2-6 所示，其中 P3.0、P3.1 作串行通信数据输入、输出；P3.2、P3.3 作外部中断请求信号 $\overline{\text{INT0}}$ 、$\overline{\text{INT1}}$ 输入；P3.4、P3.5 作定时/计数器外部脉冲输入；P3.6、P3.7 作为外部数据存储器读(RD)、写(WR)控制信号。

思考与练习

1. 对照单片机的实物指出各引脚的功能。

任务七　MCS-51 单片机工作原理

任务要求

✧ 掌握单片机的工作原理

相关知识

下面通过例子来简单说明如何编写程序以及单片机执行程序的过程。单片机工作时，它按一定的顺序从存储器中读取指令，执行指令，来控制 CPU 以及整个系统有条不紊地工作。

1. 用指令编写程序

程序是用户为解决某一具体问题而编制的。要编写程序就必须知道单片机可以使用的指令，即要知道单片机的指令系统(编程时，只能使用指令系统中给出的指令，而不能随意杜撰指令，否则，单片机不认识用户造出的“指令”，无法执行所希望的操作)。

例如，要求单片机计算 7+16 的结果。尽管这是很简单的算术题，但单片机不会自己编程去自动处理。为了让单片机解决这一问题，用户必须编写一段程序，告诉单片机如何处理。通过查找单片机指令系统表，可用如下两条指令组成的程序来完成计算：

```
MOV A， #07H
ADD A， #10H
```

但单片机并不能直接识别这种助记符形式的指令，必须用指令的机器代码来表示，即把每一条助记符表示的指令转换成相应的二进制数的机器码，将十进制数转换成等值的二进制数。表 2-7 给出了这两条指令的机器码及其功能。

表 2-7　加法程序中所用指令的说明

名　称	助　记　符	机　器　码	说　　明
数据传送	MOV A，#07H	74H　07H	两字节指令，把指令第二字节的立即数送入累加器 A
加法	ADD A，#10H	24H　10H	将累加器 A 中内容与指令第二字节的立即数相加，结果送入累加器 A

程序由两条指令组成，都是 16 位的，前面 8 位是指令操作码，后面 8 位是操作数。这段程序共需要 4B 的存储单元。把这个由 4B 组成的程序连续顺序地存放在程序存储器中，假定存放在 0000H～0003H 单元，如图 2-18 所示。

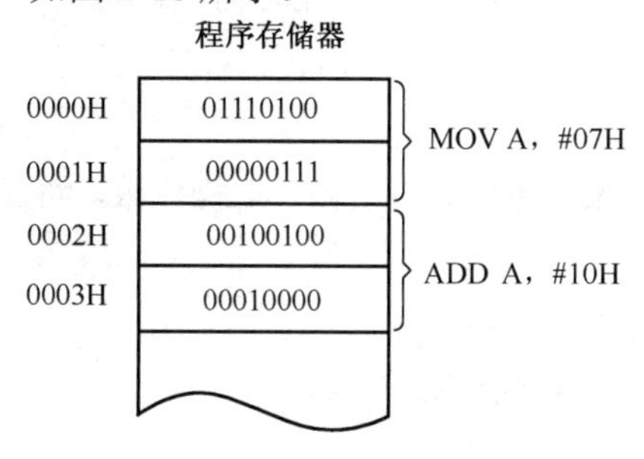

图 2-18　程序存放示意图

2. 程序的执行过程

程序执行时，首先要给程序计数器 PC 赋予第一条指令的首地址 0000H，CPU 转入第一条指令的取指阶段，其工作流程如图 2-19 所示，信息流通如图 2-20 所示。

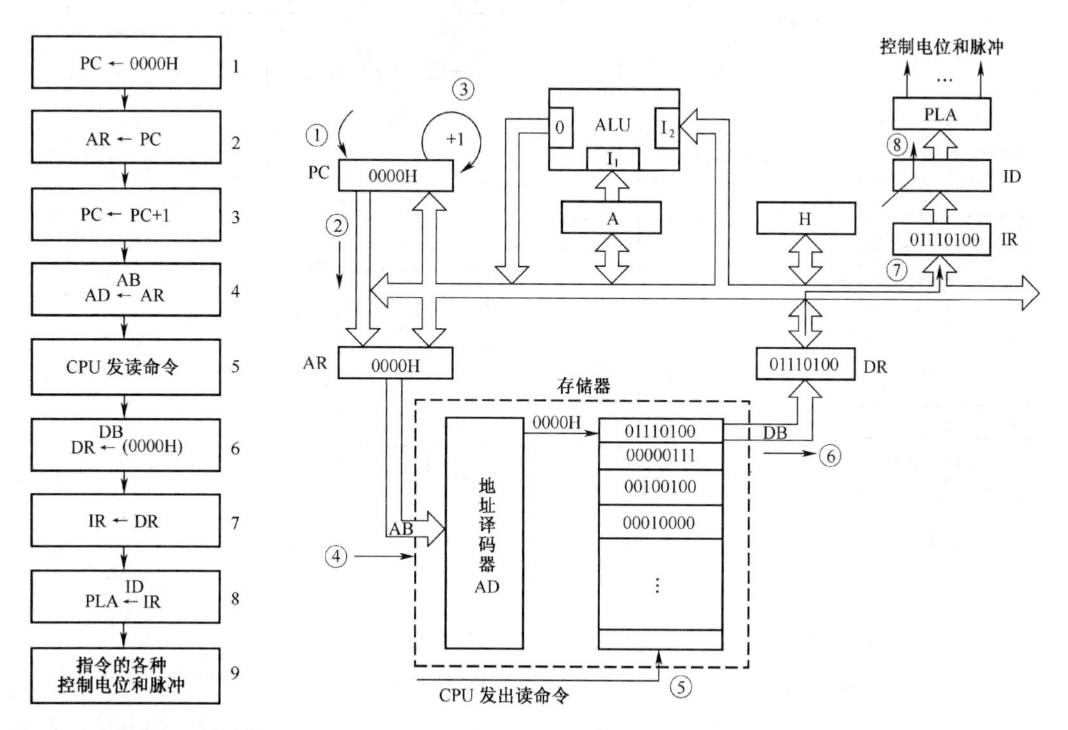

图 2-19　取指令工作流程图　　图 2-20　首条指令取指阶段的信息流通图

① 程序装入自 0000H 开始的存储单元后，首先将程序首地址 0000H 送程序计数器 PC，表示由此开始去取指令。

② PC 将 0000H 送地址寄存器 AR。

③ PC 的内容自动加 1 变成 0001H，指出下次读存储单元时的地址编号。

④ 地址寄存器中的地址通过地址总线 AB 送地址译码器 AD，选中 0000H 单元。

⑤ CPU 发读命令送至存储器。

⑥ 将存储单元 0000H 中的内容经数据总线送至数据寄存器 DR。

⑦ 因为取指阶段得到的是指令操作码，则 DR 内容送至指令寄存器 IR。

⑧ 指令经 ID 译码送至 PLA 得到该指令所需的控制电位和脉冲，控制机器各相关部件完成指令功能。

指令取出后，就转入第一条指令的执行阶段，取操作数，将操作数送至累加器 A。其流程如图 2-21 所示。

取操作数的信息流通如图 2-22 所示。

至此，MOV A，#07H 指令执行完毕。

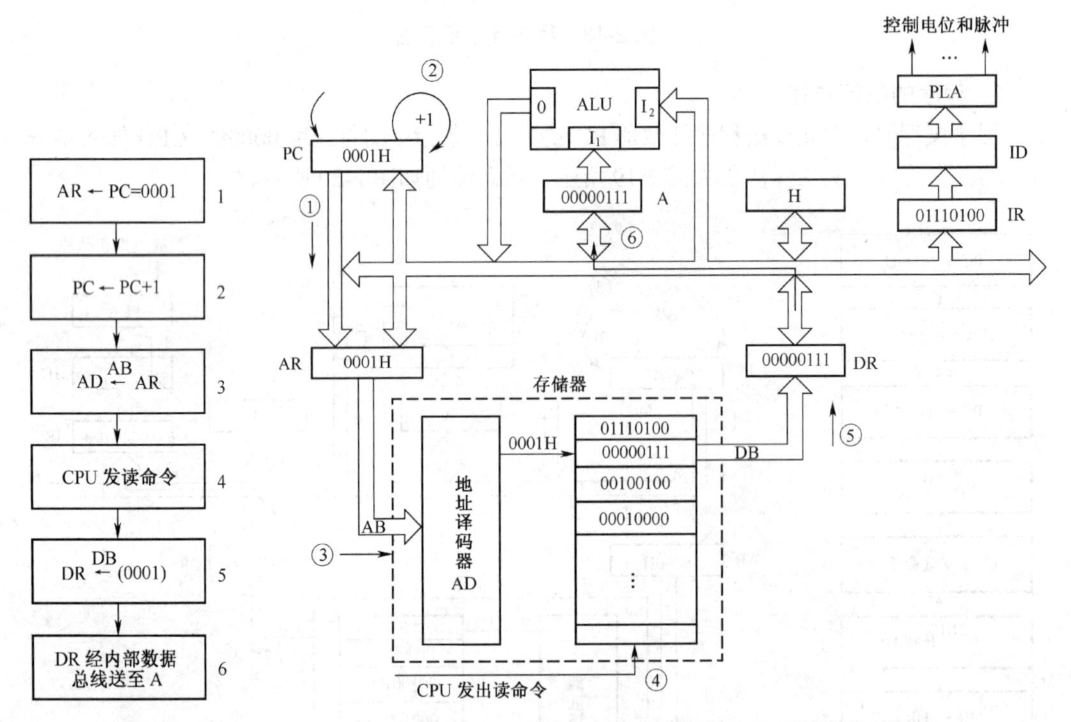

图 2-21　取第一条指令操作数的流程图

图 2-22　取第一条指令操作数及执行信息流通图

接着取第二条指令 ADD A，#10H 的操作码，其流程如图 2-23 所示。

ADD　A，#10H 指令取操作码的信息流通如图 2-24 所示。

经指令译码器 ID 译码后得知为加法指令，取该指令的第二个字节的数据，同已经存在于累加器 A 中的数相加，并将结果送回累加器 A，原累加器 A 中的 07H 则被 07H+10H=17H 所代替，并将运算结果的状态存放到 PSW 寄存器中，流程如图 2-25 所示，信息流通如图 2-26 所示。

由上面讨论可以看出，单片机工作的过程，其实就是执行程序的过程，而执行程序的过程，就是依次取指令、执行指令的过程。

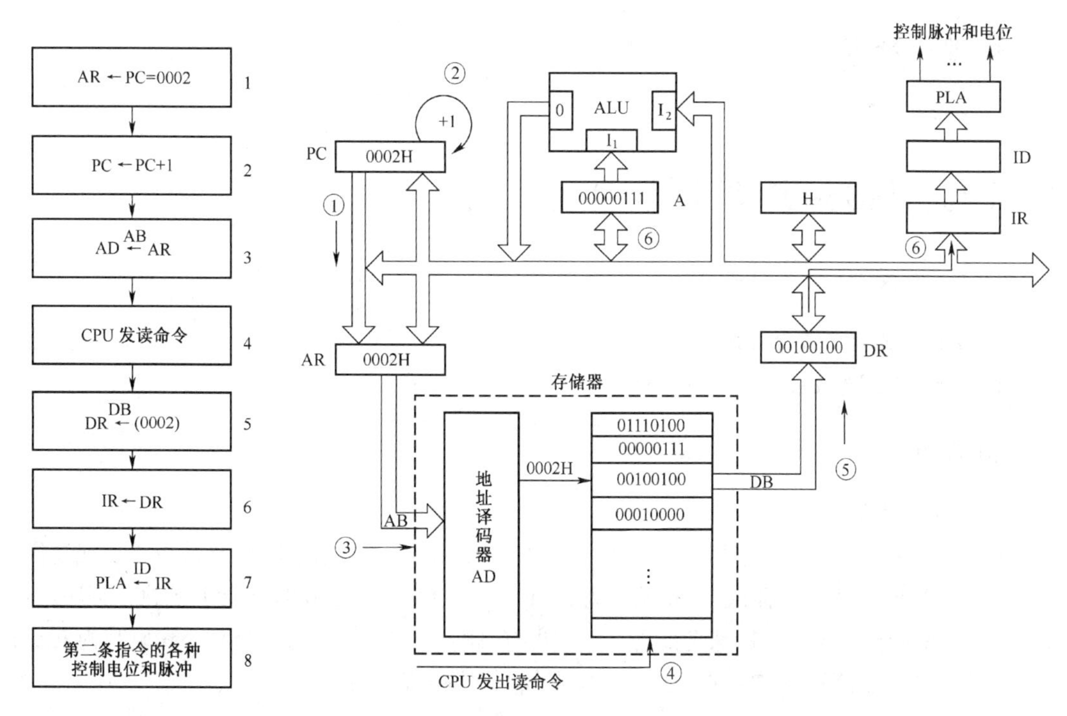

图 2-23　“ADD　A，#10H”取指阶段流程图

图 2-24　“ADD　A，#10H”取指阶段信息流通图

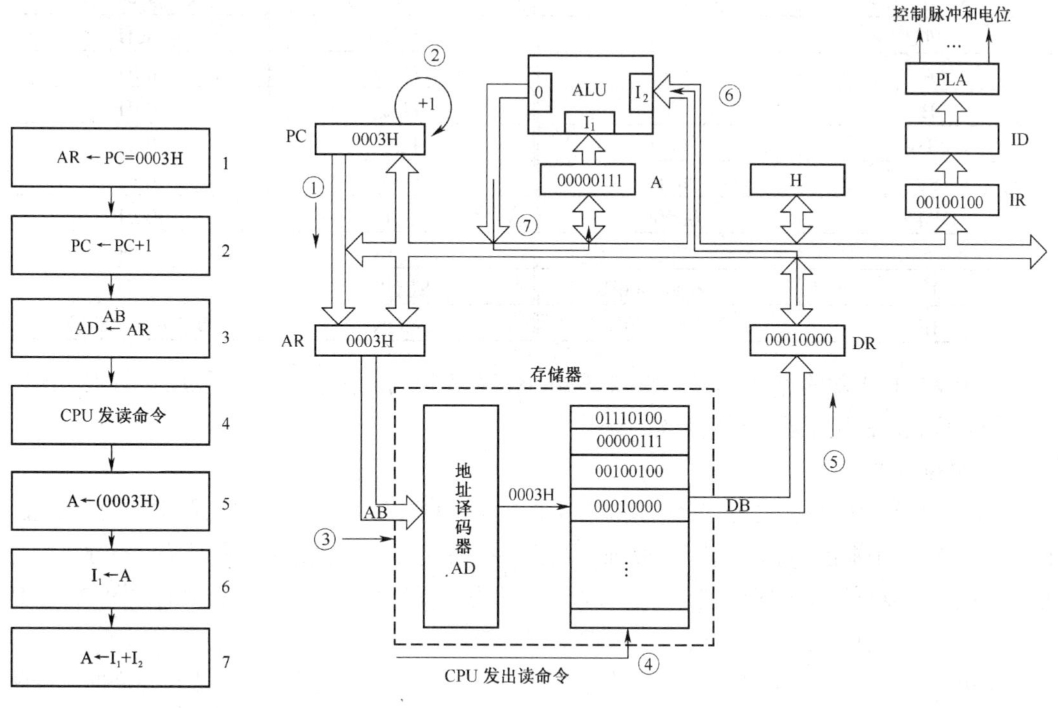

图 2-25　“ADD　A，#10H”指令取操作数流程图

图 2-26　“ADD　A，#10H”指令取操作数及执行信息流通图

思考与练习

1. 简述单片机程序执行的过程。

任务八　MCS-51 单片机复位方式

任务要求

✧ 掌握单片机复位方式及电路
✧ 了解 CPU 复位后各寄存器初值

相关知识

1. 复位工作状态

MCS-51 系列单片机的复位(RST)引脚上只要出现 10 ms 以上的高电平，单片机就实现复位。复位的功能是把程序计数器 PC 值初始化为 0000H，使单片机从 0000H 单元开始执行程序。除此之外，复位操作还对一些特殊功能寄存器值也有影响，如表 2-8 所示。复位不影响片内 RAM 存放的内容，控制信号 ALE、$\overline{\text{PSEN}}$ 在复位有效期间输出高电平。

表 2-8　特殊功能寄存器和程序计数器 PC 复位后的状态表

寄 存 器	复 位 状 态	寄 存 器	复 位 状 态
PC	0000H	TMOD	00H
A	00H	TCON	00H
B	00H	TH0	00H
PSW	00H	TL0	00H
SP	07H	TH1	00H
DPTR	0000H	TL1	00H
P0～P3	FFH	SCON	00H
IP	××000000B	SBUF	××H
IE	0×000000B	PCON	0×××0000B

由于单片机内部的各个功能部件由特殊功能寄存器控制，而程序的运行由 PC 管理，所以上述的复位状态决定了单片机的初始状态。

2. 复位电路

MCS-51 单片机系统主要有上电复位和按键复位两种方法。上电复位，是指单片机上电瞬间，要在 RST 引脚上出现宽度大于 10 ms 的正脉冲，才能使单片机进入复位状态。按键复位是指用户按下“复位”按键时，使单片机进入复位状态。复位是靠外部电路实现的。图 2-27 是上电复位及按键复位的实用电路。

上电时，+5 V 电源立即对单片机芯片供电，同时经 R 对 C 充电。C 上电压建立的过程就是负脉冲的宽度，经倒相后，RST 上出现正脉冲使单片机实现了上电复位。按键按下时，RST 上同样出现高电平，实现了按键复位。

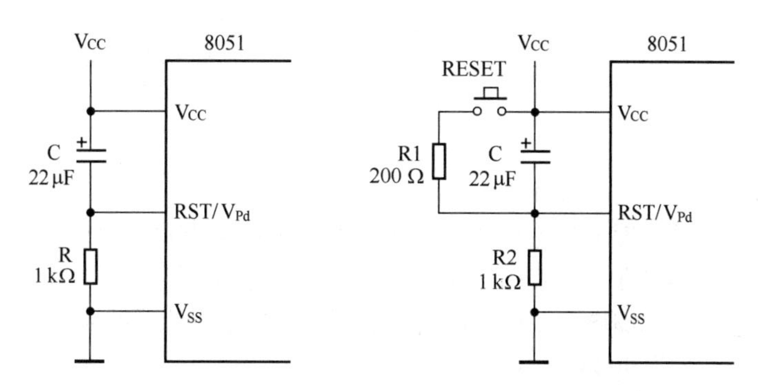

图 2-27　上电复位及按键复位实用电路图

思考与练习

1. 单片机复位后，寄存器 PC、SP、A、PSW 的值为多少？
2. 单片机有几种复位方式？复位的目的是什么？
3. 画出单片机按键复位电路图。

项目小结

MCS-51 是 Intel 公司的一个单片机系列的名称。

8051 单片机采用 40 个引脚的双列直插封装方式，由微处理器 CPU、存储器、定时/计数器、串行通信口、并行 I/O 端口总线控制器、中断控制系统及特殊功能寄存器组成。

8051 单片机的存储器在物理上分为程序存储器和数据存储器。从应用上分为 3 个逻辑空间：片内外统一寻址的程序存储空间、片外数据存储空间、片内存储空间。

单片机的时钟信号用来提供单片机内部各种操作的时间基准，时钟周期为时钟脉冲的倒数，8051 单片机的一个机器周期 =6 个状态周期 =12 个振荡周期。执行一条指令所需要的时间称为指令周期，一般由 1~4 个机器周期组成，不同的指令所需要的机器周期数也不相同。

单片机复位的作用是使 CPU 和系统中其他部件处于一个确定的初始状态。复位操作通常有两种基本形式：上电复位和上电或按键复位。复位后，PC 内容为 0000H，P0~P3 口内容为 FFH，SP 内容为 07H，SBUF 内容不定，IP、IE 和 PCON 的有效位为 0，其余的特殊功能寄存器状态均为 00H。

8051 单片机有 4 个 8 位的并行 I/O 接口，分别记作 P0、P1、P2、P3。每个口都包含一个锁存器、一个输出驱动器和输入缓冲器，都有 8 条 I/O 接口线，具有字节寻址和位寻址功能。每个端口都可用作数据输入/输出。作数据输入时，有锁存器输入和引脚输入两种情况；作引脚输入时，要先向端口输出高电平，然后再从引脚输入。P1 口是唯一的单功能口，仅能用作通用的数据输入/输出口。P3 口是双功能口，除具有数据输入/输出功能外，每一口还具有不同的第二功能。在访问片外扩展存储器时，低 8 位地址和数据由 P0 口分时传送，高 8 位地址由 P2 口传送。

项目测试

一、填空题

1. 8051 的堆栈是在______内开辟的区域。

2. 8051 中凡字节地址能被______整除的特殊功能寄存器均有位寻址。

3. 8051 有 4 组工作寄存器，它们的地址范围是______。

4. 8051 片内______范围内的数据存储器，既可以字节寻址又可以位寻址。

5. 8051 含______字节 ROM。

6. 8051 在物理结构上有______个独立的存储空间。

7. 一个机器周期等于______个状态周期，振荡脉冲 2 分频后产生的时钟信号的周期定义为______。

8. 单片机由______、______、______组成。

9. 片内 RAM 中，位地址为 30 H 的位，该位所在字节的字节地址为______。

10. MCS-51 单片机的数据指针 DPTR 是一个 16 位的专用地址指针寄存器，主要用来______。

11. 当 P1 口作输入口输入数据时，必须先向该端口的锁存器写入______，否则输入数据可能出错。

12. 单片机复位方式有______、______。

13. MCS-51 单片机上电复位后，片内数据存储器的内容均为______。

二、选择题

1. PSW=18H 时，当前工作寄存器是______。

A. 0 组　　B. 1 组　　C. 2 组　　D. 3 组

2. 8051 单片机的 RAM 大小为______。

A. 64KB　　B. 32KB　　C. 16KB　　D. 256KB

3. 8051 单片机的内部特殊功能寄存器地址范围是______。

A. 0~0FFFFH　　B. 0~07FFFH　　C. 80H~0FFH　　D. 80H~3FFH

4. 8051 单片机的程序存储器大小为______。

A. 64KB　　B. 32KB　　C. 16KB　　D.8KB

5. 在 8051 系统中，若晶体振荡器的频率为 6 MHz，一个机器周期等于______μs。

A. 1　　B. 2　　C. 3　　D. 0.5

6. 以下不属于控制器部件的是______。

A. 程序计数器　　B. 指令寄存器　　C. 指令译码器　　D. 存储器

7. 下列不是单片机总线的是______。

A. 地址总线　　B. 控制总线　　C. 数据总线　　D. 输出总线

8. P1 口的每一位能驱动______。

A. 2 个 TTL 低电平负载　　B. 4 个 TTL 低电平负载

C. 8 个 TTL 低电平负载　　D. 10 个 TTL 低电平负载

9. 8051 的并行 I/O 接口信息有两种读取方法，一种是读引脚，还有一种是______。

A. 读锁存器　B. 读数据　C. 读 A 累加器　D. 读 CPU

10. MCS-51 单片机的 CPU 主要由______组成。

A. 运算器、控制器　B. 加法器、寄存器

C. 运算器、加法器　D. 运算器、译码器

11. 单片机中的程序计数器 PC 用来______。

A. 存放指令　B. 存放正在执行的指令地址

C. 存放下一条指令地址　D. 存放上一条指令地址

12. 开机复位后，CPU 使用的是寄存器第 0 组，地址范围是______。

A. 00H~10H　B. 00H~07H　C. 10H~1FH　D. 08H~0FH

13. 单片机 AT89C51 的 EA 引脚______。

A. 必须接地　B. 必须接+5 V

C. 可悬空　D. 不能悬空

14. 访问外部存储器或其他接口芯片时，作数据线和低 8 位地址线的是______。

A. P0 口　B. P1 口　C. P2 口　D. P0 口或 P2 口

15. 单片机上电复位后，PC 的内容和 SP 的内容为______。

A. 0000H，00H　B. 0000H，07H　C. 0003H，07H　D. 0800H，08H

16. 在 MCS-51 单片机中，______是数据存储器。

A. ROM　B. EPROM　C. RAM　D. EEPROM

17. 下列存储器在掉电后数据会丢失的类型是______。

A. EPROM　B. RAM　C. FLASH ROM　D. EEPROM

18. MCS-51 的片内外的 ROM 是统一编址的，如果 $\overline{EA}$ 端保持高电平，8051 的程序计数器 PC 在______地址范围。

A. 1000H~FFFFH　B. 0000H~FFFFH　C. 0001H~0FFFH　D. 0000H~0FFFH

19. 8051 单片机中，唯一一个用户可使用的 16 位寄存器是______。

A. PSW　B. ACC　C. SP　D. DPTR

三、判断题

(　　) 1. 8051 是微处理器。

(　　) 2. 8051 系统可以没有复位电器。

(　　) 3. 8051 的程序存储器只是用来存放程序的。

(　　) 4. 当 8051 上电复位时，堆栈指针 SP=00H。

(　　) 5. 8051 外扩 I/O 接口与片外 RAM 是统一编址的。

(　　) 6. PC 中存放的是当前执行的命令。

(　　) 7. 8051 的特殊功能寄存器分布在 60H~80H 地址范围内。

(　　) 8. 8051 单片机有 4 个并行 I/O 接口，其中 P0~P3 是准双向口，所以由输出转输入时必须先向输出锁存器写入“0”。

四、简答题

1. 8051 单片机的控制总线信号有哪些？各有何作用？

2. 8051 系列单片机的引脚中有多少根 I/O 线？其地址总线和数据总线各有多少位？对外可寻址的地址空间有多大？

3. 8051 单片机的 P0~P3 口在结构上有何不同？在使用上有何特点？

4. 8051 单片机的时钟周期、机器周期、指令周期是如何定义的？当振荡器频率为 12 MHz 的时候，一个机器周期是多长时间？执行一条最长的指令需要多长时间？

5. 8051 是低电平还是高电平复位？复位后 P0~P3 口处于什么状态？

6. 简述程序状态寄存器 PSW 各位的含义。如何确定和改变当前的工作寄存器区？

项目3

MCS-51 指令系统

知识目标

1. 了解单片机指令格式;
2. 掌握指令寻址方式;
3. 掌握单片机片内数据传送指令;
4. 掌握数据交换与堆栈指令;
5. 掌握单片机算术运算指令;
6. 掌握单片机逻辑运算与移位指令;
7. 掌握单片机位操作指令;
8. 掌握单片机控制转移指令;
9. 掌握子程序调用与返回指令;
10. 掌握常用的单片机伪指令。

能力目标

1. 能正确书写指令，识别指令的寻址方式;
2. 能正确使用数据传送指令;
3. 能正确使用数据交换与堆栈指令;
4. 能正确使用算术运算指令;
5. 能正确使用逻辑运算与移位指令;
6. 能正确使用位操作指令;
7. 能正确使用控制转移指令;
8. 能正确使用子程序调用、返回及空操作指令;
9. 能正确使用端口操作指令;
10. 能正确使用伪指令。

任务一　指令格式和寻址方式

任务要求

✧ 了解指令的分类
✧ 掌握指令的书写格式
✧ 理解指令的寻址方式及它们之间的区别

相关知识

指令是 CPU 根据人的意图来执行某种操作的命令，单片机所能执行的全部指令的集合称为单片机的指令系统。指令功能的强弱和指令数目的多少，决定了单片机智能的高低，8051 单片机指令系统有 111 条指令。

1. 指令分类

MCS-51 单片机指令系统由 111 条指令组成。

按指令执行时间分类：64 条单周期指令、45 条双周期指令和 2 条四周期指令。

按指令操作功能分类：29 条数据传送类指令、24 条算术运算类指令、24 条逻辑运算类指令、17 条布尔处理类指令和 17 条控制转移类指令。

按指令字节分类有：49 条单字节指令、45 条双字节指令和 17 条三字节指令。

控制单片机操作的每条指令都有一组不同的二进制编码，称之为指令机器码，单片机只能识别和执行指令机器码。指令机器码由若干个字节组成，不同指令的字节数不同，在 8051 指令系统中，有单字节指令、双字节指令和多字节指令，在程序存储器中存放时分别占用 1 个、2 个或多个存储单元，不同指令的机器码请参考本书的附录 2。

为了便于人们理解、记忆和使用，通常用英文符号来描述单片机的指令，这种用助记符表示的单片机指令称为汇编指令。

2. 汇编指令格式

8051 汇编指令由操作码助记符和操作数(或操作数地址)两部分组成。其指令格式如下：

　操作码　[目的操作数] [，源操作数]

操作码部分指出了指令所实现的功能，如做加法、减法、数据传送等。操作数部分指出了参与操作的数据来源和操作结果存放的目的单元，操作数可以直接是一个数，或者是一个数据所在存储单元的地址。

MOV	A，	30H	；实现将片内 30H 单元中的内容送到累加器 A 中
操作码	目标操作数	源操作数	注释

指令代码为

11100101
00110000

该指令为 2 字节指令，在程序存储器中占用 2 个存储单元。

单片机的指令系统是由生产厂商定义的，它是用户必须理解和遵循的标准。指令是学习和使用单片机的基础工具，是必须掌握的重要知识。

3. MCS-51 指令寻址方式

为了能更好地理解指令，先了解指令的寻址方式。寻址方式就是指令执行时，如何根据指令寻找操作数的方式。根据指令操作的需要，单片机提供了多种寻址方式。一般来说，寻址方式越多，单片机的寻址能力就越强，用户使用就越方便，但是指令系统也就越复杂。在 MCS-51 单片机的指令系统中，指令寻址方式大致可分为如下 7 种。

(1) 立即寻址

在这种寻址方式中，指令的操作码后面直接跟的是操作数本身。把出现在指令中的操作数称为立即数，把这种寻址方式称为立即寻址。在指令中，立即数的标识符为“#”。

例如：MOV A，#30H

MOV 助记符表示数据传送的意思。指令的功能是把立即数 30H 送入累加器 A 中，执行过程如图 3-1 所示。

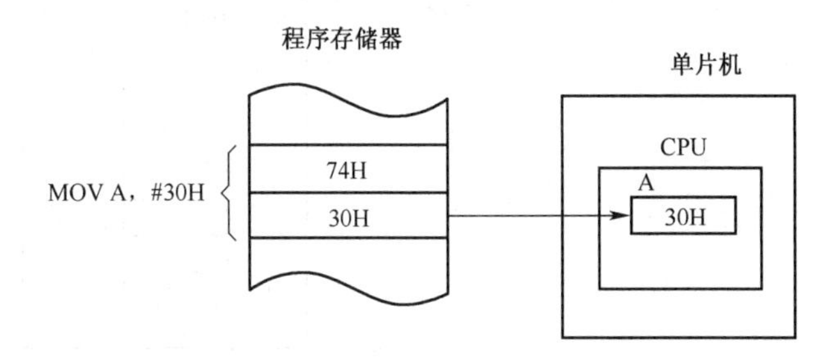

图 3-1 指令“MOV A，#30H”执行过程

(2) 直接寻址

在直接寻址方式中，指令操作码后面直接给出了操作数地址。这种直接在指令中给出操作数真实地址的方式称为直接寻址。

例如：MOV A，30H

这是一条数据传送指令，30H 是内部 RAM 存储单元的地址，指令的功能是把 30H 单元中的内容 12H 送到累加器 A 中，执行过程如图 3-2 所示。

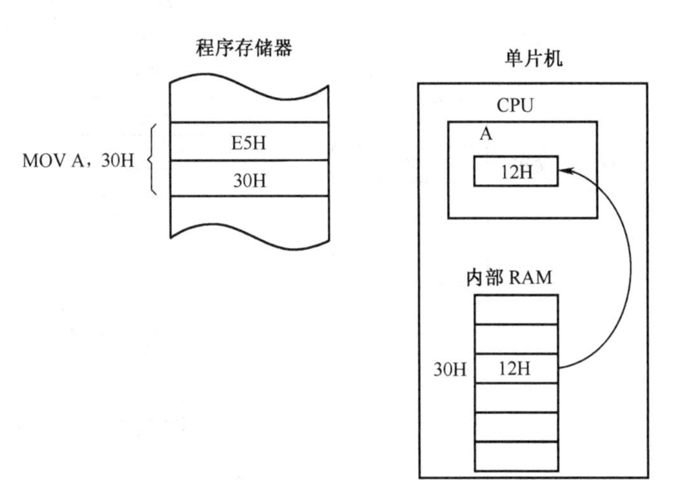

图 3-2 指令“MOV A，30H”执行过程

注意：指令“MOV　A，#30H”和指令“MOV　A，30H”的含义是不同的，前者是立即寻址，后者是直接寻址。

(3) 寄存器寻址

指令选定的寄存器中的内容就是操作数，这种寻址方式称为寄存器寻址。

例如：MOV　A，R0

指令的功能是将 R0 中的内容 31H 送到累加器 A 中，如图 3-3 所示。

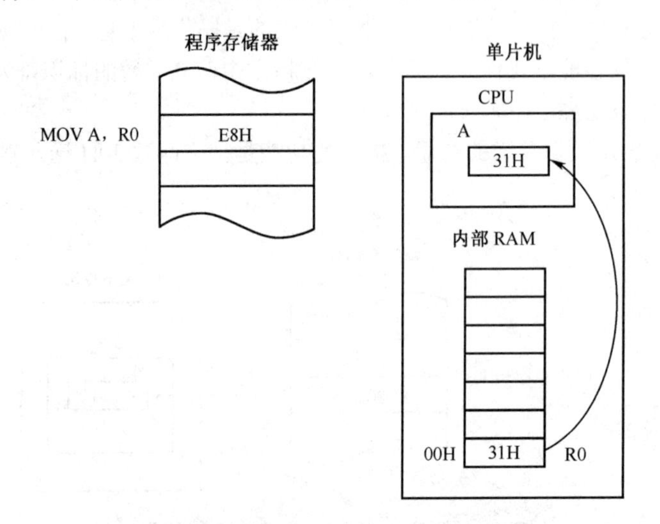

图 3-3　指令“MOV　A，R0”执行过程

(4) 寄存器间接寻址

指令所选中的寄存器中的内容是操作数所在的存储单元的地址(而不是操作数)，这种寻址方式称为寄存器间接寻址。

例如：MOV　A，@R0

这是一条数据传送指令，假设在寻址前 R0 是有值的(有定义的)。设(R0)=30H，(30H)=11H，指令的功能是把以 R0 中的内容 30H 为地址的存储单元中的内容 11H 送到累加器 A，指令执行过程如图 3-4 所示。

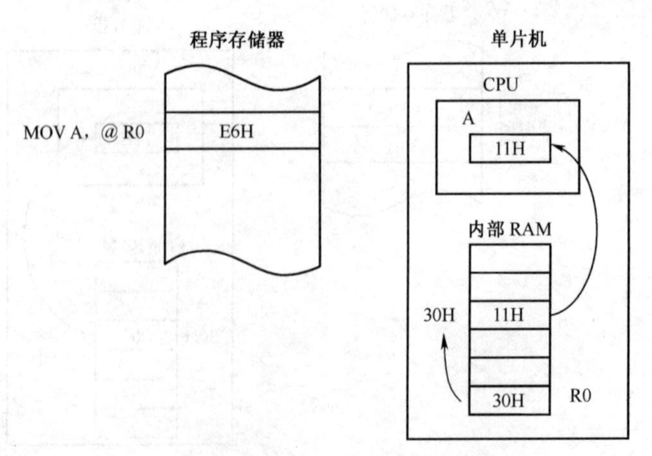

图 3-4　指令“MOV　A，@R0”执行过程

在指令中，@是寄存器间接寻址的前缀标志。

注意：指令“MOV　A，R0”和指令“MOV　A，@R0”的含义是不同的。前者为寄存器寻址，后者为寄存器间接寻址。

(5) 变址寻址

它以 DPTR 或 PC 作为基址寄存器，A 作为变址寄存器(存放 8 位无符号数)，两者相加形成的 16 位程序存储单元地址作为操作数的地址，读出程序存储单元中的数据。

例如：MOVC　A，@A+DPTR

设累加器 A 与数据指针 DPTR 在寻址前是有值的(有定义的)：

(A)=0FH，(DPTR)=2400H

指令的功能是将 A 累加器的值与 DPTR 的值相加形成操作数所在的程序存储单元地址，将该存储单元的内容送到 A 累加器中。

指令的执行过程如图 3-5 所示。

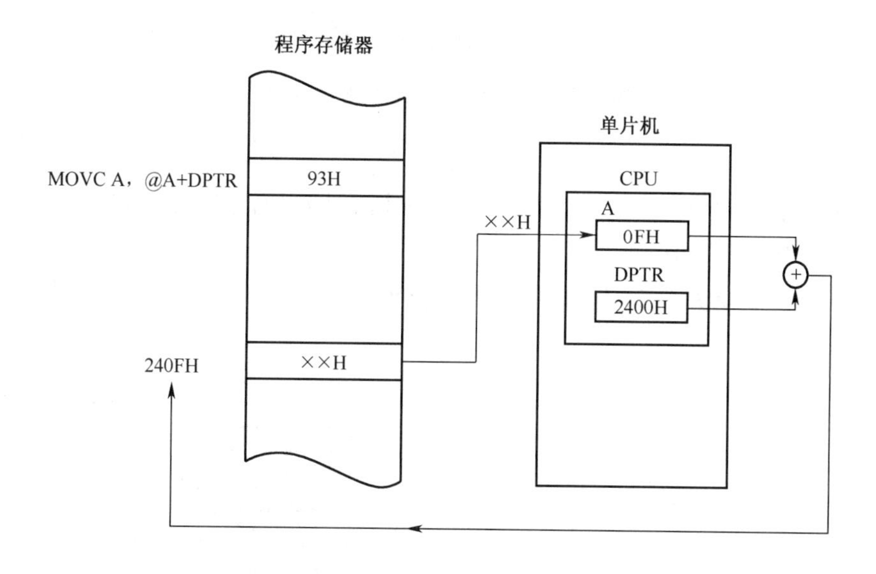

图 3-5　指令“MOVC　A，@A+DPTR”执行过程

这是一条查表指令，指令执行时先计算“(A)+(DPTR)=240FH”，然后将 240FH 单元内容××H 读入累加器 A。

(6) 相对寻址

用于程序控制，利用指令修正 PC 指针的方式实现转移，即以指令执行后程序计数器 PC 的内容为基地址，加上指令中给出的偏移量 rel，所得结果即为转移目标地址。

偏移量 rel 是一个 8 位带符号数的补码形式，其范围为−128～+127。因此转移范围应当在相对当前 PC 指针的−128～+127。

例如：SJMP　rel

设 rel=23H，将指令操作码存放在程序存储器 2000H 单元，这条转移指令为 2B 指令，当取指令后 PC 当前值为 2002H，转移目标地址=(PC)+rel=2025H，然后从 2025H 地址去执行程序，从而完成程序转移。指令执行过程如图 3-6 所示。

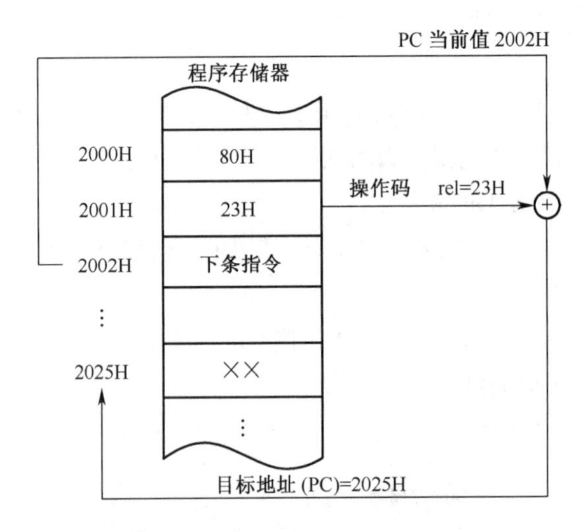

图 3-6　指令“SJMP rel”的执行过程

(7) 位寻址

MCS-51 有位处理功能，可以对数据进行位操作，因此就有相应的位寻址方式。

例如：MOV　C，30H

指令功能是将位地址为 30H 的位状态送到 PSW 中的 C 标志中，指令执行过程如图 3-7 所示。

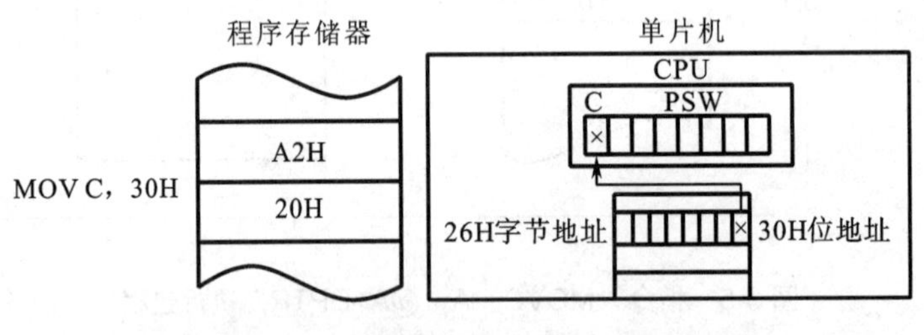

图 3-7　指令“MOV　C，30H”的执行过程

思考与练习

1. 以传送指令(MOV)为例，对 MCS-51 单片机每种寻址方式各举一例，并指出指令功能。
2. 区别下列指令的寻址方式，指出每条指令的功能。

   a. MOV　A，#00H　　MOV　A，00H

   b. MOV　A，R0　　MOV　A，@R0

   c. MOV　A，@R0　　MOVC　A，@A+DPTR

   d. MOV　A，30H　　MOV　C，30H

任务二　数据传送指令

任务要求

- ✧ 掌握内部8位、16位数据传送指令
- ✧ 掌握外部数据存储器与CPU之间的数据传送指令
- ✧ 掌握外部程序存储器与CPU之间的数据传送指令
- ✧ 正确选用不同类型的数据传送指令实现数据在不同地方的传送

相关知识

在单片机系统中，数据存放的地方可以是在程序存储器、片内数据存储器(含特殊功能寄存器)、片外数据存储器和寄存器中，数据传送是单片机最基本和最主要的操作。它的作用是将操作数从一个地方传送到另一个地方存放。这类指令在程序中占据很大比例，MCS-51的数据传送指令相当丰富，共有22条。

1. 内部8位数据传送指令

这类数据传送指令的指令格式为：

MOV　目的字节，源字节

内部8位数据传送指令主要用于MCS-51单片机内部数据存储器、寄存器之间的数据传送，共15条。它是将源字节中的数据传送到目的字节中去。数据传送出去之后，源字节中的数据仍然保留，不会因传送而丢失，只有向源字节单元送入新的值才会修改源字节中的数据。

(1) 以累加器A为目的字节的传送指令

这类指令有4条，它们是：

```
MOV   A，#data
MOV   A，direct
MOV   A，Rn          ；n=0，1，…，7
MOV   A，@Ri         ；i=0，1
```

说明：

① #data：表示8位立即数，立即数可有多种表示方法，如：#10010000B(二进制数形式)、#10H(十六进制数形式)、#10D(十进制数形式)等。但对于以字母开头的十六进制数，如A0H作为立即数时，应在前面加“0”，写成#0A0H(以便与标号区别)；十进制数如10，也可以写作#10，省略后面的字母“D”。

② direct：表示内部RAM的低128个单元地址(如30H单元)和特殊功能寄存器的单元地址或符号(如80H单元、P0口)。

特殊功能寄存器使用名称与地址含义相同。如：MOV　A，B与MOV　A，F0H相同。

③ Rn：当前工作寄存器组的8个通用寄存器R0～R7，n=0～7。

④ Ri：可用作间接寻址的寄存器，只能是R0、R1两个寄存器，i=0、1。

书写指令时，n和i不是脚标。

例 3.1　指出下列指令的不同含义。

```
MOV   A，#20H
MOV   A，20H
MOV   A，R0
MOV   A，@R0
```

第一条指令是将立即数 20H 传送到累加器 A 中，它完成的操作是 A←20H。

第二条指令是将直接地址 20H 单元中的内容传送到 A 中，它完成的操作是 A←(20H)。

第三条指令是将寄存器 R0 中的内容传送到 A 中，它完成的操作是 A←(R0)。

第四条指令是指以 R0 中的内容为地址，将该地址单元中的内容传送到 A 中，它完成的操作是 A←((R0))。

说明：

① (×)：某寄存器或某单元的内容。

② ((×))：某间接寻址的单元中的内容。

③ ←：箭头左边的内容被箭头右边的内容所取代。

(2) 以直接地址为目的字节的传送指令

这类指令有 5 条，它们是：

```
MOV   direct1，A
MOV   direct1，#data
MOV   direct1，direct2
MOV   direct1，Rn          ；n=0，1，…，7
MOV   direct1，@Ri         ；i=0，1
```

直接地址单元指内部 RAM 00H～7FH 区域以及特殊功能寄存器。

例 3.2　分析下列指令的执行结果。

```
MOV   20H，30H
MOV   P1，P2
```

第一条指令是将 30H 存储单元中的内容传送到 20H 存储单元中，它完成的操作是 20H←(30H)。

第二条指令中用特殊功能寄存器名代替直接地址，该指令与 MOV 90H，A0H 等价。其中，90H 为 P1 口的地址，A0H 为 P2 口的地址。它完成的操作是将 P2 口的内容送到 P1 口，即 P1←(P2)。

(3) 以 Rn 为目的字节的传送指令

这类指令有 3 条，它们是：

```
MOV   Rn，A               ；n=0，1，…，7
MOV   Rn，#data           ；n=0，1，…，7
MOV   Rn，direct          ；n=0，1，…，7
```

必须注意的是：MCS-51 指令系统没有寄存器之间直接传送的指令，如“MOV R1，R2”就是一条错误的指令。

例 3.3　分析下列指令的执行结果。

```
MOV  R0，A         ； R0←(A)
MOV  R5，#30H      ； R5←30H
MOV  R1，20H       ； R1←(20H)
```

例 3.4　将 R1 中的内容送到 R2 中。

```
MOV  A，R1
MOV  R2，A
```

(4) 以寄存器 Ri 间接地址为目的字节的传送指令

这类指令有 3 条，它们是：

```
MOV  @Ri，A
MOV  @Ri，#data
MOV  @Ri，direct      ； i=0，1
```

这类指令的功能是将源字节中的数传送到以 R0 或 R1 中的内容为地址所指定的存储单元中去。

例 3.5　设(R6)=30H，(70H)=40H，(R0)=50H，(50H)=60H，(R1)=66H，(66H)=45H，执行以下指令后，结果如下：

```
MOV  A，R6       ； A←(R6)，(A)=30H
MOV  R7，70H     ； R7←(70H)，(R7)=40H
MOV  70H，50H    ； 70H←(50H)，(70H)=60H
MOV  40H，@R0    ； 40H←((R0))，(40H)=60H
MOV  @R1，#88H   ； (R1)←88H，(66H)=88H
```

CPU 内部 8 位数据传送指令如图 3-8 所示。

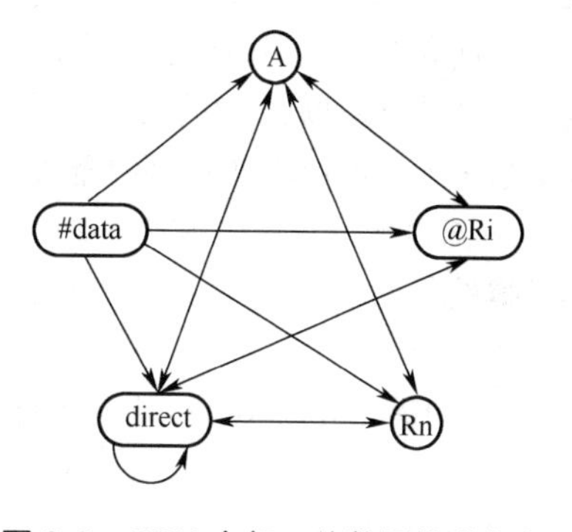

图 3-8　CPU 内部 8 位数据传送指令

2. 16 位数据传送指令

指令格式：MOV DPTR，#data16

说明：

“data16”：表示 16 位立即数。

指令的功能：把 16 位立即数 data16 送入 DPTR。16 位的地址指针 DPTR 由 DPH 和 DPL 组成，这条指令执行结果把立即数高 8 位送入 DPH，低 8 位送入 DPL。

3. 单片机与外部数据存储器之间的数据传送指令

外部数据传送指令共有 4 条，它们分别如下：

```
MOVX  A，@DPTR
MOVX  @DPTR，A
MOVX  A，@Ri        ； i=0，1
MOVX  @Ri，A        ； i=0，1
```

外部 RAM 数据传送指令与内部 RAM 数据传送指令相比，在指令助记符 MOV 中增加了“X”，X 是 external 的第二个字母，表示外部的意思。

外部数据传送指令主要用于 CPU 内部累加器 A 与外部数据存储器之间的数据传送。当外部数据存储器的地址小于 256 时，可以使用 R0、R1 作为间接寻址的寄存器；当外部数据存储器的地址大于等于 256 时，要用 DPTR 作为间接寻址的寄存器。

例 3.6　把累加器 A 中的数据传送到外部数据存储器 2000H 单元中去。

```
MOV     DPTR，#2000H         ；(DPTR)←2000H
MOVX    @DPTR，A             ；((DPTR))←(A)
```

例 3.7　把外部数据存储器 2040H 单元中的数据传送到外部数据存储器 2560H 单元中去。

```
MOV     DPTR，#2040H
MOVX    A，@DPTR
MOV     DPTR，#2560H
MOVX    @DPTR，A
```

4. 单片机与程序存储器之间的数据传送指令

这类指令有 2 条，它们是：

```
MOVC    A，@A+DPTR
MOVC    A，@A+PC
```

外部 ROM 数据传送指令与内部 RAM 数据传送指令相比，在指令助记符 MOV 中增加了"C"，C 是 code 的第一个字母，表示代码的意思。

这两条指令又称为查表指令，是对程序存储器的操作指令。它以 PC 的当前值或 DPTR 中内容为基地址，以 A 中的内容为偏移地址，两者相加后形成一个 16 位地址，将该地址的程序存储器单元中的内容送到累加器 A 中。查表指令常用于将程序存储器中的固定表格或常数读入 CPU 内部累加器 A 中。在查表指令中，指令"MOVC　A，@A+DPTR"允许数表存放在程序存储器的任意单元；而指令"MOVC　A，@A+PC"则只允许数表存放在该指令下的 256 个单元以内。

例 3.8　在外部 ROM 从 1000H 单元开始的 10 个存储单元中，存放了 0～9 的 ASCII 码 30H，31H，…，39H，要求根据 A 中的值(0～9)来查找对应的 ASCII 码。

若用 DPTR 作基址寄存器：

```
MOV     DPTR，#1000H
MOVC    A，@A+DPTR
```

此时，(A)+(DPTR)就是所查找的 ASCII 码的地址。

数据传送指令的特点如图 3-9 所示。

MCS-51 指令系统的数据传送指令种类很多，这为程序中进行数据传送提供了方便。为了更好地使用数据传送指令，作如下几点说明：

① 指令即单片机所能执行的命令，指令系统中存在的指令才能使用，不能随意杜撰指令。

② 同样的数据传送，可以使用不同寻址方式的指令来实现。例如，把累加器 A 的内容送到内部 RAM 26H 单元，可由以下不同的指令完成：

```
a. MOV   26H，A
b. MOV   R0，#26H
   MOV   @R0，A
c. MOV   26H，ACC
d. MOV   26H，0E0H
```

在实际应用中选用哪种指令，可根据具体情况决定。

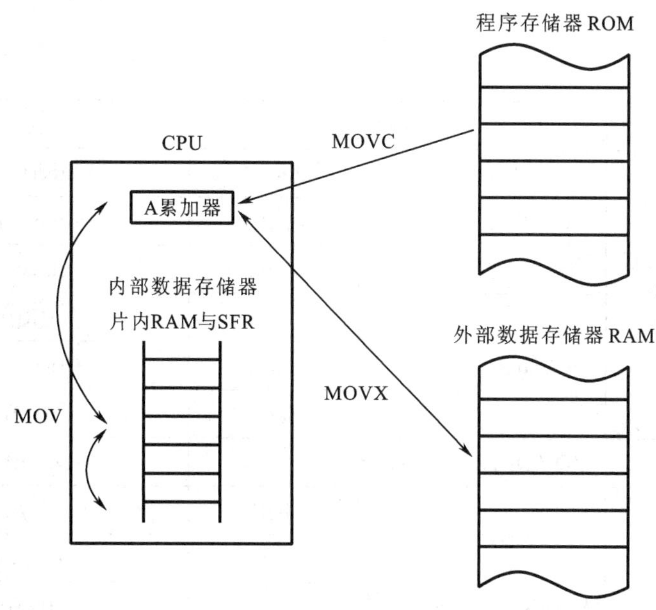

图 3-9　数据传送指令的特点

③ 有些指令看起来很相似，但实际上是两条不同的指令，例如：

MOV　26H，A

MOV　26H，ACC

以上两条指令的功能都是把累加器的内容传送到内部 RAM 26H 单元。指令功能相同且外形相似，但实际上它们却是两条不同寻址方式的指令。前一条指令的源操作数是寄存器寻址方式，指令长度为两个字节；而后一条指令的源操作数则是直接寻址方式，指令长度为 3 个字节，与指令 MOV　26H，0E0H 相同。

④ 数据传送类指令除 P 标志始终跟踪 A 中数据的奇偶性外，不影响程序状态字 PSW 中其他标志位。

数据传送类指令如表 3-1 所示。

表 3-1　数据传送类指令

<table>
<tr><th>指 令 名 称</th><th colspan="2">指令助记符</th><th>功　　能</th></tr>
<tr><td rowspan="4">8 位数据传送指令</td><td rowspan="4">MOV A，</td><td>Rn</td><td>(A)←(Rn)</td></tr>
<tr><td>direct</td><td>(A)←(direct)</td></tr>
<tr><td>@Ri</td><td>(A)←((Ri))</td></tr>
<tr><td>#data</td><td>(A)←data</td></tr>
<tr><td rowspan="5">8 位数据传送指令</td><td rowspan="3">MOV Rn，</td><td>A</td><td>(Rn)←(A)</td></tr>
<tr><td>direct</td><td>(Rn)←(direct)</td></tr>
<tr><td>#data</td><td>(Rn)←data</td></tr>
<tr><td rowspan="2">MOV direct1，</td><td>A</td><td>(direct1)←(A)</td></tr>
<tr><td>Rn</td><td>(direct1)←(Rn)</td></tr>
</table>

续表

指 令 名 称	指令助记符		功　能
8 位数据传送指令	MOV direct1，	direct2	(direct1)←(direct2)
		@Ri	(direct1)←((Ri))
		#data	(direct1)←data
	MOV @Ri，	A	((Ri))←(A)
		direct	((Ri))←(direct)
		#data	((Ri))←data
16 位数据传送	MOV DPTR，#data16		(DPTR)←data16
外部数据传送指令	MOVX A，	@Ri	(A)←((Ri))
		@DPTR	(A)←((DPTR))
	MOVX @Ri，A		((Ri))←(A)
	MOVX @DPTR，A		((DPTR))←(A)
查表指令	MOVC A，	@A+PC	(A)←((A)+(PC))
		@A+DPTR	(A)←((A)+(DPTR))

思考与练习

1. 试说明下列指令的作用。

   MOV　A，#76H
   MOV　R0，A
   MOV　@R0，#75H
   MOV　76H，75H

2. 试比较下面每一组中两条指令的区别。

   a. MOVX　A，@DPTR
   　 MOVC　A，@A+DPTR
   b. MOVX　@R0，A
   　 MOVX　@DPTR，A
   c. MOV　A，@R0
   　 MOVX　A，@R0

3. 若要完成以下数据传送，应如何实现？

   a. R2 内容传送到 R1。
   b. 外部 RAM　30H 单元内容送 R1。
   c. 外部 RAM　30H 单元内容送内部 RAM　30H 单元。
   d. 内部 RAM　30H 单元内容送外部 RAM　2000H 单元。
   e. ROM　1000H 单元内容送 R0。

f. ROM 1000H 单元内容送外部RAM 20H 单元。

g. ROM 1000H 单元内容送内部RAM 20H 单元。

h. 外部RAM 1000H 单元内容送外部RAM 2000H单元。

4. 设R0的内容为32H，A的内容为48H，片内RAM的32H单元内容为80H，40H单元内容为08H。请指出在执行下列程序段后上述各单元内容的变化。

```
MOV  A，@R0
MOV  @R0，40H
MOV  40H，A
MOV  R0，#35H
```

5. 要将片内RAM中0FH单元的内容传送到寄存器B，对0FH单元的寻址可有3种方式，即直接寻址、寄存器寻址和寄存器间址，请分别用3种方法写出相应程序。

任务三 数据交换与堆栈指令

任务要求

✧ 掌握数据交换指令的使用

✧ 掌握堆栈指令的使用

相关知识

1. 交换指令

(1) 字节交换指令

这类指令有3条，它们是：

```
XCH  A，Rn          ；n=0，1，…，7
XCH  A，direct
XCH  A，@Ri         ；i=0，1
```

指令的功能是将累加器A的内容与源操作数的内容互相交换。

例3.9 设(A)=12H，(R7)=34H，执行指令：

```
XCH  A，R7
```

结果：(A)=34H，(R7)=12H

A	R7
12	34
34	12

(2) 半字节交换指令

指令格式为：

```
XCHD  A，@Ri        ；i=0，1
```

该指令是将A的低4位和R0(或R1)中内容为地址的内部RAM单元中的内容的低4位交

换，它们的高 4 位均不变。

例 3.10　设(A)=15H，(R0)=30H，(30H)=34H，执行指令：

XCHD　A，@R0

结果：(A)=14H，(30H)=35H

A	R0	(30H)
15	30	34
14	30	35

(3) 累加器 A 中高 4 位和低 4 位交换

指令格式为：

SWAP　A

该指令所执行的操作是$(A)_{3\sim0} \leftarrow\rightarrow (A)_{7\sim4}$

例 3.11　设内部数据存储器 2AH、2BH 单元中连续存放有 4 个 BCD 码数符，试编一程序把这 4 个 BCD 码数符倒序排列，即：

2AH	2BH
a3 a2	a1 a0
a0 a1	a2 a3

程序如下：

```
MOV     R0，#2AH
MOV     A，@R0
SWAP    A
MOV     @R0，A        ；(2AH)=a2a3
MOV     R1，#2BH
MOV     A，@R1
SWAP    A             ；(A)=a0a1
XCH     A，@R0        ；(2AH)=a0a1，(A)=a2a3
MOV     @R1，A        ；(2BH)=a2a3
```

2. 堆栈操作指令

堆栈是在 MCS-51 内部 RAM 中设定一个数据保护区，如图 3-10 所示，在堆栈区中从栈顶到栈底之间所有数据都是被保护的对象，保护数据不被丢失或破坏。

8051 单片机内专门设有一个 8 位的堆栈指针寄存器 SP，用于存放当前堆栈区栈顶部 RAM 单元地址，单片机系统复位时 SP 的初值为 07H，也就是说系统复位后，将从 08H、09H、…单元开始堆放需要保护的信息。堆栈区起点地址不是固定的，可以通过改变寄存器 SP 的值来改变栈区。为了避开工作寄存器区和位寻址区，SP 的初值可置定为 2FH 或更大的地址值。

堆栈有两种操作，一种是保存数据叫堆入(PUSH)，另一种叫弹出数据(POP)。当数据需要压入堆栈时，SP 首先自动加 1，找到一个空白存储单元，然后压入所要保护的数据，堆栈区增加了一个被保护的数据；当数据需要弹出时，先弹出数据，然后 SP 自动减 1，堆栈区保护的数据减少一个。

压栈(进栈)指令：PUSH　direct

其功能是：(1) SP←(SP)+1

(2) (SP)←(direct)

若(SP)=61H，(67H)=A3，(66H)=A4，(65H)=A5，则执行 PUSH 67H 后的结果，如图 3-10(b)所示；再执行 PUSH 66H，PUSH 65H 后如图 3-10(c)所示。

弹出(出栈)指令：POP　direct

其功能是：(1) direct←((SP))

(2) SP←(SP)−1

执行 POP 67H 后如图 3-10(d)所示，执行 POP 66H，POP 65H，POP 64H 后如图 3-10(e)所示。

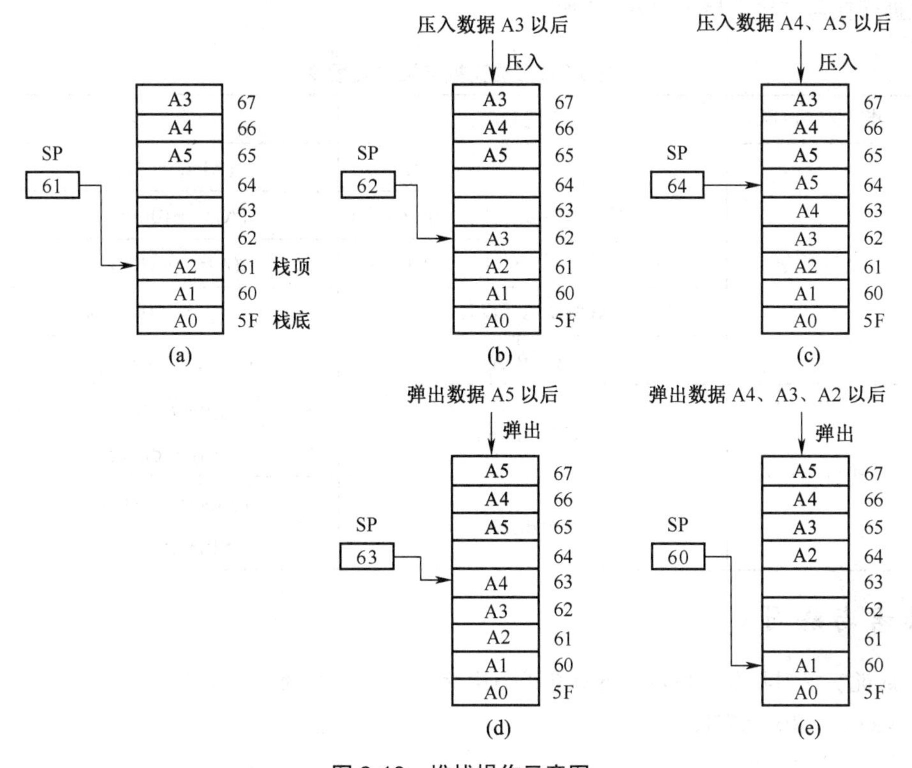

图 3-10　堆栈操作示意图

堆栈操作指令执行的结果除 P 标志始终跟踪 A 中数据的奇偶性外，不影响程序状态字 PSW 中其他标志位。

堆栈操作指令为单字节操作指令。每次只能对单个字节数据压栈或弹出。

压栈和弹出过程如图 3-10 所示。

堆栈保护的数据的存取以“先存入的后取出，后存入的先取出”的方式处理。

例 3.12　设(A)=30H，(B)=31H，执行以下各条指令后，堆栈指针及堆栈内容变化。

```
MOV    SP，#3FH    ；(SP)=3FH
PUSH   ACC         ；(SP)=40H   (40H)=30H
PUSH   B           ；(SP)=41H   (41H)=31H
```

POP　ACC　　　；(SP)=40H　(A)=31H

POP　B　　　　；(SP)=3FH　(B)=30H

该组指令执行后，A、B 内容进行了交换。

当数据寄存器 DPTR 中的内容压栈时，要用两条压栈指令来实现。

PUSH　DPL

PUSH　DPH

弹出时，也要用两条指令来完成。

POP　DPH

POP　DPL

数据交换与堆栈类指令如表 3-2 所示。

表 3-2　数据交换与堆栈类指令

指 令 名 称	指令助记符		功　　能
交换指令	XCH A，	Rn	(A)←→(Rn)
		direct	(A)←→(direct)
		@Ri	(A)←→((Ri))
	XCHD A，@Ri		$(A)_{3\sim0}$←→$((Ri))_{3\sim0}$
	SWAP A		$(A)_{7\sim4}$←→$(A)_{3\sim0}$
堆栈操作指令	PUSH direct		(SP)←(SP)+1 ((SP))←(direct)
	POP direct		(direct)←((SP)) (SP)←(SP)−1

思考与练习

1. 试说明下列指令的作用。当所有指令执行以后，R0 中的内容是多少？

MOV　R0，#72H

XCH　A，R0

SWAP　A

XCH　A，R0

2. 什么是堆栈？堆栈指针寄存器SP的作用是什么？8051单片机堆栈的容量不能超过多少字节？

3. 分析下列程序执行结果。怎样才能保证数据堆栈后再弹出时，A、B 寄存器内容在堆栈弹出后与堆栈前的数据保持一致。

MOV　SP，#30H

MOV　A，#31H

MOV　B，#32H

PUSH　A

PUSH B
POP A
POP B

任务四 算术运算指令

任务要求

✧ 掌握加法、减法、乘法、除指令的使用
✧ 掌握加1、减1指令的使用

相关知识

MCS-51的算术运算指令有加法、减法、加1、减1、乘法和除法指令。

1. 加法指令

这类指令有8条，它们是：

(1) 加法指令

```
ADD  A，#data
ADD  A，direct
ADD  A，Rn          ；n=0，1，…，7
ADD  A，@Ri         ；i=0，1
```

助记符ADD表示把源操作数的地址所指示的单元中的数与累加器A中的数相加，结果存放在累加器A中。

(2) 带进位位加法

```
ADDC  A，#data
ADDC  A，direct
ADDC  A，Rn         ；n=0，1，…，7
ADDC  A，@Ri        ；i=0，1
```

助记符ADDC为带进位的加法运算指令，比前者多加进一个进位标志位Cy。运算结果影响程序状态字寄存器PSW的Cy、OV、AC和P。

例 3.13 将(31H)、(30H)和(41H)、(40H)中的两个双字节无符号数相加，结果送(52H)、(51H)、(50H)单元(高位字节在前)。

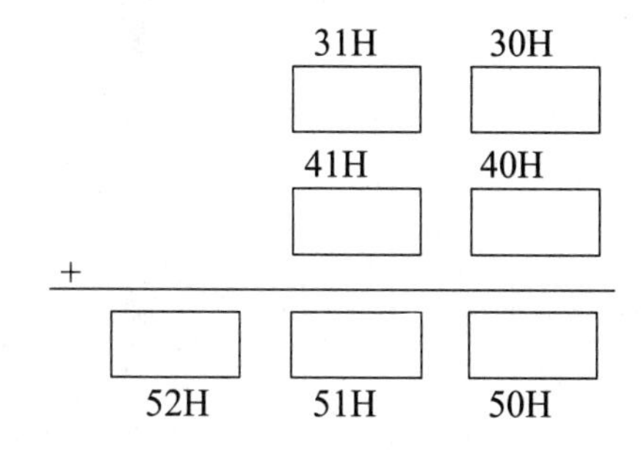

程序如下：

```
MOV    A，30H
ADD    A，40H       ；A←(30H)+(40H)
MOV    50H，A
MOV    A，31H
ADDC   A，41H       ；A←(31H)+(41H)+Cy
MOV    51H，A
MOV    A，#00H      ；将进位位存放到52H单元中
ADDC   A，#00H
MOV    52H，A
```

在进行由多字节组成的数的加法时，最低位字节加法用不带进位位的加法指令，其他高位字节相加时应用带进位位的加法指令。

(3) BCD 码调整指令

BCD 码加法是指两个 BCD 十进制数按“逢十进一”的原则相加，其和也应该是一个正确的 BCD 码表示的十进制数。由于单片机只能进行二进制加法，它在两个相邻 BCD 码之间只能按“逢十六进一”原则相加，不可能进行“逢十进一”。因此，单片机在进行 BCD 加法时，必须对二进制加法的结果进行修正，使两个紧邻的 BCD 之间真正能够做到“逢十进位”。修正原则是：对应位的两个 BCD 码相加，若和的结果大于 9(1001)或低位 BCD 码向高位 BCD 码发生了进位，则进行加 6(0110)修正，经过修正可以得到正确结果的 BCD 码，这种修正可以由单片机执行内部的十进制调正指令来完成。

指令格式：

DA　A

该指令只适用于 BCD 码的加法运算，当两个 BCD 码十进制数相加时，则应在加法指令后面紧跟一条“DA　A”指令，以对结果进行十进制调整。

指令的具体操作为：

① 若$(A)_{3\sim0}$大于 9 或半进位标志 AC=1，则(A)←(A)+06H；

② 若$(A)_{7\sim4}$大于 9 或进位 Cy=1，则(A)←(A)+60H。

例 3.14　设(20H)=48H，(21H)=69H 为两个 BCD 码，完成 BCD 码的加法。

```
      48          0100 1000（BCD）
 +    69        + 0110 1001（BCD）
 ---------      ---------------
     117          1011 0001    （因低 4 位有向高位进位，故加 6 修正）
                +      0110
                ---------------
                  1011 0111    （因高 4 位大于 9 ，故加 6 修正）
                + 0110
                ---------------
                 10001 0111（BCD）
```

程序如下：

```
MOV A，20H
```

```
ADD  A，21H
DA   A
```

结果：这是两个十进制数相加，应对结果进行十进制调整。第二条指令执行后(A)=B1H，Cy=0，AC=1。执行指令 DA　A 后，低 4 位应加 06H，高 4 位加 60H，故(A)=17，Cy=1。

2. 带借位位减法指令

这类指令有 4 条，它们分别如下。

```
SUBB  A，#data
SUBB  A，direct
SUBB  A，Rn            ；n=0，1，…，7
SUBB  A，@Ri           ；i=0，1
```

其功能为：从累加器 A 中减去指定的变量和借位标志，结果存放在累加器 A 中。运算结果影响程序状态字寄存器 PSW 的 Cy、OV、AC 和 P。

单字节的两个二进制数相减时，要先对 PSW 中的 Cy 标志位清零，然后相减。多字节减法运算时，最低位相减前，要先清除 PSW 中的 Cy 之后再相减；其他字节相加减时，不能对 Cy 清零。

例 3.15　将(31H)、(30H)和(41H)、(40H)中的两个双字节无符号数相减，结果送(51H)、(50H)单元(高位字节在前)。

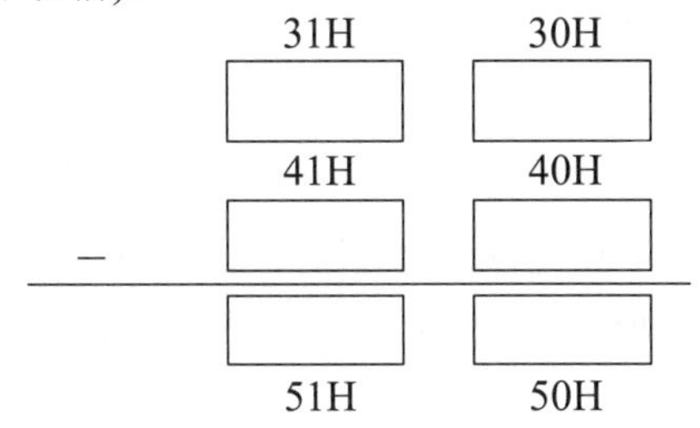

程序如下：

```
CLR   C              ；清除 Cy 标志
MOV   A， 30H
SUBB  A， 40H
MOV   50H，A
MOV   A， 31H
SUBB  A， 41H        ；带借位标志减法
MOV   51H，A
```

3. 加 1、减 1 指令

(1) 加 1 指令

这类指令有 5 条，它们分别如下。

```
INC  A
INC  direct
INC  Rn              ；n=0，1，…，7
INC  @Ri             ；i=0，1
```

INC　DPTR

(2) 减 1 指令

这类指令有 4 条，它们分别如下。

```
DEC   A
DEC   direct
DEC   Rn              ; n=0，…，7
DEC   @Ri             ; i=0，1
```

在减 1 指令中没有对 DPTR 寄存器内容减 1 的指令。

加 1、减 1 指令表示将目的地址单元中的数加 1 或减 1，其结果仍然存放在原来的地址单元中。加 1、减 1 指令除 P 标志跟随 A 变化外，对程序状态字寄存器 PSW 中的其他标志位没有影响。

4. 乘、除法指令

(1) 乘法指令

指令格式：

MUL　AB

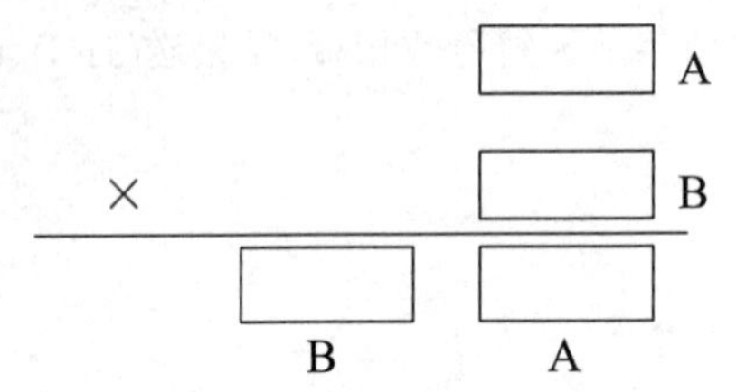

其功能为：将累加器 A 和寄存器 B 中的 8 位无符号整数相乘，其结果的低 8 位存放在累加器 A 中，高 8 位存放在寄存器 B 中，如果乘积大于 255(0FFH)，则溢出标志 OV 置“1”，否则将 OV 清零，进位标志 Cy 总是清零。

例 3.16　设(A)=50H，(B)=80H

执行指令：MUL　AB

结果：2800H (A)=00H，(B)=28H，OV=1，Cy=0。

例 3.17　设被乘数为 16 位无符号数，乘数为 8 位无符号数，被乘数的地址为 M1 和 M1+1(M1 为低位)，乘数地址为 M2，求两数的乘积并存放在 R2、R3、R4 三个寄存器中。

相乘的步骤可示意如下：

```
      (M1+1)(M1)
×           (M2)
----------------
         R3   R4
+     B  A
----------------
      R2  R3  R4
```

程序设计如下：

```
MOV   R0，#M1        ; 设置被乘数地址指针
MOV   A，@R0         ; 取被乘数低 8 位
MOV   B，M2          ; 取乘数
```

```
MUL   AB        ; (M1)×(M2)
MOV   R4，A     ; 存积低 8 位
MOV   R3，B     ; 暂存积高 8 位
INC   R0        ; 指向被乘数高 8 位地址
MOV   A，@R0    ; 取高 8 位
MOV   B，M2     ; 取乘数
MUL   AB        ; (M1+1)×(M2)
ADD   A，R3     ; 得(积)15~8
MOV   R3，A     ; 存入 R3
MOV   A，B
ADDC  A，#00H   ; 得(积)23~16
MOV   R2，A     ; 存入 R2
```

(2) 除法指令

指令格式：

DIV AB

其功能为：将累加器 A 中的 8 位无符号整数除以寄存器 B 中的 8 位无符号整数，所得商的整数部分存放在累加器 A 中，余数在寄存器 B 中。

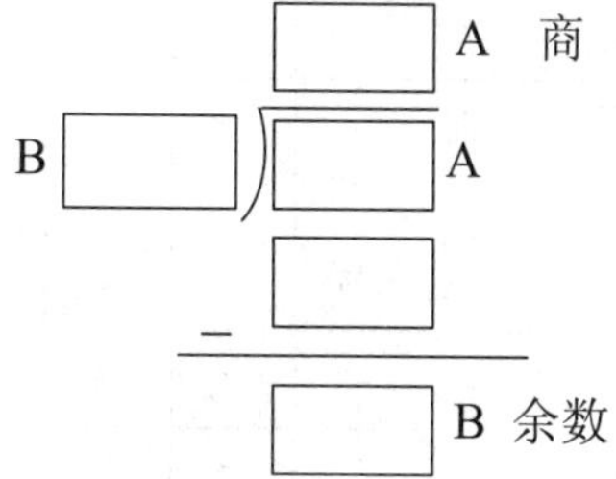

除法指令对程序状态字寄存器 PSW 的影响是溢出位 OV 和进位位 Cy 均被清零，若除数为 0，则相除时商不定，溢出标志 OV 置“1”。

例 3.18 设(A)=0FFH(255)，(B)=18H(24)

执行指令：DIV AB

运算结果：商为 0AH，余数为 0FH。即(A)=0AH，(B)=0FH，OV=0，Cy=0。

例 3.19 将累加器 A 中一个给定的二进制数转换成为 BCD 码，并将百位、十位、个位存入 20H、21H、22H 三个单元中。

```
MOV   B，#100
DIV   AB
MOV   20H，A    ; 除以 100，得百位数
MOV   A，B      ; 将除以 100 以后的余数送 A
MOV   B，#10
DIV   AB
MOV   21H，A    ; 余数除以 10，得十位数
MOV   22H，B    ; 余数为个位数
```

算术运算指令如表 3-3 所示。

表 3-3　算术运算类指令

指令名称	助记符		功能	对标志位影响			
				C	AC	OV	P
加法指令	ADD A，	Rn	(A)←(A)+(Rn)	√	√	√	√
		direct	(A)←(A)+(direct)	√	√	√	√
		@Ri	(A)←(A)+((Ri))	√	√	√	√
		#data	(A)←(A)+data	√	√	√	√
带进位加法指令	ADDC A，	Rn	(A)←(A)+(Rn)+(Cy)	√	√	√	√
		direct	(A)←(A)+(direct)+(Cy)	√	√	√	√
		@Ri	(A)←(A)+((Ri))+(Cy)	√	√	√	√
		#data	(A)←(A)+data+(Cy)	√	√	√	√
加 1 指令	INC	A	(A)←(A)+1	—	—	—	√
		Rn	(Rn)←(Rn)+1	—	—	—	—
		direct	(direct)←(direct)+1	—	—	—	—
		@Ri	((Ri))←((Ri))+1	—	—	—	—
		DPTR	(DPTR)←(DPTR)+1	—	—	—	—
十进制调整指令	DA　A		若$(A)_{3\sim0}$>9 或 AC=1，则(A)←(A)+06H； 若$(A)_{7\sim4}$>9 或 Cy=1 则(A)=(A)+60H	√	√	—	√
带借位减法指令	SUBB A，	Rn	(A)←(A)−(Rn)−(Cy)	√	√	√	√
		direct	(A)←(A)−(direct)−(Cy)	√	√	√	√
		@Ri	(A)←(A)−((Ri))−(Cy)	√	√	√	√
		#data	(A)←(A)−data−(Cy)	√	√	√	√
减 1 指令	DEC	A	(A)←(A)−1	—	—	—	√
		Rn	(Rn)←(Rn)−1	—	—	—	—
		direct	(direct)←(direct)−1	—	—	—	—
		@Ri	((Ri))←((Ri))−1	—	—	—	—
乘法指令	MUL AB		(B)(A)←(A)×(B)	0	—	√	√
除法指令	DIV AB		(A)←(A)/(B)，(B)←余数	0	—	√	√

注：指令执行后对标志位影响：“√”表示受指令影响，“—”表示不受影响，“0”表示执行指令后清零。

思考与练习

1. 试说明下列指令的作用。执行每一组的最后一条指令后对 PSW 有什么影响？

① MOV　R0，#72H

```
   MOV   A，R0
   ADD   A，#41H
   ADD   A，R0
②  MOV   A，#06H
   MOV   B，A
   MOV   A，#6AH
   ADD   A，B
   MUL   AB
③  MOV   A，#20H
   MOV   B，A
   ADD   A，B
   SUBB  A，#10H
   DIV   AB
```

2. 将20H，21H两个单元中的BCD码十进制数相加，结果存放到22H中。

任务五 逻辑运算及移位指令

任务要求

✧ 掌握逻辑与、或、非、异或运算指令
✧ 掌握逻辑移位指令

相关知识

1. 逻辑运算指令

逻辑运算指令共有20条，包括逻辑与、或、异或运算3类，每类有6条指令。此外还有2条对累加器A清零和取反的指令。执行逻辑运算时，除了P标志跟随累加器A变化外，对PSW中其他标志位均无影响。

(1) 逻辑与指令

这类指令有6条，它们是：

以A为目的地址

```
ANL   A，#data
ANL   A，direct
ANL   A，Rn              ；n=0，…，7
ANL   A，@Ri             ；i=0，1
```

以direct为目的地址

```
ANL   direct，A
ANL   direct，#data
```

这组指令的功能是将目的字节单元中的数与源字节单元中的数按位相“与”，其结果存放在目的字节单元中。

ANL　A，#0FH

$$
\begin{array}{r}
a_7\ a_6\ a_5\ a_4\ a_3\ a_2\ a_1\ a_0 \\
\wedge\ 0\ 0\ 0\ 0\ 1\ 1\ 1\ 1 \\
\hline
0\ 0\ 0\ 0\ a_3\ a_2\ a_1\ a_0
\end{array}
$$

与运算能使A累加器或direct单元中某些位为0，而其他位保持不变，称为位屏蔽。

例3.20　设(R0)=10101001，屏蔽R0中的高4位，保留低4位。

```
MOV   A，#0FH        ；0FH称为屏蔽字
ANL   A，R0
MOV   R0，A
```

结果：(R0)=00001001。

在单片机中经常使用BCD编码，存储BCD编码时，一个字节存放一个BCD码，称为非压缩BCD码，将两个BCD码合成一个8位的BCD码存放在一个存储单元，称为压缩BCD码。

例3.21　将30H单元的压缩BCD码转换成非压缩BCD码存放31H，32H单元。

```
MOV   A，30H
SWAP  A
ANL   A，#0FH
MOV   31H，A
MOV   A，30H
ANL   A，#0FH
MOV   32H，A
```

(2) 逻辑或指令

这类指令有6条，它们是：

以A为目的地址

```
ORL   A，#data
ORL   A，direct
ORL   A，Rn          ；n=0，…，7
ORL   A，@Ri         ；i=0，1
```

以direct为目的地址

```
ORL   direct，A
ORL   direct，#data
```

这组指令的功能是将目的字节单元中的数与源字节单元中的数按位相“或”，其结果存放在目的字节单元中。

ORL　A，#0FH

$$
\begin{array}{r}
a_7\ a_6\ a_5\ a_4\ a_3\ a_2\ a_1\ a_0 \\
\vee\ 0\ 0\ 0\ 0\ 1\ 1\ 1\ 1 \\
\hline
a_7\ a_6\ a_5\ a_4\ 1\ 1\ 1\ 1
\end{array}
$$

或运算能使A累加器或direct单元中某些位置“1”，而其他位保持不变，称为置位。

例3.22　设(R0)=10101001，保持R0中的高4位不变，使低4位置“1”。

```
MOV   A，#0FH                 ；0FH称为置位字
ORL   A，R0
MOV   R0，A
```

结果：(R0)=10101111。

例3.23 编程将A的高4位送P1口的高4位，而P1口的低4位保持不变。

```
MOV   R1，A                   ；暂存A中内容
ANL   A，#0F0H                ；屏蔽A的低4位
ANL   P1，#0FH                ；屏蔽P1的高4位
ORL   P1，A                   ；A高4位送P1口高4位
MOV   A，R1                   ；恢复A的内容
```

例3.24 将31H，32H单元的非压缩BCD码转换成压缩BCD码存放在30H单元。

```
MOV   A     31H
SWAP  A
MOV   R0，  A
MOV   A，   32H
ORL   A，   R0
MOV   30H，A
```

(3) 异或指令

这类指令有6条，它们是：

以A为目的地址

```
XRL   A，#data
XRL   A，direct
XRL   A，Rn       ；n=0，…，7
XRL   A，@Ri      ；i=0，1
```

以direct为目的地址

```
XRL   direct，A
XRL   direct，#data
```

这组指令的功能是将目的字节单元中的数与源字节单元中的数按位进行“异或”运算，其结果存放在目的字节单元中。

```
XRL   A，#0FH
```

$$\begin{array}{r} a_7\ a_6\ a_5\ a_4\ a_3\ a_2\ a_1\ a_0 \\ \oplus\ 0\ \ 0\ \ 0\ \ 0\ \ 1\ \ 1\ \ 1\ \ 1 \\ \hline a_7\ a_6\ a_5\ a_4\ \bar{a}_3\ \bar{a}_2\ \bar{a}_1\ \bar{a}_0 \end{array}$$

异或运算能使A累加器或direct单元中某些位取反而其他位保持不变。

例3.25 设(A)=10101001，(R2)=01100110。

执行指令：XRL A，R2

结果：(A)=11001111。

(4) 累加器 A 清零

指令格式：

CLR　A

指令的功能是：将累加器 A 中的内容清零，即(A)←00H。

(5) 累加器 A 取反

指令格式：

CPL　A

指令的功能是：将累加器 A 中的内容按位取反，即(A)←$\overline{(A)}$。

例 3.26　设(A)=00H。

执行指令：CPL　A

结果：(A)=FFH。

所有逻辑运算指令如表 3-4 所示。

表 3-4　逻辑运算指令

指令名称	助记符		功能
逻辑与指令	ANL　A，	Rn	(A)←(A)∧(Rn)
		direct	(A)←(A)∧(direct)
		@Ri	(A)←(A)∧((Ri))
		#data	(A)←(A)∧data
	ANL direct，	A	(direct)←(direct)∧(A)
		#data	(direct)←(direct)∧data
逻辑或指令	ORL　A，	Rn	(A)←(A)∨(Rn)
		direct	(A)←(A)∨(direct)
		@Ri	(A)←(A)∨((Ri))
		#data	(A)←(A)∨data
	ORL direct，	A	(direct)←(direct)∨(A)
		#data	(direct)←(direct)∨data
异或指令	XRL　A，	Rn	(A)←(A)⊕(Rn)
		direct	(A)←(A)⊕(direct)
		@Ri	(A)←(A)⊕((Ri))
		#data	(A)←(A)⊕data
异或指令	XRL direct，	A	(direct)←(direct)⊕(A)
		#data	(direct)←(direct)⊕data
A 清零指令	CLR　A		(A)←00H
A 取反指令	CPL　A		(A)←$(\overline{A})$

2. 循环移位指令

循环移位指令包括带进位位 Cy 和不带进位位 Cy 的循环移位。

(1) 累加器 A 内容循环左移一位

指令格式：

RL　A

指令功能是：将累加器 A 中的数循环左移一位，即

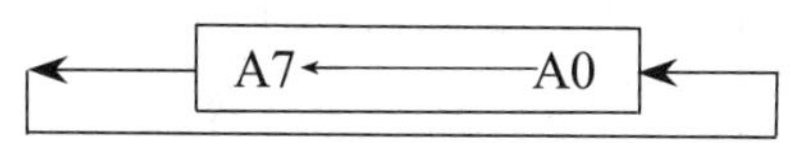

例 3.27　设(A)=10101010。

执行指令：RL　A

结果：(A)=01010101。

(2) 累加器 A 内容带进位循环左移一位

指令格式：

RLC　A

指令功能是：将累加器 A 中的数连同进位标志循环左移一位，即

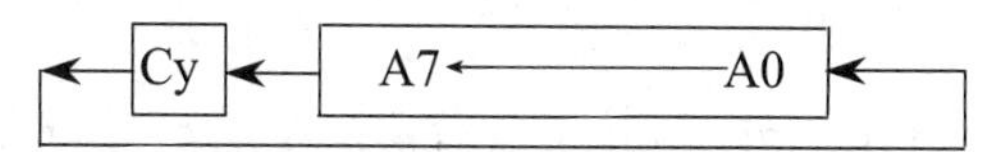

例 3.28　设(A)=10101010，Cy=0。

执行指令：RLC　A

结果：(A)=01010100，(Cy)=1。

(3) 累加器 A 内容循环右移一位

指令格式：

RR　A

指令功能是：将累加器 A 中的数循环右移一位，即

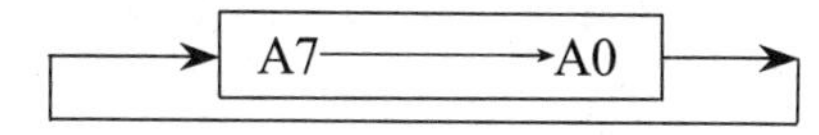

例 3.29　设(A)=10101010。

执行指令：RR　A

结果：(A)=01010101。

(4) 累加器 A 内容带进位循环右移一位

指令格式：

RRC　A

指令功能是：将累加器 A 中的数连同进位标志循环右移一位，即

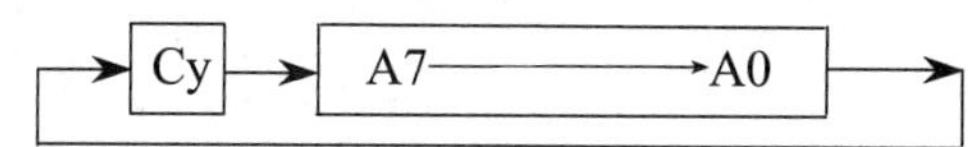

例 3.30　设(A)=10101010，Cy=1。

执行指令：RRC　A

结果：(A)=11010101，(Cy)=0。

注意：

① 不带进位的循环移位对 PSW 没有影响。一个数左移一位相当于这个数乘以 2，右移一位相当于这个数除以 2。

② 对于带进位的循环移位，结果将影响 PSW 中的 Cy 和 P。

所有循环移位类指令如表 3-5 所示。

表 3-5　循环移位类指令表

指令名称	助记符	指令功能	对标志位影响			
			C	AC	OV	P
循环左移	RL A	A 中内容循环左移一位	—	—	—	—
带进位循环左移	RLC A	A 中内容带进位循环左移一位	√	—	—	√
循环右移	RR A	A 中内容循环右移一位	—	—	—	—
带进位循环右移	RRC A	A 中内容带进位循环右移一位	√	—	—	√

思考与练习

1. 已知(A)=83H，(R0)=17H,(17H)=34H。请写出执行完下列程序段后 A 的内容。

```
ANL   A，#17H
ORL   17H，A
XRL   A，@R0
CPL   A
```

2. 如何采用“与”运算判断某个字节的二进制数中有奇数个 1，还是偶数个 1?
3. 设(A)=02H，如何通过移位的方式使 A 中的内容乘以 7?
4. 使 A 累加器中的高 2 位取反，其余位不变。

任务六　位操作指令

任务要求

✧ 掌握位传送、位修改、置位、复位指令的使用

✧ 掌握位逻辑运算指令的使用

✧ 会用位运算指令实现逻辑电路功能

相关知识

在 MCS-51 单片机内有一个布尔处理器，它以进位位 Cy 作为累加器 C，以内部 RAM 中位寻址区以及可位寻址的特殊功能寄存器中的位状态作为操作数，进行位的传送、修改、逻辑运算及控制程序转移等操作。

位操作指令中位地址有多种表达方式，以程序状态字 PSW 中的第 5 位为例：

① 直接位地址方式：如 D5H；

② 点操作符方式：如 PSW.5；

③ 位名称方式：F0；

④ 用户定义名称：如用伪指令“AA　BIT　PSW.5”定义后允许用 AA 代表 PSW.5。

1. 位传送指令

这类指令有 2 条，它们分别如下。

MOV　C，bit

MOV　bit，C

bit 是内部数据存储器中的直接寻址位和可位寻址的特殊功能寄存器的位地址。

位传送指令的功能是将源位地址中的数传送到目的位地址位中去。其中一个操作数必须为位累加器 C，另一个可以是任何直接寻址的位。

例 3.31　将字节地址为 20H 单元的第 0 位(位地址 00H)传送到字节地址为 21H 单元的第 0 位(位地址 08H)。

MOV　C，00H

MOV　08H，C

2. 位变量修改指令

这类指令有 6 条，它们分别如下。

(1) 位清零指令

指令格式：

CLR　C

CLR　bit

位清零指令的功能是将累加器 C 或目的地址位清零。

(2) 位置 1 指令

指令格式：

SETB　C

SETB　bit

位置 1 指令的功能是将累加器 C 或目的地址位置“1”。

(3) 位取反指令

指令格式：

CPL　C

CPL　bit

位取反指令的功能是将累加器 C 或目的地址位取反。

3. 位变量逻辑操作指令

这类指令有 4 条，它们分别如下。

(1) 位与指令

指令格式：

ANL　C，bit

ANL　C，/bit

“/”加在位地址的前面，表示对该位状态取反。

位与指令的功能是将累加器 C 和源地址中位或该位的反码相“与”，其结果存放在 C 中。

(2) 位或指令

指令格式：

```
ORL    C，bit
ORL    C，/bit
```

位或指令的功能是将累加器 C 和源地址中位或该位的反码“相或”，其结果存放在 C 中。

例 3.32 设 X、Y、Z 均代表位地址，试编写 $Z=X\overline{Y}+\overline{X}Y$ 的程序。

程序设计如下：

```
MOV    C，X
ANL    C，/Y    ；(C)←XȲ
MOV    Z，C     ；暂存
MOV    C，Y
ANL    C，/X    ；(C)←X̄Y
ORL    C，Z     ；(C)←XȲ+X̄Y
MOV    Z，C     ；存结果
```

采用位操作指令，实现逻辑关系，可以减少外部逻辑电路，降低系统硬件成本，提高系统的可靠性。

位操作指令如表 3-6 所示。

表 3-6　位操作指令

指令名称	助记符	功能
位传送指令	MOV　C，bit	(C)←(bit)
	MOV　bit，C	(bit)←(C)
位清零指令	CLR　C	(C)←0
	CLR　bit	(bit)←0
位取反指令	CPL　C	(C)←(C)
	CPL　bit	(bit)←(bit)
位置 1 指令	SETB　C	(C)←1
	SETB　bit	(bit)←1
位与指令	ANL　C，bit	(C)←(C)∧(bit)
	ANL　C，/bit	$(C)\leftarrow(C)\wedge(\overline{bit})$
位或指令	ORL　C，bit	(C)←(C)∨(bit)
	ORL　C，/bit	$(C)\leftarrow(C)\vee(\overline{bit})$

思考与练习

1. 使用位操作指令实现下列逻辑操作。要求不得改变未涉及位的内容。

a. 使 ACC.0 置 1，ACC.1 清零，ACC.2 取反；

b. 清除累加器高 4 位；

c. 清除 ACC.3，ACC.4，ACC.5，ACC.6。

2. 设 X、Y、Z、F 均为位单元，试利用布尔操作指令模拟图 3-11 的电路功能。

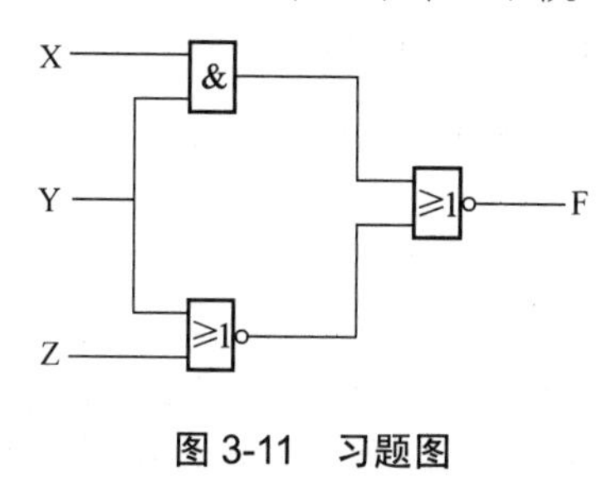

图 3-11　习题图

任务七　控制转移指令

任务要求

✧ 掌握无条件控制转移指令的使用

✧ 掌握条件控制转移指令的使用

相关知识

转移指令分为无条件转移指令和条件转移指令。无条件转移指令是无条件地把程序转到目的地址所指示的单元中去执行；条件转移指令是当条件满足时，把程序转到目的地址所指示的单元中去执行。

1. 无条件转移指令

无条件转移指令有 4 条，它们分别如下。

(1) 长转移指令

指令格式：

LJMP　addr16　或　LJMP 标号

长转移指令也称 16 位地址的无条件转移指令，指令操作数给出 16 位转移地址，寻址范围为 0000H～FFFFH。指令的执行结果是将 16 位目的地址送程序计数器 PC。该指令为 3 字节指令，即

操作码
16 位地址的高 8 位
16 位地址的低 8 位

标号是一种符号地址，表示跳转指令所要转向的位置。

例 3.33　MAIN:　LJMP　MAI

若标号 MAIN 地址=2000H，MAI 地址=3000H，则指令执行后(PC)=3000H，程序从 3000H 开始往下执行。执行过程如图 3-12 所示。

(2) 绝对转移指令(又称短转移指令)

指令格式：

AJMP addr11 ; (PC)←(PC)+2

; $(PC)_{10\sim0}$←addr11

或 AJMP 标号

说明：

addr11：11 位目的地址。

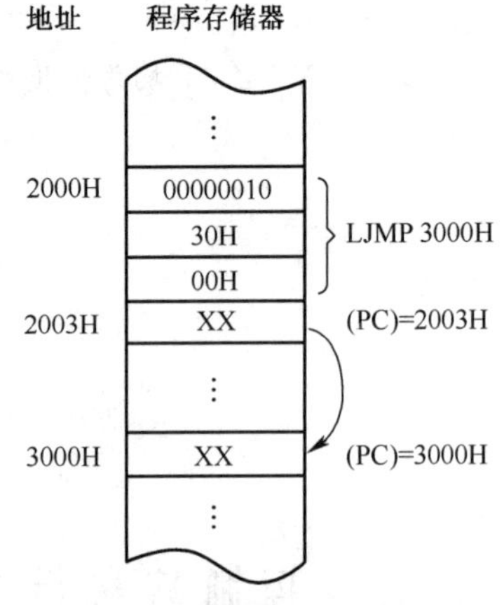

图 3-12 长转移指令执行过程

绝对转移指令也称为 11 位地址的无条件转移指令。与长转移指令的区别在于，绝对转移指令的操作数给出的是 11 位转移地址。该指令为一条双字节指令，指令执行时，首先是 PC 的内容加 2，然后由当前 PC 的高 5 位和指令中的 11 位偏移地址构成 16 位转移地址。该指令要求转移的目的地址的高 5 位和该指令执行时当前的 PC 值高 5 位相同，因此寻址范围为 2KB(00000000000～11111111111)，即可转移的范围为 2KB 区域。转移可以向前也可以向后。指令码如下：

$a_{10}a_9a_8$ 0 0 0 0 1
$a_7a_6a_5a_4a_3a_2a_1a_0$

其中，00001 为操作码，a_0～a_{10} 为目的地址的低 11 位。

该跳转指令要求转移目的地址和当前的 PC 值在同一 2KB 区域内，PC 地址的高 5 位相同。

例 3.34 2070H： AJMP 16AH

11 位绝对转移地址为 00101101010B(16AH)，因此指令机器码如下。

0010	0001
0110	1010

程序计数器 PC 加 2 后的内容为 0010000001110010B (2072H)，以 11 位绝对转移地址替换 PC 的低 11 位内容，最后形成的目的地址为 0010000101101010B (216AH)。执行过程如图 3-13 所示。

(3) 相对转移指令

指令格式：

SJMP rel 或 SJMP 标号

rel：相对转移指令中的偏移量，为 8 位带符号二进制补码数。

相对寻址方式转移指令，是双字节指令。指令功能是按计算得到的目的地址实现程序的相对转移。计算公式为

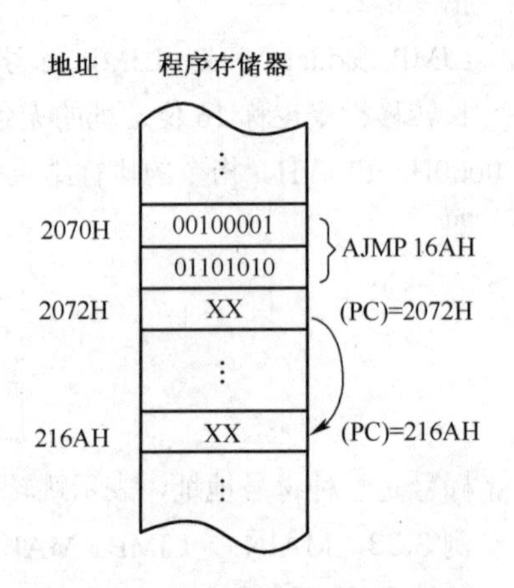

图 3-13 绝对转移指令执行过程

目的地址=(PC)+2(指令所占字节数)+rel

其中，偏移量 rel 所表示的范围是−128～+127，如 rel 为正数则向后转移；如 rel 为负数则向前转移。

例如，在 835AH 地址上的 SJMP 指令的偏移量为 35H，计算转移的目的地址：

835AH：　SJMP　35H

指令源地址为 835AH，rel=35H 是正数，目的地址=835AH+02H+35H =8391H，即执行完本指令后，程序转移到 8391H 地址去执行。

执行过程如图 3-14 所示。

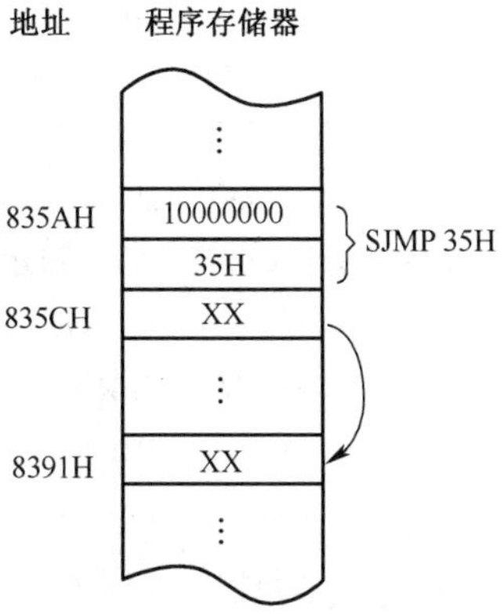

又例如：

835AH　SJMP　E7H

图 3-14　相对转移指令执行过程

指令中 rel=E7H，是负数 19H 的补码，目的地址=835AH+02H−19H=8343H，即执行完本指令后，程序向后转移到 8343H 地址去执行。

此外，在汇编语言程序中，为等待中断或程序结束，常有使程序“原地踏步”的需要，对此可以使用 SJMP 指令完成：

HERE：SJMP　HERE

或：SJMP　$

指令机器码为 80 FEH。在汇编语言中，以$代表 PC 的当前值。

(4) 间接寻址的无条件转移指令

指令格式：

JMP　@A+DPTR

其功能是把累加器 A 中的 8 位无符号数与数据指针 DPTR 中的 16 位数相加，结果作为转移地址送程序计数器 PC。即 PC←(A)+(DPTR)。这条指令亦称为散转指令，即可以根据 A 中的不同内容实现多分支转移。

2. 条件转移指令

所谓条件转移就是指程序转移是有条件的。执行条件转移指令时，如指令中规定的条件满足，则进行程序转移，否则程序顺序往下执行，如图 3-15 所示。

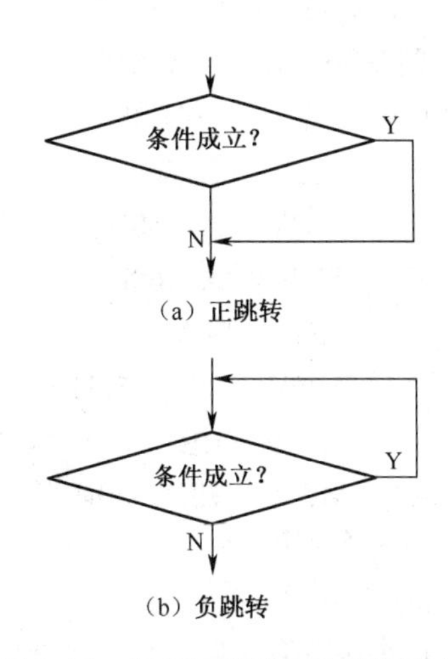

图 3-15　条件转移指令的转移形式

(1) 累加器 A 判零转移指令

这类指令有 2 条，它们分别如下。

JZ　rel 或 JZ　标号

若(A)=00H，则跳转；

若(A)≠00H，则顺序往下执行。

JNZ　rel　或 JNZ　标号

若(A)≠00H，则跳转；

若(A)=00H，则顺序往下执行。

例 3.35　将外部 RAM 中起始地址为 1000H 的数据传送到内部 RAM 起始地址为 20H 的单

元中，遇到数字 0 则停止传送。

程序设计如下：

```
        MOV   DPTR，#1000H      ；设置外部 RAM 地址指针
        MOV   R0，#20H          ；设置内部 RAM 地址指针
LOOP：MOVX  A，@DPTR
        JZ    HERE              ；(A)=00H 则停止
        MOV   @R0，A            ；(A)≠00H 传送到内部 RAM
        INC   R0                ；修改内部 RAM 地址指针
        INC   DPTR              ；修改外部 RAM 地址指针
        SJMP  LOOP              ；继续重复执行
HERE：SJMP HERE
```

对 3 个或 3 个以上数据组成的数据块进行操作时，通常采用寄存器间接寻址方式，这主要是有利于地址指针的修改。

(2) 判 C 标志转移指令

这类指令有 2 条，它们分别如下。

JC　rel　或　JC　标号

若(Cy)=1，则跳转；

若(Cy)≠1，则顺序往下执行。

JNC rel　或　JNC　标号

若(Cy)=0，则跳转；

若(Cy)=1，则顺序往下执行。

例 3.36　设内部数据存储器的 50H 单元和 60H 单元之中各存放有一个 8 位无符号数，找出其中较大者送入 70H 单元。

```
      CLR   C
      MOV   A，50H          ；(A)←(50H)
      SUBB  A，60H          ；(50H)-(60H)转移
      JC    AA              ；(50H)<(60H)转移
      MOV   70H，50H        ；A←(60H)存结果
      SJMP  BB
AA：MOV   70H，60H        ；存结果
BB：SJMP  $
```

(3) 位转移指令

这类指令有 3 条，它们分别如下。

JB　bit，rel　或　JB bit　标号

若(bit)=1，则跳转；

若(bit)=0，则顺序往下执行。

JNB　bit，rel　或　JNB　bit　标号

若(bit)≠1，则跳转；

若(bit)=1，则顺序往下执行。

JBC　bit，rel　或　JBC　bit　标号

若(bit)=1，则跳转且(bit)清零；

若(bit)=0，则顺序往下执行。

位转移指令都是三字节的相对寻址指令，其中第二个字节的 bit 表示可位寻址的某一位地址。

上述转移指令均不影响程序状态字寄存器 PSW 中各位。

(4) 比较转移指令

这类指令有 4 条，它们分别如下。

CJNE　A，#data，rel　或　CJNE　A，#data，标号

若累加器 A 的内容与立即数不等则跳转

CJNE　A，direct，rel　或　CJNE　A，direct，标号

若累加器 A 的内容与内部 RAM 单元内容不等则跳转

CJNE　Rn，#data，rel　或　CJNE　Rn，#data，标号

若寄存器的内容与立即数不等则跳转

CJNE　@Ri，#data，rel　或　CJNE　@Ri，#data，标号

若内部 RAM 指定单元中的内容与立即数不等则跳转

比较转移指令是三字节指令，这是 MCS-51 指令系统中仅有的 4 条 3 个操作数的指令，在程序设计中非常有用。这 4 条指令的功能可从程序转移和数值比较两个方面来说明。

① 程序转移。为简单起见，把指令中的两个比较数据分别称之为左操作数和右操作数，则指令的转移可按以下 3 种情况说明：

若左操作数=右操作数，则程序顺序执行，进位标志位清零；

若左操作数＞右操作数，则程序跳转，进位标志位清零；

若左操作数＜右操作数，则程序跳转，进位标志位置 1。

② 数值比较。在 MCS-51 中没有专门的数值比较指令，两个数的数值比较可利用这 4 条指令来实现，即按指令执行后 Cy 的状态来判断数值的大小。

若(Cy)=0，则左操作数≥右操作数；

若(Cy)=1，则左操作数＜右操作数。

CJNE 指令流程示意图如图 3-16 所示。

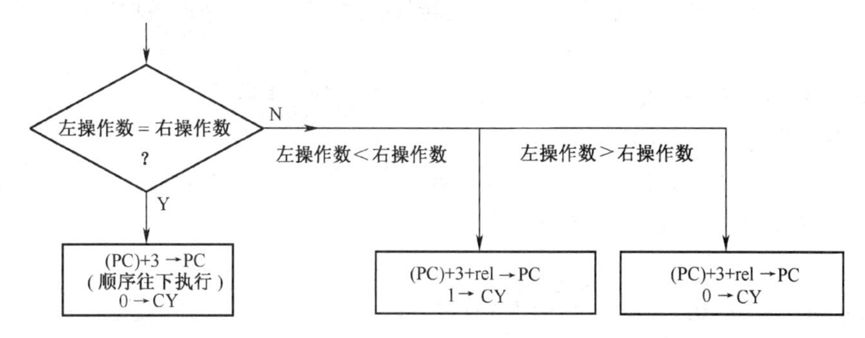

图 3-16　CJNE 指令流程示意图

例 3.37 设内部数据存储器的 50H 单元和 60H 单元之中各存放有一个 8 位无符号数，找出其中较大者送入 70H 单元。

用 CJNE 指令和 JC 指令配合使用，即可实现两数比较大小。

```
        MOV     A，50H           ；(A)←(50H)
        CJNE    A，60H，AA       ；(50H)≠(60H)则跳转
AA:     JNC     BB               ；(50H)>(60H)则跳转
        MOV     A，60H           ；A←(60H)存结果
BB:     MOV     70H，A           ；存结果
        SJMP    $
```

比较指令与减法指令的区别是：比较指令仅对两个数作比较后产生结果的状态，并不改变数的值，而减法指令作减法运算后，会改变 A 累加器中值的大小。

(5) 减 1 非零转移指令

这类指令有 2 条，它们分别如下。

① 寄存器减 1 条件转移指令。

指令格式：

DJNZ　Rn，rel　或　DJNZ　Rn，标号

其功能为：寄存器内容减 1，如所得结果为 0，则程序顺序往下执行；如所得结果不为 0，则程序转移。具体表示如下：

```
Rn←(Rn)−1    ；若(Rn)≠0，则跳转
             ；若(Rn)=0，则顺序往下执行
```

② 直接寻址单元减 1 条件转移指令。

指令格式：

DJNZ　direct，rel　或　DJNZ　direct，标号

其功能为：直接寻址单元内容减 1，如所得结果为 0，则程序顺序往下执行；如所得结果不为 0，则程序转移。具体表示如下：

```
direct←(direct)−1    ；若(direct)≠0，则跳转
                     ；若(direct)=0，则顺序往下执行
```

这两条指令主要用于控制程序循环。如预先把寄存器或内部 RAM 单元赋值循环次数，则利用减 1 条件转移指令，以减 1 后是否为 0 作为转移条件，即可实现按次数控制循环，如图 3-17 所示。

例 3.38 将内部 RAM 从 30H 单元开始的连续 16 个单元清零。

利用 DJNZ 指令很容易实现。

```
        MOV  R0，#30H   ；设置地址指针
        MOV  R7，#10H   ；设置计数值
        CLR  A
LOOP：  MOV  @R0，A     ；内部 RAM 单
                        元清零
```

```
INC    R0          ; 修改地址指针
DJNZ   R7，LOOP    ; 未完继续
SJMP   $
```

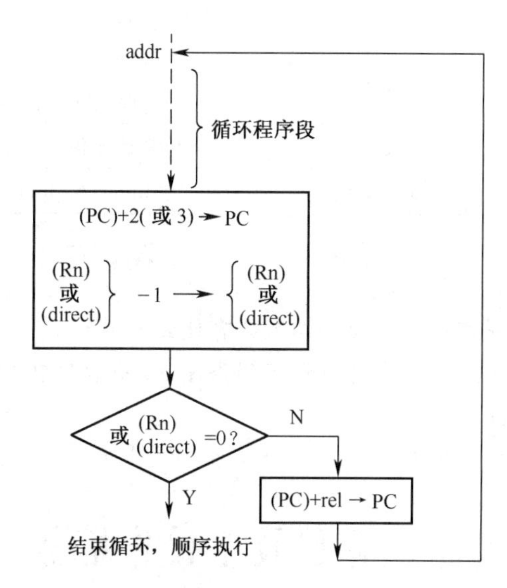

图 3-17　DJNZ 指令流程示意图

控制转移类指令如表 3-7 所示。

表 3-7　控制转移类指令

指令名称	助记符		功能
无条件转移指令	LJMP addr16 AJMP addr11 SJMP rel JMP @A+DPTR		(PC)←addr16 $(PC_{10\sim0})$←addr11 (PC)←(PC)+rel (PC)←(A)+(DPTR)
条件转移指令	JZ rel JNZ rel JC rel JNC rel		(A)=0，(PC)←(PC)+rel (A)≠0，(PC)←(PC)+rel (Cy)=1，(PC)←(PC)+rel (Cy)=0，(PC)←(PC)+rel
位测试转移指令	JB bit，rel JNB bit，rel JBC bit，rel		(bit)=1，(PC)←(PC)+rel (bit)=0，(PC)←(PC)+rel (bit)=1，(PC)←(PC)+rel，(bit)←0
比较转移指令	CJNE	A，#data，rel	(A)≠data，(PC)←(PC)+rel 若(A)≤data，(Cy)=1，否则(Cy)=0
		Rn，#data，rel	(Rn)≠data，(PC)←(PC)+rel 若(Rn)≤data，(Cy)=1，否则(Cy)=0

续表

指令名称	助 记 符		功 能
比较转移指令	CJNE	@Ri，#data，rel	((Ri))≠data，(PC)←(PC)+rel 若((Ri))≤data，(Cy)=1，否则(Cy)=0
		A，direct，rel	(A)≠(direct)，(PC)←(PC)+rel，若 (A)≤(direct)，(Cy)=1，否则(Cy)=0
非零转移指令	DJNZ	Rn，rel	(Rn)←(Rn)－1≠0，(PC)←(PC)+rel
		direct，rel	(direct)←(direct)－1≠0，(PC)←(PC)+rel

思考与练习

1. 采用比较指令的结果与减法指令的结果会有什么不同？

2. 编写程序段，若累加器 A 的内容满足下列条件时，则程序转至 LABEL 为地址的存储单元(设 A 中存的是无符号数)。

a. A≥10;　　b. A>10;　　c. A<10;　　d. A≤10。

任务八　子程序调用、返回及空操作指令

任务要求

✧ 理解子程序和返回指令

✧ 正确理解子程序调用与返回执行过程

相关知识

在程序设计中，通常设计一些能完成典型功能的程序段，当编程人员需要利用这一功能时，采用程序调用的方式来实现，这样做可以减少程序编写和调试的工作量，提高程序的通用性与可移植性。把功能程序段称为子程序，调用子程序的程序称为主程序，主程序调用子程序以及子程序返回主程序的过程如图 3-18 所示。

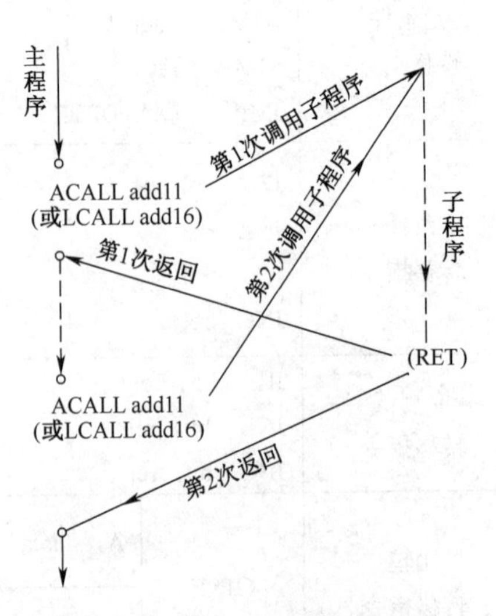

图 3-18　主程序调用子程序与子程序返回示意图

1. 子程序调用指令

这类指令有 2 条，它们分别如下。

(1) 长调用指令

指令格式：

LCALL　addr16　或　LCALL　标号

addr16：16 位目的地址。

长调用指令为 16 位地址的调用指令，在指令的操作数部分给出 16 位地址。指令的执行过程如下：

$(PC)\leftarrow(PC)+3$

$(SP)\leftarrow(SP)+1$，$(SP)\leftarrow(PC_{0\sim7})$

$(SP)\leftarrow(SP)+1$，$(SP)\leftarrow(PC_{8\sim15})$

$(PC)\leftarrow addr16$

长调用指令可以调用64KB程序存储器中任何一个子程序。

(2) 绝对调用指令

指令格式：

ACALL addr11 或 ACALL 标号

绝对调用指令是11位地址的调用指令，在指令的操作数部分给出11位地址。指令的执行过程如下：

$(PC)\leftarrow(PC)+2$

$(SP)\leftarrow(SP)+1$，$(SP)\leftarrow(PC_{0\sim7})$

$(SP)\leftarrow(SP)+1$，$(SP)\leftarrow(PC_{8\sim15})$

$(PC_{10\sim0})\leftarrow addr11$

绝对调用指令的范围与AJMP类似，即该指令执行时的当前PC值和子程序在同一2KB范围内，该指令的代码如下：

$a_{10}a_9a_8$ 10001
$a_7a_6a_5a_4a_3a_2a_1a_0$

其中，10001为操作码，a_0～a_{10}为子程序入口地址低11位。

2. 返回指令

这类指令有2条，它们分别如下。

(1) 子程序返回指令

指令格式：

RET

指令RET的执行过程如下：

$(PC_{15\sim8})\leftarrow((SP))$，$(SP)\leftarrow(SP)-1$

$(PC_{7\sim0})\leftarrow((SP))$，$(SP)\leftarrow(SP)-1$

(2) 中断返回指令

指令格式：

RETI

指令RETI的执行过程如下：

$(PC_{15\sim8})\leftarrow((SP))$，$(SP)\leftarrow(SP)-1$

$(PC_{7\sim0})\leftarrow((SP))$，$(SP)\leftarrow(SP)-1$

RET和RETI指令应分别放在子程序和中断服务子程序的末尾。

3. 空操作指令

指令格式：

NOP

这条指令只是在时间上消耗一个机器周期的时间，不作任何操作可用于延迟、等待等情况。

MCS-51指令系统中，每条指令都有固定的机器周期数，每条指令执行时，都需要一定的时间，因此，在单片机应用控制系统中，可以通过多次执行某条指令来实现延时功能。

例 3.39　用软件延时的方法，编写一个延时子程序，控制 P1.0 输出一个高电平持续 10 ms、低电平持续 5 ms 的周期性方波。

设单片机系统采用 6 MHz 晶振，则一个机器周期时间长短为 2 μs；

执行一条 DJNZ 指令需要 2 个机器周期，即为 4 μs；

执行一条 NOP 指令需要 1 个机器周期，即为 2 μs。

当累加器 A 的内容为 data 时，执行如下延时子程序的时间长短约为：T≈(4 μs +2 μs + 2 μs)×125×data=1000 μs×data =1 ms×data

```
DELAY：MOV R6，A
DEL1：  MOV R7，#125
DEL2：  NOP
        NOP
        DJNZ R7，DEL2
        DJNZ R6，DEL1
        RET
```

当(A)=5 时，延时时间为 5 ms

当(A)=10 时，延时时间为 10 ms

主程序：

```
        SETB   P1.0
LOOP：  MOV    A,#5
        CPL    P1.0
        CALL   DELAY
        MOV    A,#10
        CPL    P1.0
        CALL   DELAY
        SJMP   LOOP
```

子程序调用、返回及空操作指令如表 3-8 所示。

表 3-8　子程序调用、返回及空操作指令

指 令 名 称	助 记 符	功　能
长调用指令	LCALL　addr16	(PC)←(PC)+3，(SP)←(PC)，(PC)←addr16
绝对调用指令	ACALL　addr11	(PC)←(PC)+2，(SP)←(PC)，($PC_{10\sim0}$)←addr11
子程序返回指令	RET	(PC)←((SP))
中断返回指令	RETI	(PC)←((SP))
空操作指令	NOP	

思考与练习

1. 若(SP)=25H，(PC)=2345H，标号 LABEL 所在的地址为 3456H。问执行长调用指令“LCALL LABEL”后，堆栈指针和堆栈的内容发生什么变化？PC 的值等于多少？

2. 已知(SP)=25H，(PC)=2345H，(24H)=12H，(25H)=34H，(26H)=56H，问此时执行“RET”指令以后，SP和PC的值。

3. 题1中的LCALL指令能否直接换成ACALL指令，为什么？如果可以换成ACALL指令，则可调用的地址范围是多少？

任务九　端口操作指令

任务要求

✧ 端口操作的3种方式
✧ 区别读引脚与读端口锁存器操作

相关知识

MCS-51内部有4个并行I/O端口P0、P1、P2、P3口，作通用I/O口使用时，每个端口都有3种操作方式，即输出数据方式、读端口锁存器数据方式和读端口引脚数据方式。

1. 输出数据方式

当端口直接用于输出时，端口对输出的数据都有锁存功能，在数据输出方式下，CPU通过一条数据输出操作指令就可以把数据写入P0、P1、P2或P3口锁存器，然后通过输出驱动器送到端口引脚线上。因此，凡是端口操作指令都能达到从端口引脚线上输出数据的目的。

例如：

```
MOV   P0，#data    ；将数据data送P0口输出
MOV   P0，A        ；累加器A中内容送P0口
ORL   P0，#data    ；P0与data相或运算结果送P0口
ANL   P0，A        ；P0口与A相与结果送P0口
XOR   P0，#data    ；P0口异或data送P0
```

2. 读端口锁存器数据方式

这是一种仅对端口锁存器中数据进行读入的操作方式，CPU读入的这个数据并非端口引脚线上输入的数据(两者在某些情况下，并不完全一致)。这些指令的执行过程分成“读—修改—写”3步。它们不直接读引脚上的数据，而是CPU先读端口锁存器中的数据，当“读锁存器”信号有效时，P0口三态缓冲器1打开，Q端数据就被送入内部总线和累加器A中的数据进行算术或逻辑操作，结果再送回P0口锁存器，此时，锁存器的内容(Q端状态)与引脚是一致的。8051这几条指令功能特别强，属于“读—修改—写”指令。

MCS-51单片机有11条指令可直接进行P0、P1、P2和P3端口锁存器读入操作，其中6条字节操作指令，5条位操作指令，以P0口为例：

字节操作指令：

```
ANL   P0，#data    ；(P0) ← (P0)∧data；
ORL   P0，#data    ；(P0)←(P0)∧data；
```

```
XRL   P0，A          ；(P0)←(P0)⊕(A)
INC   P0             ；(P0)←(P0)+1
DEC   P0             ；(P0)←(P0)−1
DJNZ  P0，LABEL
```

位操作指令：

```
MOV   P0.1，C
CLR   P0.1
SET   P0.1
JBC   P0.1，NEXT
CPL   P0.1
```

3. 读端口引脚方式

当端口直接用于输入时，虽然端口带有输入缓冲器，但却没有输入寄存器，因此，CPU在引脚数据输入之前，输入的数据必须一直保持在引脚上。此外，由于单片机端口结构的特点，对端口进行读数据时，先要向端口锁存器输出高电平，以使端口电路中的场效应管截止，然后打开输入三态缓冲器，使相应端口引脚线上信号输入到MCS-51内部数据总线，因此，用户在读引脚时必须连续使用两条指令，才能真正得到端口引脚数据。例如，为了获得端口P0的数据，应如下操作：

```
MOV   P0，#0FFH
MOV   A，P0
```

思考与练习

1. 在8051片内RAM中，已知(30H)=38H，(38H)=40H，(40H)=48H，(48H)=90H。请分析按顺序执行每条指令后的结果。

```
MOV   A，40H
MOV   R0，A
MOV   P1，#F0H
MOV   @R0，30H
MOV   40H，38H
MOV   R0，30H
MOV   P0，R0
MOV   18H，#30H
MOV   A，@R0
MOV   P2，P1
```

2. 设计一个逻辑关系程序，使P1.0和P1.1两位输入完成与运算后，结果通过P1.2输出，如图3-19所示。

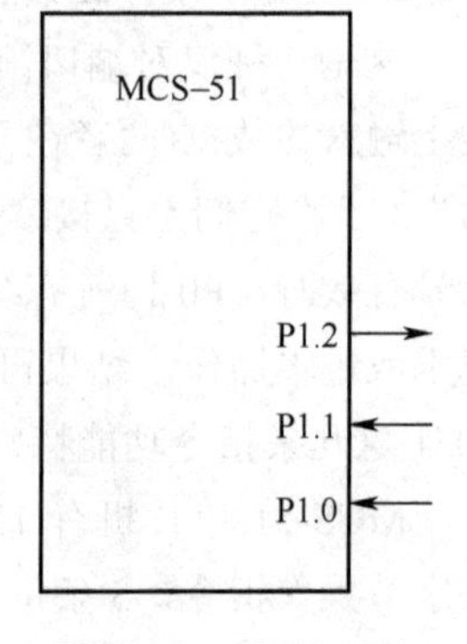

图3-19　习题2图

任务十　伪指令

任务要求

¤ 掌握伪指令
¤ 学会伪指令的应用

相关知识

MCS-51 单片机汇编语言程序中包含两类不同性质的指令，一种是可执行指令，可生成指令机器码，是机器能够执行的指令，如前面所学指令。另一种是伪指令，提供程序汇编过程中的控制信息，是非执行指令，只是在对源程序起某些控制作用。如定义程序存放的位置、设置程序或数据块的起始地址、存储单元的分配、定义符号等，伪指令不生成指令机器码。

1. 定义程序存放起始地址伪指令 ORG(Origin)

格式：ORG　addr16

功能：设定程序或数据块的起始地址。addr16 表示一个 16 位的程序存储器空间的地址，它可以是一个确定的地址，也可以是已经定义好的标号。

例如：ORG　2000H

```
MOV   A，#10H
…
ORG   2500H
ADD   A，#10H
…
```

地址	ROM	
2000H	74	MOV A，#10H
2001H	10	
…	…	
2500H	24	ADD A，#10H
2501H	10	
…	…	

图 3-20　汇编结果

汇编结果：如图 3-20 所示，从程序存储器的 2000H 地址开始顺序存放其后的程序。

注意：在一个源程序中，可以多次使用 ORG 指令，以规定不同程序段的起始地址，但所规定的地址应是从小到大，且不允许有重叠。

2. 定义汇编程序结束伪指令 END

格式：END

功能：表示汇编到此结束，在 END 后面的指令，汇编程序都不予以处理。

注意：一个源程序只能有一个 END 指令，放在程序的末尾。

3. 标号赋值伪指令 EQU(Equate)

格式：标号/字符串名　EQU　<表达式>

功能：将<表达式>的值赋给指定的标号或字符串名，经赋值后的标号或字符串名可以作为地址或数据在其他指令中使用，其值在整个程序中不改变。

例如：

```
COUNT   EQU   20H     ；COUNT=20H
ADDR    EQU   3000H   ；ADDR=3000H
```

```
ORG     ADDR              ；起始地址为 3000H
MOV     A，#COUNT         ；A←20H
MOV     B，COUNT          ；B←(20H)
```

汇编结果：如图 3-21 所示。

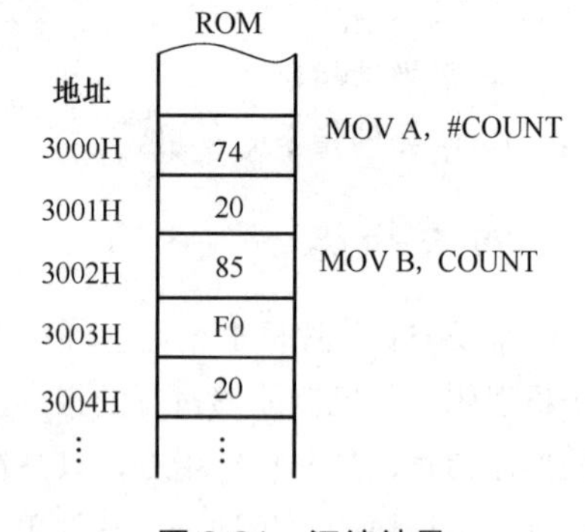

图 3-21　汇编结果

注意：使用 EQU 指令时，标号或字符串名一旦用 EQU 指令赋值后，不能在同一源程序的其他位置再对其赋另外的值。

4. 定义字节伪指令 DB(Define Byte)

格式：[标号：]　DB　字节常数表

功能：从指定的地址开始，存储若干个字节的数据或 ASCII 码字符，常用于定义数据常数表。

例如：

```
        ORG     1000H
COUNT   EQU     40H
TAB：   DB      10H，'A'，0F3H
        DB      COUNT，'DF'
        MOV     A，#01H          ；A←01H
        MOV     DPTR，#TAB       ；DPTR←1000H
        MOVC    A，@A+DPTR       ；A← 'A'
        …
```

汇编结果：如图 3-22 所示。

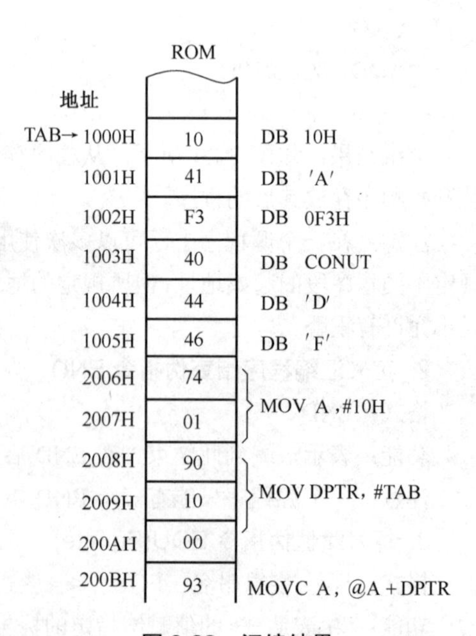

图 3-22　汇编结果

5. 定义字伪指令 DW(Define Word)

格式：[标号：]　DW　字常数表

功能：从指定的地址开始，存储若干个字的数据，常用于定义地址表。一个字占两个单元，高字节存入低地址单元，低字节存入高地址单元，即顺序存放。

例如：

```
        ORG     1000H
TAB1：  DW      1234H，0
        ORG     TAB1+6
        DW      TAB1
```

汇编结果：如图 3-23 所示。

6. 定义存储区伪指令 DS(Define Store)

格式：[标号：]　　DS　<表达式>

功能：从指定的地址开始，保留<表达式>值规定数量的程序存储器单元，以备程序使用。

例如：ORG　1000H

DB　10H

DS　3

DW　1234H

汇编结果：如图 3-24 所示。

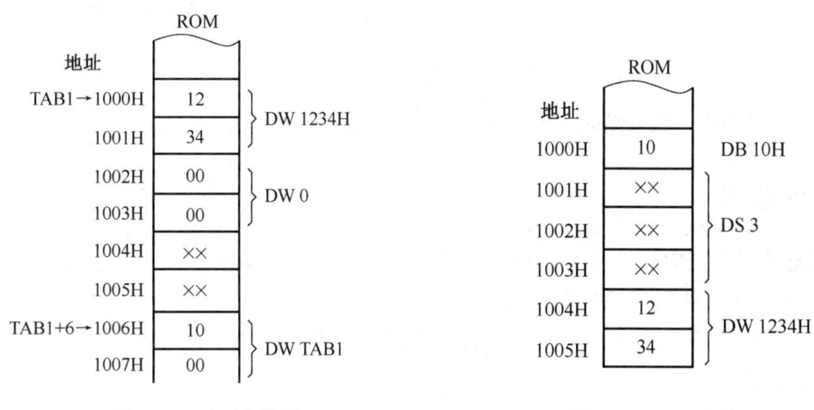

图 3-23　汇编结果　　　　图 3-24　汇编结果

7. 定义位地址伪指令 BIT

格式：字符名称　BIT　位地址

功能：将位地址赋给指定的字符名，常用于定义位符号地址。

例如：ORG 1000H

```
AA    BIT   P1.0
BB    BIT   20H
MOV   C，AA          ；C←P1.0
ANL   C，BB          ；C←C∧(位地址 20H)
```

汇编结果：如图 3-25 所示。

注意：BIT 指令定义的字符名与 EQU 指令定义的字符名一样，不可以在同一个源程序中多次定义不同的值。

8. 定义数据存储器地址伪指令 DATA

格式：字符名称　DATA　数据存储器地址

功能：将数据存储器地址赋给指定字符名。

例如：ORG 1000H

```
BUFF1   DATA   30H
BUFF2   DATA   31H
MOV   A，BUFF1   ；A←(30H)
ADD   A，BUFF2   ；A←A+(31H)
```

汇编结果：如图 3-26 所示。

注意：DATA 指令定义的字符名不能在同一个源程序中多次定义不同的值。

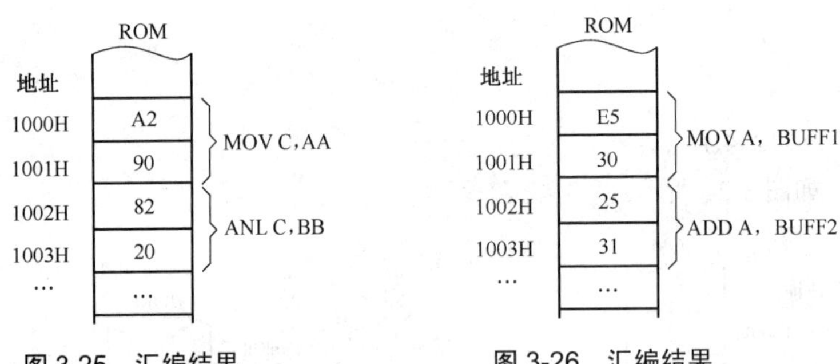

图 3-25　汇编结果　　　　图 3-26　汇编结果

思考与练习

1. 在程序中使用 ORG 伪指令时的注意事项是什么？
2. 举例说明“标号”与“字符定义”伪指令的区别。
3. 下列程序段经汇编后，从 1000H 开始的各有关存储单元的内容将是什么？

```
ORG 1000H
TAB1    EQU 1234H
TAB2    EQU 3000H
        DB   'START'
        DW TAB1，TAB2，70H
```

4. 在下面程序中 3 个标号所表示的地址是多少？

```
        ORG   1000H
FIRST:  DB   01H，02H，03H，04H
SECOND: DW   0001H，0002H
THIRD:  DS   10H
        END
```

项目小结

8051 单片机的指令系统共有 111 条指令，按指令的功能划分，分为数据传送指令、算术运算指令、逻辑运算指令、控制转移指令、位操作指令；按指令的字节数划分，分为单字节指令、双字节指令、三字节指令；按指令的机器周期划分，分为单机器周期指令、双机器周期指令、4 个机器周期指令。

指令由操作码和操作数组成。操作码表示指令的操作功能，是指令必不可少的部分。操作数或操作数地址表示参加运算的数据或数据的有效地址。

寻找操作数的地址的方式称为寻址方式。8051 单片机的寻址方式有 7 种，即立即寻址、寄存器寻址、直接寻址、寄存器间接寻址、变址寻址、相对寻址和位寻址。

数据传送类指令将源操作数传送到指定的目的地址，传送后源操作数保持不变。算术运算类指令是指单字节的加、减、乘、除法指令，这类指令的运算功能比较强，在执行的过程中有可能会影响到进位标志位(CY)、辅助进位标志位(AC)及溢出标志位(OV)。逻辑运算指令可以完成与、或、异或、清 0 和取反操作。控制转移类指令可以改变程序的执行顺序，8051 的转移类指令有无条件转移、条件转移及子程序调用与返回等。位操作又称布尔操作，它是以位为单位进行的各种操作，在进行位处理时，CY 位作为位累加器。

伪指令是一种非操作指令，也没有代码，在程序设计中起说明指示作用。

项目测试

一、填空题

1. 指令是由______和______构成。

2. MCS-51 单片机有______、______、______、______、______、______、______七种寻址方式。

3. “MOVC　A，@A+DPTR”中第二操作数采用的是______寻址方式。

4. 指令“POP　B”的源操作数是______，是______寻址方式，目的操作数是______，是______寻址方式。

5. 堆栈必须遵循“______”的原则。

6. 已知 SP=25H，PC=4345H，(24H)=12H，(25H)=34H，(26H)=56H，当执行 RET 指令后，SP= ______，PC=______。

7. 指令“JBC bit，rel”是对位 bit 进行判断，若 bit=1 则转移，并对该位______。

8. 执行“ANL P1，#______H”后，可对 P1 口的高四位清零。

9. 执行“XRL P1，#______B”后，可对 PI 口的高两位取反。

10. 假定 A 的内容为 0FEH，执行完指令：RL　A、CPL　A、SWAP　A 后，累加器 A 的内容分别为______、______、______。

11. 假定 A=82H，执行完指令：ANL　A，#17H 后，累加器 A 的内容为______。

12. 假定 A=82H，(17H)=34H，执行完指令：ORL　A，17H 后，累加器 A 的内容为______。

14. 假定 A=82H，R0=17H，(17H)=34H，执行完指令：XRL　A，@R0 后，累加器 A 的内容为______。

14. 假定 A=85H，(20H)=0FFH，CY=1，执行指令 ADDC　A，20H 后，累加器 A 的内容为______，CY 的内容为______，AC 的内容为______，OV 的内容为______。

15. 假定 A=56H，R5=67H，执行如下指令后，累加器 A 的内容为______，CY 的内容为______。

```
ADD  A，R5
DA   A
```

16. 假定 A=40H，B=0A0H，执行指令：MUL　AB 后，寄存器 B 的内容为______，累加器 A 的内容为______，CY 的内容为______，OV 的内容为______。

17. 假定 A=0FEH，B=15H，执行指令：DIV　AB 后，累加器 A 的内容为______，寄存器 B 的内容为______，CY 的内容为______，OV 的内容为______。

二、选择题

1. 指令“MOVX A，@DPTR”中源操作数的寻址方式是______。

A. 寄存器寻址　B. 寄存器间接寻址　C. 直接寻址　D. 立即寻址

2. 以下对溢出标志 OV 没有影响或不受 OV 影响的运算是______。

A. 逻辑运算　B. 符号数加减法运算　C. 乘法运算　D. 除法运算

3. 指令 LCALL 的操作码地址是 2000H，执行完相应子程序返回指令后，PC=______。

A. 2000H　B. 2001H　C. 2002H　D. 2003H

4. 下面______指令将 MCS-51 的工作寄存器置成第 2 组。

A. MOV PSW，#13H　B. MOV PSW，#18H

C. SETB PSW.4 CLR PSW.3　D. SETB PSW.3 CLR PSW.4

5. 执行指令“MOVX A，@DPTR”时，MCS-51 产生的控制信号是______。

A. /PSEN　B. ALE　C. /RD　D. /WR

6.
```
ORG    0000H
AJMP   0040H
ORG    0040H
MOV SP，#00H
```
当执行完上边的程序后，PC 的值是______。

A. 0040H　B. 0041H　C. 0042H　D. 0043H

7. 对程序存储器的读操作，只能使用______。

A. MOV 指令　B. PUSH 指令　C. MOVX 指令　D. MOVC 指令

8. 在寄存器间接寻址方式中，指定寄存器中存放的是______。

A. 操作数　B. 操作数地址　C. 转移地址　D. 地址偏移量

9. 在 MCS-51 中，需双向传递信号的是______。

A. 地址线　B. 数据线　C. 控制线　D. 电源线

10. 下列指令中与进位标志位 CY 无关的指令有______。

A. 移位指令　B. 位操作指令　C. 十进制调整指令　D. 条件转移指令

11. 单片机在与外部 I/O 口进行数据传送时，将使用______指令。

A. MOV　B. MOVC　C. MOVX　D. 由 PC 而定

12. 在下列指令中，属判位转移的指令是______。

A. AJMP　addrll　B. CJNE　A，direct，rel

C. DJNZ　Rn，tel　D. JNC　tel

13. 在指令 MOV 30H，#55H 中，30H 是______。

A. 指令的操作码　B. 操作数

C. 操作数的目的地址　D. 机器码

14. 将外部数据存储单元的内容传送到累加器 A 中的指令是______。

A. MOVX　A，@A+DPTR　B. MOV　A，@R0

C. MOVC　A，@A+DPTR　D. MOVX　A，@DPTR

15. MCS-51 单片机中，下一条将要执行的指令地址存放在______中。

A. SP　B. PSW　C. PC　D. DPTR

16. 当执行 DA　A 指令时，CPU 将依______的状态自动调整，使 ACC 的值为正确的 BCD 码。

A. CY　　B. MOV　20H，R4　　C. CY 和 AC　　D. RS0 和 RS1

17. 下列指令不是变址寻址方式的是______。

A. JMP @A+DPTR　　B. MOVC A，@A+PC

C. MOVX A，@DPTR　　D. MOVC A，@A+DPTR

18. 在堆栈操作中，当进栈数据全部弹出后，这时 SP 应指向______。

A. 栈顶单元　　B. 栈底单元

C. 栈底单元地址加 1　　D. 栈底单元地址减 1

三、判断题

下列指令是否正确：

(　　)1. MOV　@R1，#80H

(　　)2. CLR　R0

(　　)3. ANL　R1，#0FH

(　　)4. ADDC　A，C

(　　)5. XRL　P1，#31H

(　　)6. INC　DPTR

(　　)7. DEC　DPTR

(　　)8. MOV　28H，@R2

(　　)9. CPL　R5

(　　)10. MOV　R0，R1

(　　)11. PUSH　DPTR

(　　)12. PUSH　R1

(　　)13. RLC　R0

(　　)14. DJNZ　@R1，32H

(　　)15. 寄存器 DPTR 可拆开成两个独立的寄存器 DPH 和 DPL 使用。

四、分析题

1. 指出下列指令的寻址方式及执行的操作结果：

① MOV　A，direct

② MOV　A，#data

③ MOV　A，R1

④ MOV　A，@R0

⑤ MOVC　A，@A+DPTR

⑥ MOVC　A，@A+PC

⑦ MOV　DPTR，#4000H

⑧ JZ　20H

⑨ MOV　C，20H

⑩ MOV　A，20H

2. 已知寄存器 R0=30H，内部 RAM(20H)=78H，(30H)=56H，请指出每条指令执行后累加器 A 内容的变化。

① MOV　A，#20H

② MOV　A，20H

③ MOV　A，R0

④ MOV　A，@R0

3. 已知 R0=30H，R1=40H，R2=50H，内部 RAM(30H)=34H，(40H)=60H，请指出下列指令执行后各单元内容相应的变化：

① MOV　A，R2

② MOV　R2，40H

③ MOV　@R1，#88H

④ MOV　30H，40H

⑤ MOV　40H，@R0

4. 请写出完成下列操作的指令：

① 使累加器 A 的低 4 位清 0，其余位不变。

② 使累加器 A 的低 4 位置 1，其余位不变。

③ 使累加器 A 的低 4 位取反，其余位不变。

④ 使累加器 A 中的内容全部取反。

五、简答题

1. 设内部 RAM(30H)=5AH，(5AH)=40H，(40H)=00H，端口 P1=7FH，问执行下列指令后，各有关存储单元(即 R0，R1，A，B，P1，30H，40H 及 5AH 单元)的内容如何？

```
MOV   R0，#30H
MOV   A，@R0
MOV   R1，A
MOV   B，R1
MOV   @R1，P1
MOV   A，P1
MOV   40H，#20H
MOV   30H，40H
```

2. 完成以下的数据传送过程。

(1) R1 的内容传送到 R0。

(2) 片外 RAM20H 单元的内容送 R0。

项目4

汇编语言程序设计

知识目标

1. 了解汇编语言的基本概念;
2. 了解汇编语言源程序的汇编过程;
3. 理解单片机的程序设计思想;
4. 掌握单片机的简单程序、分支程序、循环程序和子程序的结构。

能力目标

1. 简单程序设计;
2. 分支程序设计;
3. 循环程序设计;
4. 子程序设计;
5. 运算子程序设计;
6. 掌握单片机的程序调用过程。

任务一　汇编语言的基本概念

任务要求

- 了解程序语言的概念
- 了解汇编语言程序的格式
- 理解汇编程序的汇编过程

相关知识

汇编语言程序设计是单片机应用系统设计和开发的一个重要方面。本项目将通过列举一些典型的汇编语言程序实例,介绍 MCS-51 单片机汇编语言及其程序设计的一些基本方法。

1. 程序设计语言

程序设计语言一般可以分为 3 种：机器语言、汇编语言和高级语言。

(1) 机器语言

机器语言是用二进制代码 0 和 1 表示指令和数据的程序设计语言。机器语言直接取决于单片机的结构，单片机能直接识别和执行机器语言程序，响应速度最快。但机器语言程序难认、难记、易错、可读性差，因而人们一般不用机器语言编写程序。

(2) 汇编语言

汇编语言是一种面向机器的符号语言，指令用助记符表示，程序用指令编写。其特点如下：

① 汇编语言指令与机器语言指令一一对应，比机器语言容易理解记忆，但它必须通过汇编程序翻译成机器语言，才能被单片机执行；

② 指令直接访问 CPU 的寄存器、存储单元和 I/O 端口，响应速度快，程序的存储空间利用率高；

③ 用汇编语言编程时，使用者必须对机器的硬件结构和指令系统比较熟悉，这使得汇编语言掌握起来不太容易。

(3) 高级语言

高级语言是以接近人类的常用语言形式编写程序的语言总称，它是一种独立于机器的通用语言。用高级语言编写程序与人们通常的解题步骤接近，而且不依赖于单片机的结构；程序的可读性、通用性和可移植性都比汇编语言程序好。用高级语言编写的程序，必须经编译程序或解释程序进行翻译生成目标程序，单片机才能执行。由于高级语言独立于机器的硬件结构，因此在处理接口技术和中断技术时比较困难，不适合实时控制。

综上所述，3 种语言各有特点，采用何种语言，取决于机器的使用场合和条件。在单片机应用中，一般使用汇编语言编写程序。目前一些软件公司有感于汇编语言的不足，而相继推出专用于单片机的高级语言，如 C51、PLM51 等，但它们都带有汇编语言的色彩。

2. 汇编语言程序的格式

汇编语言源程序是由汇编语言指令组成的。

例 4.1　统计单片机内部 RAM 从 20H 单元开始存放的字符串的长度，并将结果存放到 R1 中，假设字符串以“$”符号结束，源程序清单如下：

```
        ORG     0100H               ; 程序存放的首地址
MAIN:   CLR     A                   ; 累加器清零
        MOV     R0，#STORE          ; 存放字符串的首地址送 R0
LOOP:   CJNE    @R0，#24H，NEXT     ; 存储单元中的字符与“$”比较
        SJMP    QUIT                ; 退出
NEXT:   INC     A                   ; 累加器加 1
        INC     R0                  ; 地址指针加 1
        SJMP    LOOP                ; 跳转
QUIT:   MOV     R1，A               ; 统计值送到 R1
        SJMP    $                   ; 暂停
        STORE   DATA    20H         ; 定义存储单元
```

```
TAB:    DB      10H       ; 定义字节
        DW      1234H     ; 定义字
        END               ; 程序结束
```

(1) 汇编语言程序整体结构

① ORG 0100H 伪指令，放在程序开始，定义程序存放在程序存储器中的起始地址。

② END 伪指令，放在程序结尾，表示汇编程序的结束。

③ 为了使程序整体美观，程序中所有标号、所有指令、所有注释应上下对齐。

(2) 典型的可执行指令格式

[标号：] 操作码助记符 [第一操作数] [，第二操作数] [，第三操作数][；注释]

其中，带“[ ]”的部分为可选项。

① 标号，如程序中的 MAIN、LOOP、NEXT 等。标号是用户设定的指令位置的符号地址。在汇编时，汇编程序将标号所在指令的首字节地址赋给相应标号，标号可以作为地址和数据在其他指令中引用。标号为可选项，一般在程序开始、子程序调用或转移指令所需要的地方才设置标号；不同的汇编程序对标号的命名规定略有不同，一般约定：标号由以字母开头的 1～8 个字母或数字组成，但不能使用指令助记符、伪指令、寄存器名等保留字符；为了程序的整体感，应当使汇编程序中所有标号左对齐；标号后面用“：”号与指令分开。值得注意的是，标号与符号定义伪指令是不同的。如“STORE DATA 20H”等符号定义的伪指令后面没有“：”号。

② 操作码助记符，如：MOV、CLR 等是表示指令功能的英文缩写，指出指令操作的性质，为必选项。为了程序的整体感，汇编程序中所有指令的操作码部分应左对齐。

③ 操作数是指令操作的对象。操作数与操作码之间必须有空格，多个操作数之间要用逗号隔开。

④ 注释，是为了便于程序的阅读和交流，对源程序指令进行的简明扼要的说明。良好的注释是源程序的重要部分，注释前用“；”与指令分开。

3.汇编语言源程序的汇编

汇编是指将汇编语言源程序翻译成机器能够识别的二进制代码目标程序的过程，反之，通过程序的目标代码转换成汇编语言程序的过程称为反汇编，如图 4-1 所示。

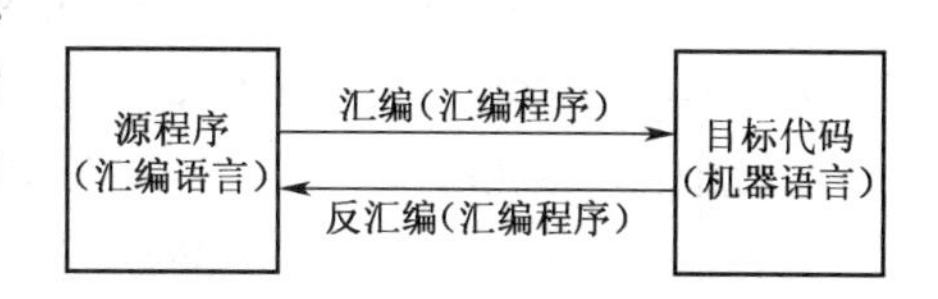

图 4-1 汇编与反汇编

汇编是先将汇编语言源程序(.ASM)输入计算机，再利用汇编程序将其翻译成二进制代码的目标文件(.OBJ)的过程。源程序编译与连接过程如图 4-2 所示。用机器汇编，方便快捷，并能在汇编过程中发现语法错误。但要求源程序一定要按规定书写，如标号的命名、标点符号的要求、伪指令的格式等，如果不按规定书写，将会造成不必要的错误而影响目标文件的生成。

目前，大多数的汇编程序是集汇编语言源程序的编辑、汇编与单片机开发系统的通信、程序调试于一体的软件包，用户界面友好，使用方便。下面简单介绍这方面软件的应用过程。

① 利用软件包提供的编辑器或其他编辑器，在计算机中输入汇编语言源程序，以.ASM 文件存盘。

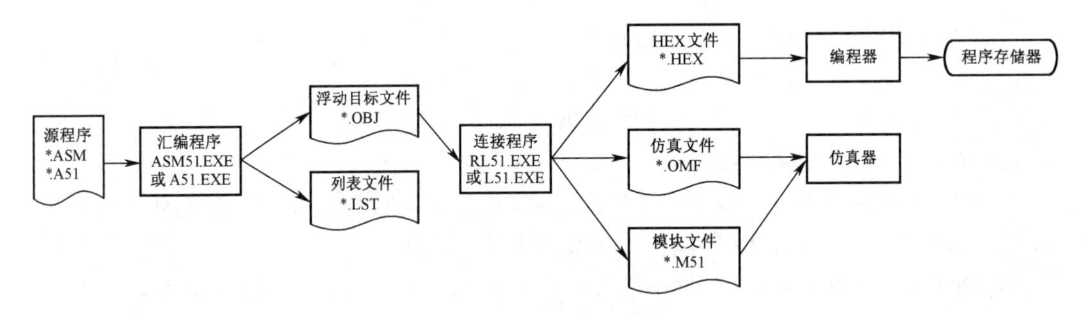

图 4-2 源程序编译与连接过程

② 利用软件包中的编译功能，将源程序编译生成列表文件(.LST)和目标文件(.OBJ)，若源程序有语法错误，将不能生成列表文件及目标文件。此时需要对源程序进行修改后，再编译，直到没有语法错误为止。有的软件包，在源程序汇编出错时还可生成出错信息文件。

③ 利用软件包的通信功能，将目标文件加载到单片机应用系统。

④ 利用软件包的程序调试功能，进行程序调试运行。

例 4.2 题目及程序清单同例 4.1。

汇编结果如下：

地址	机器码		源程序清单	
			ORG	0000H
0000H：	4100H		AJMP	MAIN
			ORG	0100H
0100H：	E4H	MAIN：	CLR	A
0101H：	A820H		MOV	R0，#STORE
0103H：	B62402H	LOOP：	CJNE	@R0，#24H，NEXT
0106H：	8004H		SJMP	QUIT
0108H：	04H	NEXT：	INC	A
0109H：	08H		INC	R0
010AH：	80F7H		SJMP	LOOP
010CH：	F9H	QUIT：	MOV	R1，A
010DH：	80FEH		SJMP	$
		STORE：	DATA	20H
010FH：	10H	TAB：	DB	10H
0110H：	1234H		DW	1234H
			END	

思考与练习

1 简述 MCS-51 汇编语言程序格式。

2 机器语言、汇编语言和高级语言三者各有什么优缺点？

3. 阅读下列程序，要求说明该程序的功能，填写所缺的机器码。

地址　　机器码　　　源程序清单

```
                  ORG     0000H
____  7A_         MOV     R2，#0AH
____  _ _         MOV     R0，#50H
____  E4          CLR     A
____  F6   LOOP:  MOV     @R0，A
____  _ _         INC R0
____  DA_         DJNZ    R2，LOOP
                  END
```

任务二　顺序程序设计

任务要求

- 了解程序设计的过程
- 掌握单片机简单程序设计方法

相关知识

用单片机完成某项任务时，应根据问题的要求对硬件和软件进行综合考虑。在总体硬件确定的情况下，程序设计一般可以按分析问题、确定算法、设计程序流程图、分配内存单元、编写汇编语言源程序、调试程序的步骤进行。

程序流程图是程序结构的一种图解表示法，它直观、清晰地体现了程序的设计思想及程序的执行流程，是程序设计的一种常用工具。

设计程序流程图，是把算法转化成程序的准备阶段。通常在程序较复杂时都要进行这一步骤。一般流程图符号代表的含义如表 4-1 所示。

表 4-1　一般流程图符号代表的含义

名　称	符　号	含　义
端点框	（圆角矩形）	表示程序的起点和终点
处理框	（矩形）	表示处理功能
判断框	（菱形）	表示判断分支功能
子程序框	（双竖边矩形）	表示调用子程序
连接符	（圆圈）	表示程序框的连接点
流程线	（箭头）	表示程序的走向

在程序设计中，按照执行的方式不同，程序分为 4 种基本结构：顺序程序、分支程序、循环程序和子程序。

顺序程序又称为简单程序，是一种最简单、最基本的程序结构，它的特点是顺序依次执行程序中的每一条指令，直到最后一条指令，它是构成复杂程序的基础。

例 4.3　编程完成算术运算 Y=X1×X2+(X1−X3)。已知：X1、X2、X3 分别为片内 RAM 30H、31H、32H 单元的内容，要求将计算的结果 Y 存入片内 RAM 33H(高字节)、34H(低字节)单元中(设 X1＞X3)。

按照四则运算法则，先计算 X1−X3，结果存入 R7，再计算 X1×X2，结果为双字节，最后将乘积的低字节与 R7 相加，进位加入乘积的高字节，存放结果。程序流程图见图 4-3。程序清单如下：

```
        ORG     1000H
START:  MOV     A，30H      ；A←X1
        CLR     C           ；Cy←0
        SUBB    A，32H
        MOV     R7，A       ；R7←X1－X3
        MOV     A，30H      ；A←X1
        MOV     B，31H      ；B←X2
        MUL     AB          ；B、A←X1×X2
        ADD     A，R7       ；低字节相加
        MOV     34H，A      ；存放结果的低字节
        CLR     A
        ADDC    A，B        ；低字节相加后向高位的进位加入到高字节
        MOV     33H，A      ；存放高字节
        SJMP    $
        END
```

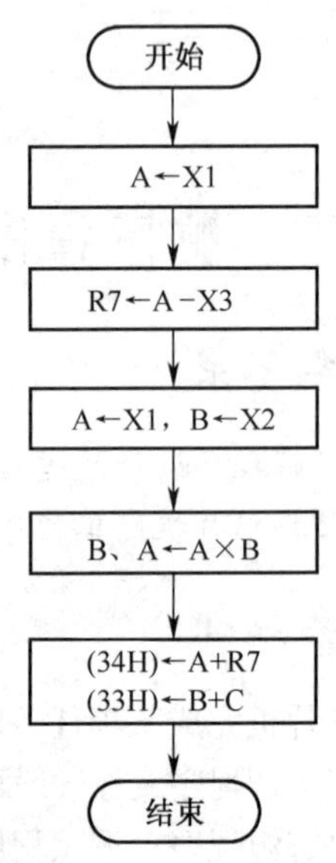

图 4-3　例 4.3 程序流程图

例 4.4　将片内 RAM 存储单元中的一个两位 BCD 码拆开后，转换成相应的 ASCII 码，存入 ONE、TWO 单元。

BCD 码 0～9 的 ASCII 码为 30H～39H，先将两位 BCD 码拆开，然后再分别加上 30H，实现转换后，再存入两个单元中。程序流程图如图 4-4 所示。程序清单如下：

```
        ORG     2000H
START:  MOV     A，BCDB
        ANL     A，#0FH      ；屏蔽高四位
        ADD     A，#30H      ；转换为 ASCII 码
        MOV     TWO，A       ；存放结果
        MOV     A，BCDB
        SWAP    A            ；高、低 4 位互换
```

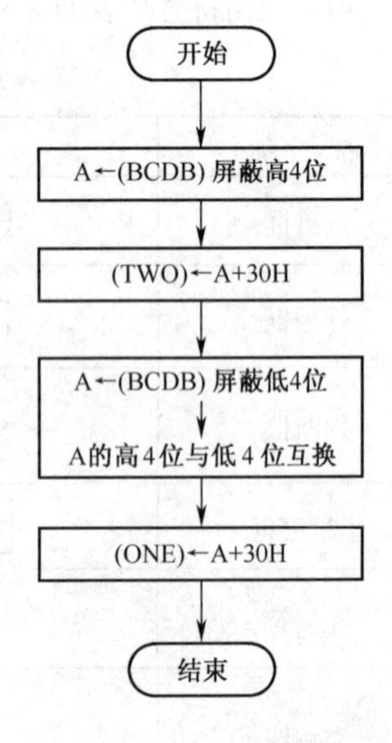

图 4-4　例 4.4 程序流程图

```
        ANL     A，#0FH          ；保留高位 BCD 码
        ADD     A，#30H          ；转换成 ASCII 码
        MOV     ONE，A
        SJMP    $
        BCDB    DATA   40H
        ONE     DATA   41H
        TWO     DATA   42H
        END
```

例 4.5　求函数 y=x！(x=0，1，2，…，7；y 用 4 位 BCD 码表示)。

若按阶乘的运算，则需要进行 x 次乘法，程序设计较复杂。下面采用查表程序的设计思想来解决这个问题。

查表就是根据某个数 x，在数据表中寻找 y，使之满足 y=f(x)。其主要设计思想是，将某一范围内的 x 所对应的 y 值全部计算出来，按顺序组成数据表，存入指定单元，程序根据 x 的值，计算出对应的 y 值所在的存储器地址，再利用查表指令

MOVC　A，@A+DPTR

MOVC　A，@A+PC

将 y 值取出。这种设计思想可以略去复杂的函数计算过程，程序结构简单，具有通用性。但数据表要占用存储空间。

本例的 x 的范围为 0～7，将这 7 个数的阶乘值按顺序存入以 TABLE 开始的存储空间，则 x、y 所在的存储器地址之间的关系如表 4-2 所示。

y 的存储器地址 = 数据表首地址 TABLE+2×x。

表 4-2　y=x！的 ASCII 码数据表

x	y	y 的存储器地址
0	0001	TABLE+0
1	0001	TABLE+2
2	0002	TABLE+4
3	0006	TABLE+6
4	0024	TABLE+8
5	0120	TABLE+10
6	0720	TABLE+12
7	5040	TABLE+14

方法一：采用 MOVC　A，@A+DPTR 查表指令。

程序清单如下：

```
        ORG     1000H
START： MOV     A，X                 ；取 X
        ADD     A，X                 ；X×2
        MOV     R0，A                ；保存偏移量
        MOV     DPTR，#TABLE         ；DPTR←数据表首地址
        MOVC    A，@A+DPTR           ；查表取第一个字节
        MOV     Y1，A                ；存结果
        MOV     A，R0
        INC     A
```

```
        MOVC   A，@A+DPTR          ；查表取第二个字节
        MOV    Y2，A
        SJMP   $
        X      DATA   30H
        Y1     DATA   31H
        Y2     DATA   32H
TABLE：DW     0001，0001，0002      ；定义数据表
        DW     0006，0024，0120
        DW     0720，5040
        END
```

方法二：采用 MOVC A，@A+PC 查表指令。

若用 PC 作基址寄存器，则应在 MOVC 指令之前先用一条加法指令进行地址调整：

ADD A， #data

其中，#data 要根据 MOVC 指令执行后，到数据表首地址之间的距离。设该指令所在地址为 ADDR1，则该指令执行完后，当前 PC 值为 ADDR+2，data=TABLE−(ADDR+2)=0BH，因此，指令应为：

```
ADD     A，#0BH
MOVC    A，@A+PC
```

则(A)+(PC)才是所查 ASCII 码的地址。

程序清单如下：

```
        ORG     1000H
START：MOV     A，X
        ADD     A，X
        MOV     R0，A
        ADD     A，#0BH        ；距离调整
        MOVC    A，@A+PC       ；查表取第一个字节
        MOV     Y1，A
        MOV     A，R0
        ADD     A，#06H        ；距离调整
        MOVC    A，@A+PC       ；查表取第二个字节
        MOV     Y2，A
        SJMP    $
TABLE：DW      0001，0002，0006，0024，0120，0720，5040
        END
```

在实际应用中，查表程序的设计思想被广泛应用于监控程序、函数计算、查询参数等方面。

思考与练习

1. 阅读下列程序，并说明程序的功能，写出涉及的寄存器及片内 RAM 单元的最后结果。

```
(1) MOV    R0，#40H
    MOV    A，@R0
    INC    R0
    ADD    A，@R0
    INC    R0
    MOV    @R0，A
    CLR    A
    ADDC   A，#0
    INC    R0
    MOV    @R0，A
(2) MOV    A，61H
    MOV    B，#02H
    MUL    AB
    ADD    A，62H
    MOV    63H，A
    CLR    A
    ADDC   A，B
    MOV    64H，A
```

2. 编写下列算式的程序。

a. (30H)←(31H)+(32H)−(33H)

b. R3R2R1←R3R2+R5R4

3. 设在 2000H 单元中存放有两位 BCD 码数，试编程序将这个两位 BCD 码分开，分别存放到 2001H 和 2002H 单元的低 4 位。

4. 编写一段程序，将内部 RAM 30H～32H 和 33H～35H 中两个 3 字节的压缩 BCD 码十进制数相加，将结果以非压缩 BCD 码形式存放到外部 RAM 的 1000H～1005H 单元。

5 在 21H、20H 存放两位分离 BCD 码，其中 21H 为高位。试将它们转化为二进制数，并存放到 22H 单元之中。

6. 用查表法将 A 累加器中的内容转换成 ASCⅡ码后存放到 20H121H 单元。

任务三　分支程序设计

任务要求

- 掌握单片机分支程序设计
- 掌握条件转移指令的正确选择

相关知识

实际应用中，程序常常需要按照不同情况进行不同处理，因而在程序设计中需要加入判断，然后根据判断结果执行不同的流向。这种程序结构称为分支程序。

分支程序有 3 种基本形式，如图 4-5 所示。图 4-5(a)表示当条件满足时，执行程序 S 段；条件不满足时，则跳过 S 段。图 4-5(b)表示当条件满足时，执行程序 S1 段，否则，执行程序 S2 段。图 4-5(c)是一种多分支情况，根据 K 值选择相应的分支。

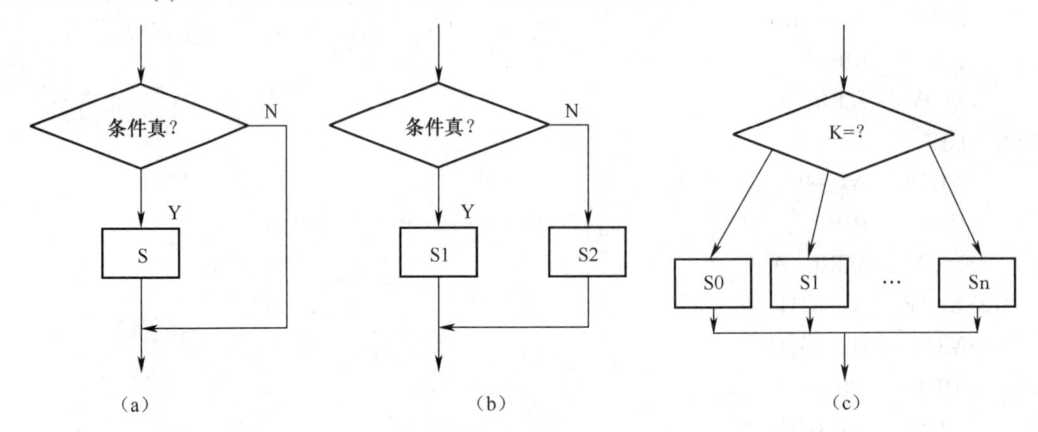

图 4-5　分支程序的 3 种基本形式

例 4.6　设 MH、ML、NH、NL 分别表示两个 16 位无符号数 M、N 的高 8 位和低 8 位。比较它们的大小，将最大值存入 MAX1、MAX2 单元。

比较 16 位无符号数的大小，没有直接的指令完成，可以通过两次 8 位数相减，检测是否有借位，来判断大小。程序流程图如图 4-6 所示。程序清单如下：

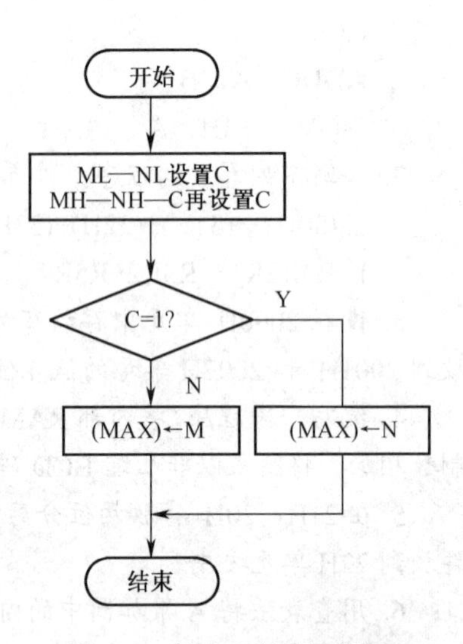

图 4-6　例 4.6 程序流程图

```
        ORG     1000H
START:  CLR     C               ; Cy←0
        MOV     A, ML
        SUBB    A, NL
        MOV     A, MH
        SUBB    A, NH
        JC      NEXT1           ; M<N，转 NEXT1
        MOV     MAX1, MH        ; M≥N，存放 M 值
        MOV     MAX2, ML
        SJMP    NEXT2           ; 无条件跳转到结束
NEXT1:  MOV     MAX1, NH        ; M<N，存放 N 值
        MOV     MAX2, NL
NEXT2:  SJMP    $
        MH      DATA    30H
        ML      DATA    31H
        NH      DATA    32H
        NL      DATA    33H
        MAX1    DATA    40H
```

```
        MAX2   DATA    41H
        END
```

例 4.7　根据 R1 的内容不同，分别转入处理程序 0、处理程序 1、…、处理程序 n 等不同的处理程序。

R1=0，　转 PRG0；

R1=1，　转 PRG1；

⋮

R1=n，　转 PRGn；

这类分支程序称为多路分支程序，按照分支程序的设计思想，程序流程图如图 4-7 所示。这种方法设计的程序重复、冗长，不是最佳的设计思想，但通过散转指令 JMP @A+DPTR 采用散转，可以大大简化程序。

方法一：转移指令表法。将 n 条转移指令，按顺序存放在已知起始地址的存储单元中(见表 4-3)，根据 R1 的内容，计算出对应的转移指令所在的位置，然后散转。

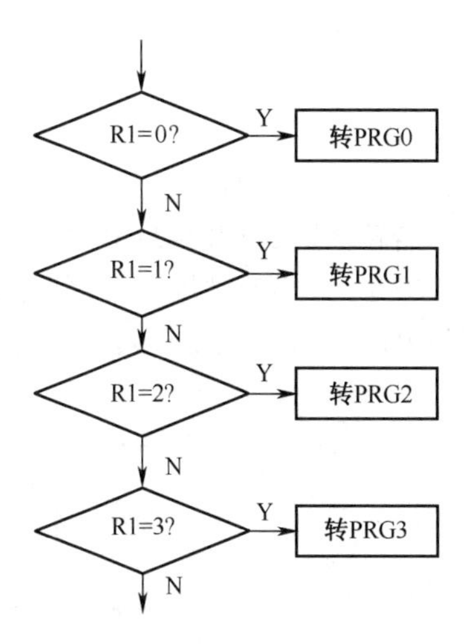

图 4-7　例 4.7 程序流程图

表 4-3　转移指令与 R1 对应关系

R1 的内容	转 移 指 令	转移指令首地址
0	LJMP　PRG0	JPTAB+0
1	LJMP　PRG1	JPTAB+3
2	LJMP　PRG2	JPTAB+6
⋮	⋮	⋮
n	LJMP　PRGn	JPTAB+3n

程序清单：

```
        ORG     2000H
START:  MOV     DPTR，#JPTAB    ；取转移指令表的首地址
        MOV     A，R1
        MOV     B，#03H
        MUL     AB              ；计算 3×R1
        XCH     A，B
        ADD     A，DPH          ；将 3×R1 的高 8 位加入 DPTR
        MOV     DPH，A
        XCH     A，B            ；将 3×R1 的低 8 位送到 A
        JMP     @A+DPTR         ；散转到以(DPTR)+3×R1 为地址的存储单元
JPTAB:  LJMP    PRG0            ；转移指令表
        LJMP    PRG1
        ⋮
```

```
        LJMP    PRGn
PRG0:   ⋮
PRG1:   ⋮
  ⋮
PRGn:   ⋮
        END
```

若转移指令采用 AJMP　PRGn，则转移指令首地址为 JPTAB+2×R1。

方法二：分支地址表法。将分支地址 PGR0、PRG1、…、PRGn 组成一个地址表(见表 4-4)，根据 R1 的内容，计算出对应分支地址在表格中的首地址，取出分支地址，然后散转。

表 4-4　分支地址表与 R1 的对应关系

R1 的内容	分支地址	分支地址的首地址
0	PRG0	JPTAB+0
1	PRG1	JPTAB+2
2	PRG2	JPTAB+4
⋮	⋮	⋮
n	PRGn	JPTAB+2n

程序清单：

```
        ORG     2000H
START:  MOV     DPTR，#JPTAB     ；表的首地址送 DPTR
        MOV     A，R1
        CLR     C
        RLC     A                ；R1×2
        JNC     NEXT             ；R1×2 无进位则转 NEXT
        INC     DPH              ；R1×2 的进位加入 DPH
NEXT:   MOV     R2，A            ；保存偏移量 A
        MOVC    A，@A+DPTR       ；取出分支地址的第一个字节
        XCH     A，R2
        INC     A
        MOVC    A，@A+DPTR       ；取出分支地址的第二个字节
        MOV     DPH，R2
        MOV     DPL，A           ；分支地址送 DPTR
        CLR     A
        JMP     @A+DPTR          ；散转
PRG0:   ⋮
PRG1:   ⋮
  ⋮
PRGn:   ⋮
```

```
JPTAB:  DW      PRG0，PRG1，…，PRGn
```

方法三：地址偏移量表法。此方法适合于分支较少、处理程序较短的情况。设有 3 个处理程序，每个处理程序的起始地址为 PRG0、PRG1、PRG2，建立地址偏移量表(见表 4-5)，其内容为处理程序与表格首地址之间的偏移量(单字节)。根据 R1 的内容，计算出对应地址偏移量在表格中的首地址，取出地址偏移量，计算处理程序首地址，然后散转。

表 4-5　地址偏移量表与 R1 的对应关系

R1 的内容	地址偏移量	地址偏移量的地址	处理程序首地址
0	PRG0−TAB	TAB+0	PRG0
1	PRG1−TAB	TAB+1	PRG1
2	PRG2−TAB	TAB+2	PRG2
⋮	⋮	⋮	⋮
n	PRGn−TAB	TAB+n	PRGn

程序清单：

```
        ORG     2000H
START:  MOV     DPTR，#TAB          ；地址偏移量表首地址送 DPTR
        MOV     A，R1
        MOVC    A，@A+DPTR          ；取地址偏移量
        JMP     @A+DPTR             ；散转
TAB:    DB      PRG0−TAB            ；地址偏移量表
        DB      PRG1−TAB
        DB      PRG2−TAB
PRG0:   ⋮                           ；处理程序 0
PRG1:   ⋮                           ；处理程序 1
PRG2:   ⋮                           ；处理程序 2
        END
```

以上 3 种方法各有特点，实际应用中可根据需要的转移范围、表格所占空间、处理程序的大小来选择编程方法。

思考与练习

1. 设 x、y 为内部数据存储单元的 30H、31H 中的 2 个数，编程实现下列函数关系。

$$y=\begin{cases}x/2, & x<0\\0, & x=0\\4x, & x>0\end{cases}$$

2. 某系统的监控程序中，设有 6 个命令，分别以字母 A、B、C、D、E、F 表示。这 6 个命令对应 6 个不同的处理程序，系统将根据累加器 A 中内容的不同(依次为 00000001、00000010、00000100、00001000、00010000、00100000)，转向不同的处理程序。编程完成上述功能。

3. 利用查表指令计算 a^2，设 a 为小于 10 的正整数。

任务四　循环程序设计

任务要求

- 熟悉循环程序结构
- 掌握单片机循环程序设计

相关知识

在程序设计中，常常要求某一段程序重复执行多次，这时可以采用循环结构程序。循环结构程序可以大大简化程序，但程序的运行时间不会缩短。

例 4.8　将片外 RAM 从 1000H 开始的 10 个单元清零。

如果采用简单程序的设计思想，程序如下：

```
        MOV     DPTR，#1000H
        CLR     A
        MOVX    @DPTR，A            ；第一个单元清零
        INC     DPTR
        MOVX    @DPTR，A            ；第二个单元清零
        INC     DPTR
        ⋮                           ；第十个单元清零
        SJMP    $
```

按照上述程序的设计思想，若对 100 个或 1000 个单元清零，就要重复写 100 次或 1000 次传送指令，这种方法是不可取的。但若用下面的循环结构程序，它能完成同样的功能，却大大简化了程序。

```
        MOV     DPTR，#1000H        ；设置地址指针
        CLR     A
        MOV     R7，#10             ；设置循环计数
LOOP：  MOVX    @DPTR，A            ；循环体
        INC     DPTR                ；修改指针
        DJNZ    R7，LOOP            ；循环判终
        SJMP    $
```

循环程序一般包括如下 3 个部分。

① 循环初始化：即设置循环开始的状态，如地址指针、循环次数、寄存器初始值等。

② 循环体：要求重复执行的程序段部分。

③ 循环控制：控制循环的执行部分，如修改地址指针、修改循环变量、循环判终等。如果这一部分有错误，有可能造成循环错误，甚至是死循环。

循环程序的结构如图 4-8 所示。图 4-8(a)循环结构中是否结束循环体执行判断部分在循环体之后，则循环体至少执行一次；图 4-8(b)循环结构中是否结束循环体执行判断部分在循环体之前，则循环体有可能一次都不执行。

例 4.9　数据块求和。设有 20 个单字节数，存放在片内 RAM 从 30H 开始的单元，求累加和(双字节)，结果存放在 61H、60H 单元。

这是一个循环次数已知的情况，程序流程图如图 4-9 所示，程序清单如下：

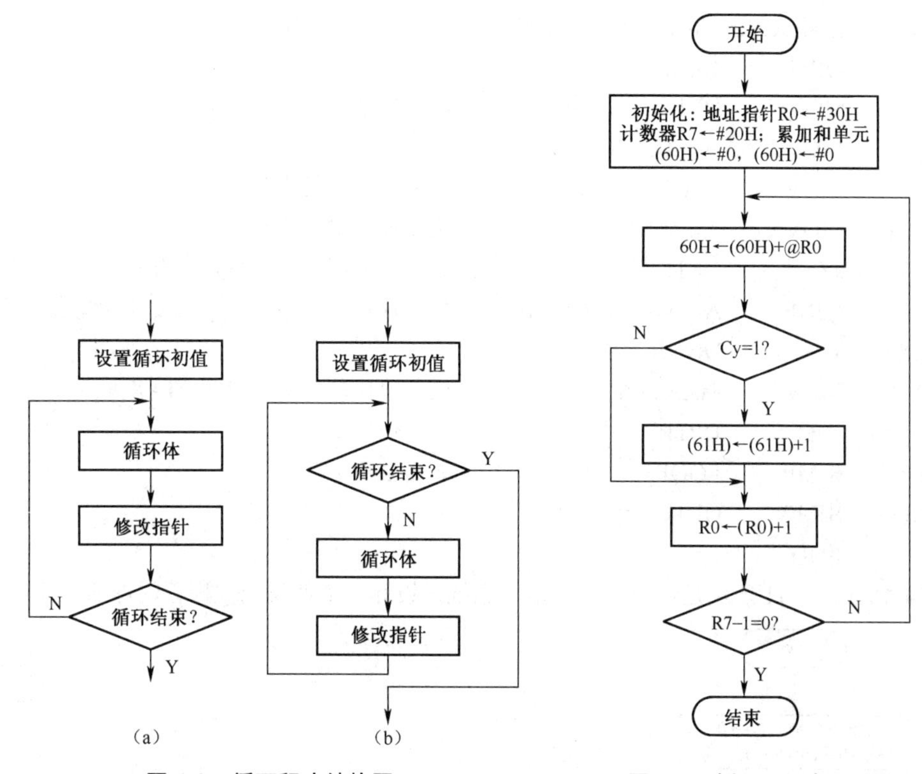

图 4-8　循环程序结构图　　　　　　图 4-9　例 4.9 程序流程图

```
        ORG     2000H
        MOV     A，#00H
START： MOV     R0，#30H      ；设置地址指针初值
        MOV     R7，#20       ；设置循环次数
        MOV     60H，#00H     ；结果单元清零
        MOV     61H，#00H     ；结果单元清零
LOOP：  MOV     A，@R0
        JNC     NEXT          ；无进位，转 NEXT
        INC     61H           ；有进位，高位加 1
NEXT：  INC     R0            ；指向下一个字节
        DJNZ    R7，LOOP      ；20 个数没有累加完，继续循环
        MOV   60H，A
        SJMP    $
        END
```

在循环程序设计中，当有多个数据在存储单元中连续存放时，对数据块的操作，通常采用

寄存器间接寻址的方式来存取数据。

例 4.10　设有一个无符号的数据块，起始地址为片外 RAM 3000H，数据块以 00H 结束，查找这个数据块中的最大值，并将结果存入片内 RAM 的 MAX 单元。

这是一个循环次数未知的情况，程序流程图见图 4-10。程序清单如下：

```
        ORG     1000H
START:  MOV     DPTR，#3000H        ；设置地址指针
        MOVX    A，@DPTR
        MOV     MAX，#00H           ；结果单元送最小值
LOOP:   MOVX    A，@DPTR            ；从片外 RAM 取数
        JZ      QUIT                ；若为结束字节，转程序结尾
        CJNE    A，MAX，NEXT        ；数据块的每个字节与 MAX 单元比较大小
NEXT:   JC      DONE
        MOV     MAX，A              ；取每次比较的最大值送 MAX 单元
DONE:   INC     DPTR                ；修改地址指针
        SJMP    LOOP                ；继续循环
QUIT:   SJMP    QUIT
        END
```

例 4.11　图 4-11 所示是一个单片机最小系统，设计一个使发光二极管闪烁的程序。

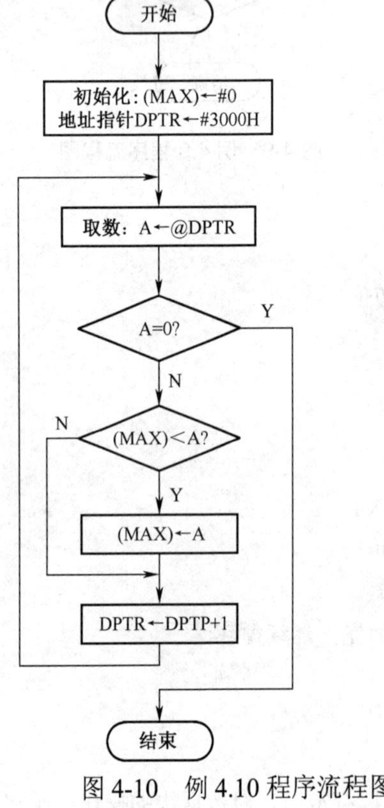

图 4-10　例 4.10 程序流程图

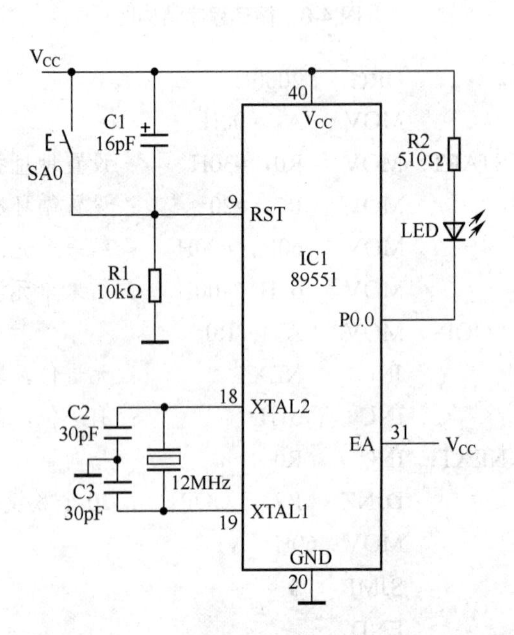

图 4-11　闪光灯电路原理图

程序清单如下：

```
ORG   0000H
L1:   CPL   P0.0           ；P0.0 输出取反
      MOV R6，#00H         ；延时
L2:   MOV R7，#00H
L3:   NOP
      DJNZ R7，L3
      DJNZ R6，L2
      SJMP L1
      END
```

思考与练习

1. 设有 100 个单字节数组成的数组，存放在以 2800H 为起始地址的存储区域中，试编程序，找出它们中的最小数，并存放到 2000H 单元中去。

2. 试编查表程序，从起始地址为 1600H，长度为 128B 的 ASCII 码数表中找出字符 K 所在存储单元并将地址送到 2000H 和 2001H 单元中去。

3. 外部数据 RAM 中有一个数据块，存有若干字符，首地址为 SOURCE。要求将该数据块传送到内部 RAM 以 DIST 开始的区域，直到遇到字符 “$” 时结束(“$” 也要传送，它的 ASCII 码为 24H)。

4. 设有 100 个单字节带符号数，连续存放在以 1000H 为起始地址的存储区域中，试编程统计其中正数(包括零)和负数的个数。

5. 编程使 P0 口控制的 8 个发光二极管循环点亮。

任务五　子程序设计

任务要求

- ¤ 熟悉单片机子程序设计
- ¤ 理解子程序入口条件与出口状态的衔接

相关知识

在实际应用中，经常会遇到在同一个程序里，需要进行一些数值不同而运算方法相同的操作，如代码转换、算术运算、输入输出等。如果每次使用时都从头编写这些类似的程序，不仅程序烦琐，而且浪费存储空间，更难于调试。为此，我们可以将这些常用的运算和操作，编写成独立的程序段，在使用的时候调用这些程序段即可，这样，程序的编写简洁、明了、结构性强。这种独立的程序段称为子程序，调用子程序的程序称为主程序。子程序还可以调用子程序，称为子程序嵌套。

主程序调用子程序，是通过子程序调用指令(LCALL 或 ACALL)来实现的。当主程序执行调用指令时，CPU 便将调用指令的下一条指令首地址(又称断点地址)压入堆栈保存，然后转到

子程序的入口去执行子程序；当执行到子程序的返回指令(RET)时，CPU 将堆栈里的断点地址弹出，送给程序计数器 PC，于是 CPU 返回到主程序的断点处，继续执行主程序。如图 4-12 所示，图 4-12(a)为主程序调用子程序以及子程序返回示意图，图 4-12(b)为子程序嵌套示意图。

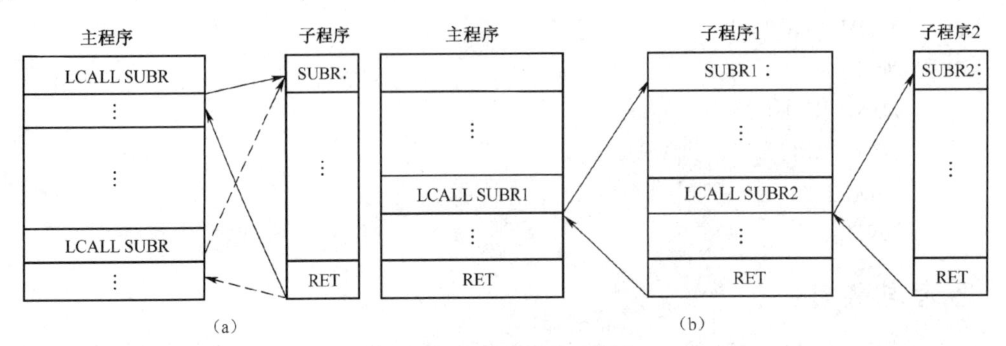

图 4-12　程序调用示意图

编写子程序与编写一般程序方法基本相同，但应注意以下几点。

① 子程序应取名，即子程序的入口应加标号，以便主程序调用时使用。

② 注意保护现场和恢复现场。在某些情况下，子程序中所使用的寄存器和存储单元，与主程序存放中间结果的寄存器和存储单元重复，而这些中间结果不能因子程序的调用而改变，因此，在子程序中首先应将这些寄存器和存储单元的内容保护起来，即保护现场；在子程序返回之前，将这些寄存器和存储单元的内容恢复，即恢复现场，以便主程序能够继续运行。通常使用堆栈操作来保护和恢复现场。为了使子程序的通用性较好，最好将子程序中使用的所有寄存器和存储单元在使用之前(除输入/输出参数的寄存器外)进行现场保护，子程序结束之前恢复原来的数据。

③ 子程序的设计中要考虑参数的传递问题，即要满足入口条件和出口状态。入口条件是指参数输入的约定，主程序调用子程序之前，将参数送入约定的寄存器或存储单元，子程序将约定的寄存器或存储单元作为输入的参数来使用。出口状态是指子程序执行后结果输出的约定，以便子程序返回后，主程序能从约定的寄存器或存储单元中得到结果。

④ 子程序的结尾必须是子程序返回指令 RET。

⑤ 为了子程序的通用性好，在子程序设计时，程序跳转应尽量使用相对转移指令，以便子程序可以存放在存储器的任何位置。

例 4.12　用程序实现 $y=(a+b)^2+c^2$。设(a+b)、c 均小于 10，a、b、c、y 分别存于片内 RAM 的 4 个单元 DTA、DTB、DTC、DTY。

本题需要两次求平方值，所以将平方计算编成子程序，在主程序中两次调用该子程序，分别得到$(a+b)^2$和 c^2，然后相加得到 y。

主程序：

```
        ORG     1000H
MAIN:   MOV     A，DTA
        ADD     A，DTB          ；a+b
        ACALL   SQR             ；(a+b)²
```

```
        MOV     R1，A
        MOV     A，DTC
        ACALL   SQR                 ；c²
        ADD     A，R1               ；(a+b)²+c²
        MOV     DTY，A
        SJMP    $
```

子程序：

功能：求一个数的平方值；

入口条件：将参数传送给累加器 A；

出口状态：将运算结果存放在累加器 A 中。

```
        ORG     1100H
SQR：   INC     A                   ；偏移量调整
        MOVC    A，@A+PC            ；查表取平方值
        RET
TAB：   DB      0，1，4，9，16，25  ；平方值表
        DB      36，49，64，81
DTA     DATA    31H
DTB     DATA    32H
DTC     DATA    33H
DTY     DATA    34H
        END
```

例 4.13　设一个 BCD 码的数据块，存放在片内 RAM 的 BUFF 开始的单元，数据块的长度为 10，求 10 个数的平均值(10 个数的累加和小于 256)，结果以 BCD 码存于 AVER 单元。

BCD 码求平均值，要先将 BCD 码转换为二进制数，相加后，求平均值，最后将二进制数转换为 BCD 码。为了使主程序结构简单，设计将 BCD 码转换成二进制数和将二进制数转换成 BCD 码的两个子程序。程序流程图如图 4-13 所示。

程序清单如下：

主程序：

```
        BUFF    EQU     40H
        AVER    EQU     60H
        ORG     1000H
MAIN：  MOV     R0，#BUFF          ；送数据块首地址
        MOV     R7，#10            ；设置循环计数
        MOV     R1，#00H           ；累加和清零
LOOP：  MOV     A，  @R0
        LCALL   BCDBIN             ；调用 BCD 码转换成二进制数
        ADD     A，R1              ；累加
        MOV     R1，A
```

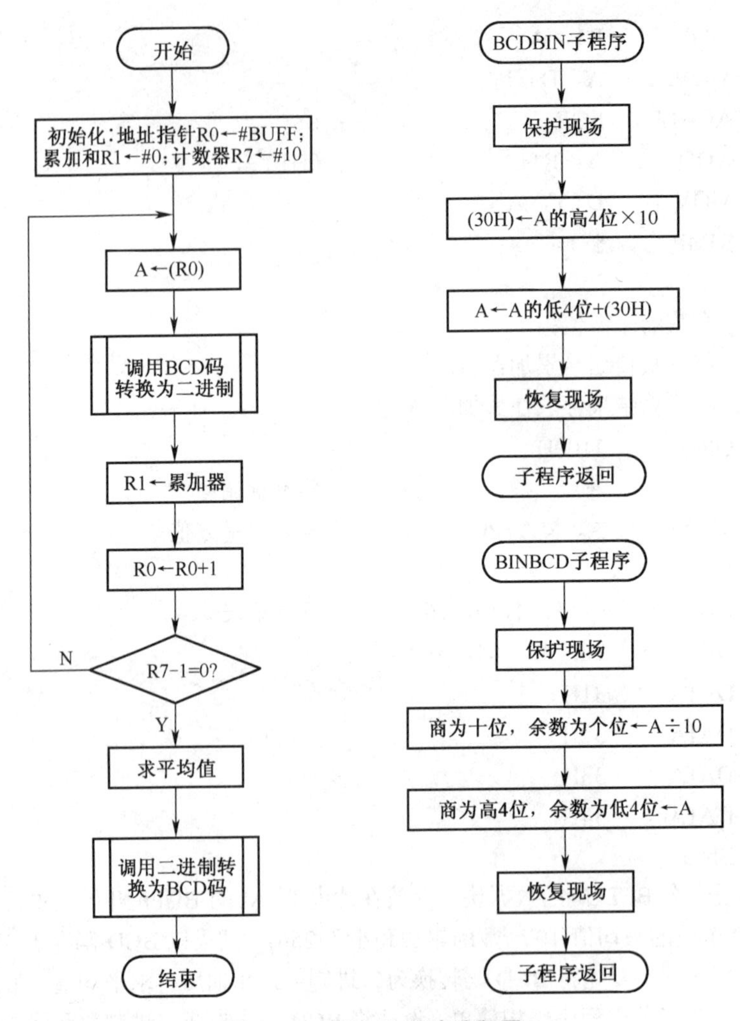

图 4-13　例 4.13 程序流程图

```
        INC     R0
        DJNZ    R7，LOOP
        MOV     A，R1
        MOV     B，#10
        DIV     AB              ；求平均值
        LCALL   BINBCD          ；调用二进制数转换成 BCD 码
        MOV     AVER，A
        SJMP    $
```

BCD 码转换成二进制数子程序：

入口条件：被转换的数送入累加器 A 中；

出口状态：转换的结果存放在累加器 A 中。

```
        ORG     2000H
BCDBIN：PUSH    PSW             ；保护现场
```

```
        PUSH    30H         ;
        PUSH    B           ;
        MOV     30H，A
        SWAP    A
        ANL     A，#0FH
        MOV     B，#10
        MUL     AB          ；高位 BCD 码×10
        XCH     A，30H
        ANL     A，#0FH
        ADD     A，30H      ；A←低位 BCD 码+高位 BCD 码×10
        POP     B           ；恢复现场
        POP     30H         ;
        POP     PSW         ;
        RET
```

二进制数转换成 BCD 码子程序：

入口条件：被转换的数送入累加器 A 中；

出口状态：转换的结果存放在累加器 A 中。

```
        ORG     2100H
BINBCD：PUSH    PSW         ；保护现场
        PUSH    B
        MOV     B，#10
        DIV     AB          ；A←BCD 码的十位数
                            ；B←BCD 码的个位数
        SWAP    A
        ADD     A，B
        POP     B           ；恢复现场
        POP     PSW
        RET
        END
```

思考与练习

1. 编写一个子程序，完成两个无符号数比较大小。入口条件：两个数分别存放在 R5、R6；出口状态：将大的数存入 R6，小的数存入 R5。

2. 编写一个子程序，完成求一个无符号数据块中的最大值和最小值。入口条件：数据块的起始地址存放在 R0，字节长度存放在 LEN 单元；出口状态：最大值存入 MAX 单元，最小值存入 MIN 单元。

3. 控制接在 P0 口上的 8 个发光二极管循环点亮。

4. 控制接在 P0 口的 8 个发光二极管周期性的亮 40 ms，熄灭 20 ms。

任务六　运算子程序设计

任务要求

- 掌握几个典型应用子程序设计的功能
- 理解常用运算程序的设计方法

相关知识

1. 将两字节的二进制数转换成 BCD 码的十进制数

因为$(a_{15}a_{14}\cdots a_1a_0)_2=(\cdots(0\times2+a_{15})\times2+a_{14}\cdots)\times2+a_0$

所以，将二进制数从最高位逐次左移入 BCD 码寄存器的最低位，并且每次都实现$(\cdots)\times2+a_i$的运算，共循环 16 次，由 R7 控制。程序流程图如图 4-14 所示。

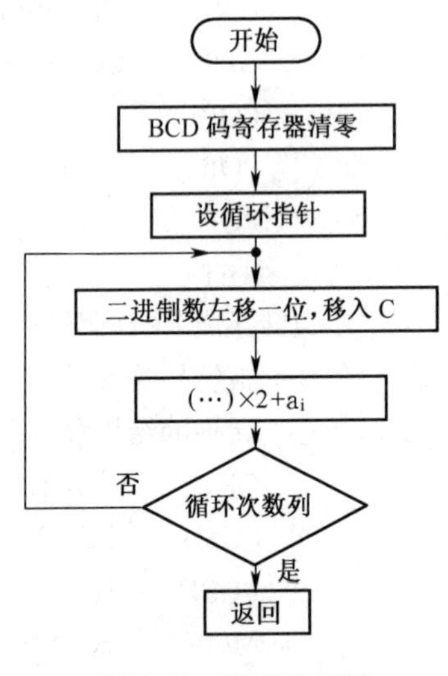

图 4-14　程序流程图

① 入口条件：R3R2(存放 16 位无符号二进制整数)。

② 出口状态：R6(万位)、R5(千位、百位)、R4(十位、个位)存放 5 位 BCD 码。

程序清单：

```
B16BCD: CLR   A          ; BCD 码寄存器清零
        MOV   R4，A
        MOV   R5，A
        MOV   R6，A
        MOV   R7，#10H   ; 设循环指针
LP0:    CLR   C          ; 左移一位，移入 C
        MOV   A，R2
        RLC   A
        MOV   R2，A
        MOV   A，R3
        RLC   A
        MOV   R3，A
        MOV   A，R4      ; 实现(···)×2+ai 运算
        ADDC  A，R4
        DA    A
        MOV   R4，A
        MOV   A，R5
        ADDC  A，R5
        DA    A
        MOV   R5，A
        MOV   A，R6
```

```
        ADDC    A，R6
        DA      A
        MOV     R6，A
        DJNZ    R7，LP0
        RET
```

2. 16 位无符号二进制数乘法运算

例 4.14　设 R5R4 为被乘数，R3R2 为乘数，编程实现 R5R4×R3R2→R0 指出的 4 个单元(低字节在前)。

如图 4-15 所示，完成 4 次单字节乘法运算，然后累加到结果单元。由于要进行 4 次累加，所以将累加编成一个子程序。

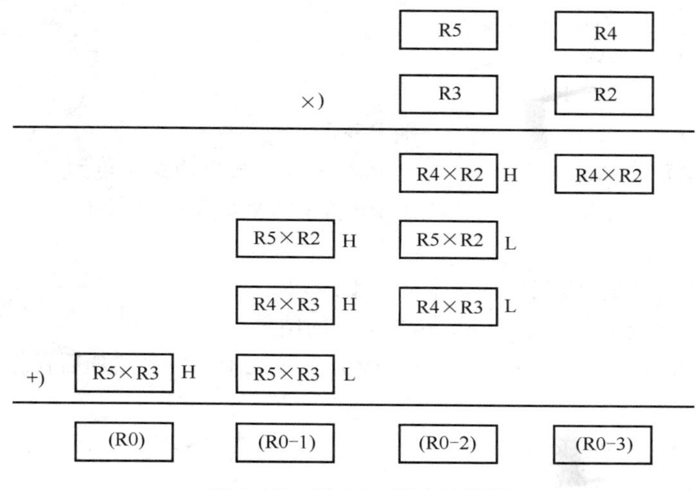

图 4-15　例 4.14 程序流程图

程序清单如下：

```
BMUL:   MOV     R7，#04H
CLEAR:  MOV     @R0，#00H       ；将 R0 指出的 4 个结果单元清零
        INC     R0
        DJNZ    R7，CLEAR
        DEC     R0              ；R0 指向结果单元的低位字节
        DEC     R0
        DEC     R0
        DEC     R0
        MOV     A，R4
        MOV     B，R2
        MUL     AB              ；R4×R2
        ACALL   ADDM            ；乘积累加到相应的结果单元
        DEC     R0
```

```
        MOV     A，R5
        MOV     B，R2
        MUL     AB              ；R5×R2
        ACALL   ADDM            ；乘积累加到相应的结果单元
        DEC     R0
        DEC     R0
        MOV     A，R4
        MOV     B，R3
        MUL     AB              ；R4×R3
        ACALL   ADDM            ；乘积累加到相应的结果单元
        DEC     R0
        MOV     A，R5
        MOV     B，R3
        MUL     AB              ；R5×R3
        ACALL   ADDM            ；乘积累加到相应的结果单元
        DEC     R0              ；R0 指向结果单元的最高位
        RET
```

将 A×B 的结果累加到 R0 指出的 3 个单元中：

入口条件：A、B 寄存器存放的 A、B 相乘后的结果；

出口状态：将 A、B 的值与(R0)、(R0)+1、(R0)+2 单元中的内容累加后存放在(R0)、(R0)+1、(R0)+2 单元中。

```
ADDM:   ADD     A，@R0
        MOV     @R0，A
        MOV     A，B
        INC     R0
        ADDC    A，@R0
        MOV     @R0，A
        INC     R0
        MOV     A，@R0
        ADDC    A，#00H
        MOV     @R0，A
        RET
```

3. 16 位无符号二进制数除法运算

例 4.15　编程实现 R7R6÷R5R4→R7R6(商)……R3R2(余数)。

MCS-51 指令系统虽然有单字节除法指令，但它不能扩展为双字节除法。要完成多字节除法运算，通常要参照手算除法的步骤，采用“移位相减”的方法。其运算步骤如下：

① 初始状态：余数单元为 0；

② 将余数、被除数寄存器作为整体(即 R3R2R7R6)左移一位；

③ 判断部分余数(R3R2)是否够减除数，若够减，则相减，结果存于余数单元(R3R2)，并商上 1；若不够减，则不相减，商上 0。为节约空间，商存于被除数(R7R6)的末位。

④ 重复②、③两步，直到被除数全部移到余数单元，即被除数的位数决定循环的次数。

程序流程图如图 4-16 所示。

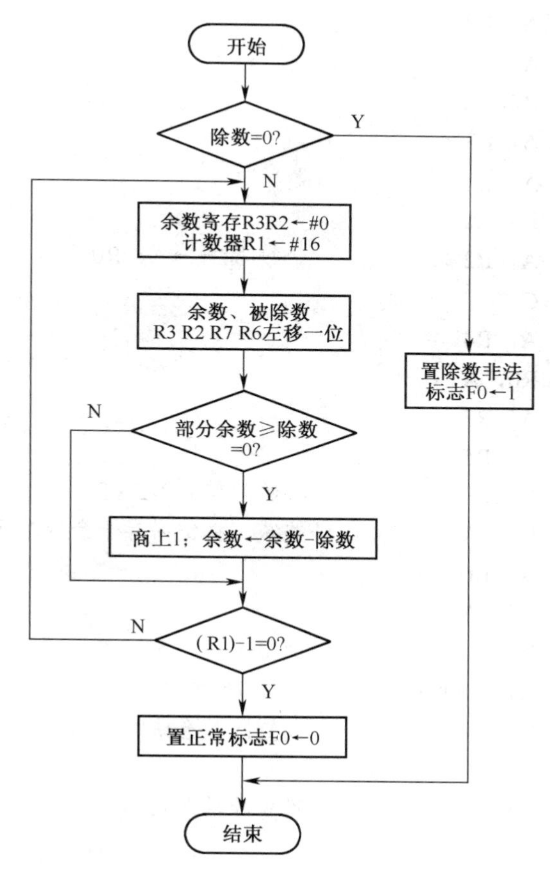

图 4-16　例 4.15 程序流程图

程序清单如下：

```
DIV16:  MOV   A，R4
        JNZ   UNOV
        MOV   A，R5
        JZ    OVER          ；余数为 0，转到 OVER
UNOV:   MOV   R2，#00H      ；余数单元清零
        MOV   R3，#00H
        MOV   R1，#16H      ；设置循环次数
LOOP:   CLR   C             ；R3R2R7R6 左移一位
        MOV   A，R6
        RLC   A
```

```
        MOV     R6, A
        MOV     A, R7
        RLC     A
        MOV     R7, A
        MOV     A, R2
        RLC     A
        MOV     R2, A
        MOV     A, R3
        RLC     A
        MOV     R3, A
        MOV     A, R2           ; 余数-除数→A、R0
        CLR     C
        SUBB    A, R4
        MOV     R0, A
        MOV     A, R3
        SUBB    A, R5
        JC      NEXT            ; 不够减转到NEXT
        MOV     R3, A           ; 够减，将结果存于余数单元
        MOV     A, R0
        MOV     R2, A
        INC     R6              ; 商上1
NEXT:   DJNZ    R1, LOOP        ; 循环16次
        CLR     F0              ; 设置除数合法标志
        RET
OVER:   SETB    F0              ; 设置除数非法标志
        RET
```

思考与练习

1. 试编写以下乘法程序：
(R5)(R6)(R7)←(R2R3)×(R4)
2. 编写一个子程序，完成@R0←R7R6R5×R4R3(5个连续单元)。

项目小结

本章介绍了汇编语言程序的设计的方法。通过学习本章内容，应该掌握80C51汇编程序设计的基本思路与方法，掌握几种程序设计结构，掌握子程序的功能与调用规则。本章的难点是循环程序设计。程序设计方法与技巧，灵活性较大，需要读者多练，达到熟练使用本章知识去解决实际问题的目的。

项目测试

一、填空题

1. 将内部数据存储器 53H 单元的内容传送至累加器，其指令是______。

2. 跳转指令 SJMP 的转移范围为______。

3. 假定指令 SJMP next 所在地址为 0100H，标号 next 代表的地址为 0123H(即跳转的目标地址为 0123H)，那么该指令的相对偏移量为______。

4. DA 指令是______指令，它只能紧跟在______指令后使用。

5. 常在进入子程序后要用______指令保护现场等。在退出子程序之前要用 POP 指令依次恢复现场，用______指令返回。

6. 当单片机复位时 PSW=______，SP=______，P0~P3 口均为______电平。

7. MCS-51 指令：MOV　A,@R0；表示将 R0 指示的______内容传送至 A 中。

8. MCS-51 指令：MOVX　A,@DPTR；表示将 DPTR 指示的地址单元中的______传送至 A 中。

9. 已知：A=1FH，(30H)=83H，执行 ANL　A，30H 后，结果：A=______，(30H)=______。

10. MCS-51 指令系统中，执行指令

```
ORG   2000H
TAB：DB   A，B，C，D
```

表示将 A、B、C、D 的 ASCII 码值依次存入______开始的连续单元中。

11. 单片机内部数据传送指令______用于单片机内部 RAM 单元及寄存器之间，单片机与外部数据传送指令______用于单片机内部与外部 RAM 或 I/O 接口之间，______指令用于单片机内部与外部 ROM 之间的查表。

12. 若 SP=60H，PC=2345H，标号 LABEL 所在的地址为 3456H，问执行长调用指令 LCALL LABEL 后，堆栈指针 SP=______？CP=______？

13. 若已知(30H)=08H，下列程序执行：

```
MOV     R1，#30H
MOV     A，@R1
RL      A
MOV     R1，A
RL      A
RL      A
ADD     A，R1
```

结果：(A)=______。

14. 下列程序执行后，按要求回答问题。

```
ORG     2000H
MOV     A，#00H
MOV     B，#01H
MOV     SP，#10H
PUSH    ACC
```

```
PUSH   B
RET
```

结果：(SP)=______，(PC)=______。

15. 运行前：CY=0，AC=0，OV=0，P=0。

```
MOV    A，#77H
MOV    B，#34H
ADD    A，B
DA     A
```

结果：(A)=______，CY=______。

二、选择题

1. 设物理地址(2100H)=20H，(2101H)=30H，(2102H)=40H。如从地址 2101H 中取出一个字的内容是______。

A. 2030H　　B. 3040H　　C. 3020H　　D. 4030H

2. 汇编语言源程序，______。

A. 可以直接由机器执行

B. 必须由编译程序生成目标程序才能执行

C. 必须由解释程序生成目标程序才能执行

D. 必须由汇编程序汇编成目标程序才能执行

3. 设(A)=9AH，(B)=87H

```
PUSH   ACC
PUSH   B
POP    ACC
POP    B
```

上述 4 条指令执行后，A、B 中内容分别是______。

A. (A)=9AH　(B)=87H　　B. (A)=A9H　(B)=78H

C. (A)=87H　(B)=9AH　　D. (A)=78H　(B)=A9H

4. 为在一连续的存储单元中，依次存放数据 41H，42H，43H，44H，45H，46H，可选用的数据定义指令是______。

A. DB 41，42，43，44，45，46　　B. DW 'BA'，'DC'，'FE'

C. DW 'AB'，'CD'，'EF'　　D. DW 4142H，4344H，4546H

5. 下面程序段用于测试 DA-BYTE 字节单元中的数是否为负数，若是则将全 1 送 DPH 中，否则全 0 送 DPH 中，那么程序段中方框里应填的指令是______。

```
MOV   DPL，   #0
MOV   A，     DA-BYTE
ADD   A，     #80H
[              ]
MOV   DPL，   #0FFH
ZERO：MOV   DPH，DPL
```

A. JNZ　ZERO　　B. JC　ZERO　　C. JZ　ZERO　　D. JNC　ZERO

6. 执行如下三条指令后，30H 单元的内容是______。

```
MOV R1，#30H
MOV 40H，#0EH
MOV@R1，40H
```

A. 40H　　B. 0EH　　C. 30H　　D. FFH

7. MCS-51 指令系统中，执行下列程序后，堆栈指针 SP 的内容为______。

```
MOV    SP，#30H
MOV    A，20H
LCALL  1000
MOV    20H，A
SJMP   $
```

A. 00H　　B. 30H　　C. 32H　　D. 07H

三、简答题

1. 给出三种交换内部 RAM20H 单元和 30H 单元的内容的操作方法。

2. 编写计算 257A126BH+890FEA72H 的程序段，并将结果存入内部 RAM40H~43H 单元(40H 存低位)。

3. 利用循环实现软件延时 10 ms 的子程序。

四、编程题

1. 试编写程序，将内部 RAW 中 45H 单元的高 4 位清“0”，低 4 位置“1”。

2. 编写程序求下列函数：

$$y=\begin{cases} x+1, & x>20 \\ 0, & 10\leqslant x\leqslant 20 \\ -1, & x<10 \end{cases}$$

3. 试编写程序，查找在内部 RAW 的 30H~50H 单元中是否有 0AAH 这一数据。若有，则将 51H 单元置为“01H”；若未找到，则将 51H 单元置为“00H”。

4. 编程使 P1.0~P1.7 口所接的发光二极管从第 1 个被点亮，然后第 2 个被点亮，依此类推，之后 8 个发光二极管全亮，点亮时间间隔为 100 ms，不断重复该过程。

5. 用编程实现 $c=a^2+b^2$ 的值。设 a=3，存放于 RAM 的 30H 单元；b=4，存放于 31H 单元；c 结果存放于 32H 单元。主程序可通过调用子程序 LOOP，用查表方式分别求得 a^2 和 b^2 的值，然后进行相加得到最后的 c 值。

6. 单字节二进制数转换为三位 BCD 码的子程序。设 8 位二进制数已在 A 中，且 A=123，转换后的百位数存入 RAM 的 20H 单元，十位数存入 21H 单元，个位数存入 22H 单元。

项目5

中断系统

知识目标

1. 正确理解中断的概念；
2. 掌握单片机系统的中断结构组织形式；
3. 掌握中断的处理过程；
4. 掌握外部中断的使用。

能力目标

1. 熟练掌握5种不同的输入/输出方式的运用；
2. 熟悉单片机中断系统结构及中断控制；
3. 理解中断处理过程；
4. 掌握外部中断源的应用与扩展。

任务一　输入/输出方式及中断的概念

任务要求

¤ 了解单片机输入/输出的3种方式

¤ 理解中断的概念

相关知识

单片机系统中，CPU经常需要与外部设备交换信息，CPU与外部设备(简称外设)交换信息的方式主要有无条件传送方式、查询传送方式和中断传送方式。

1. 无条件传送方式

无条件传送方式又称同步方式，在此方式下，CPU 与外设之间传送数据时，不考虑外设状态。CPU从外设输入数据时，总认为外设数据已经“准备好”；CPU输出数据时，总认为外设数据接收端口为“空”。程序设计时，只需在程序中加入访问外设的指令，就可实现CPU与外设之间的数据传送，如图 5-1 所示。

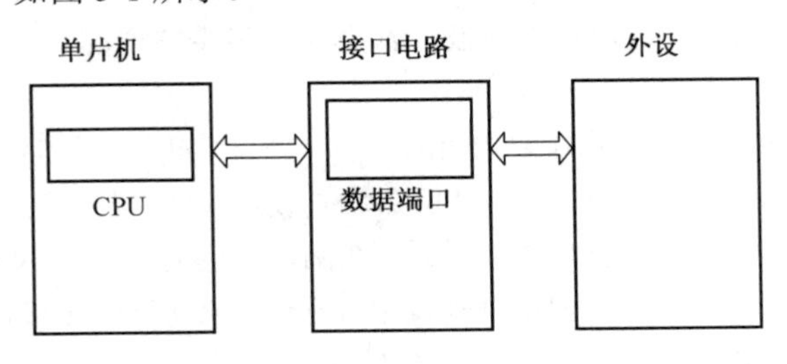

图 5-1　无条件传送方式

例如，从 P0 口输入数据时：

```
MOV   P0，#0FFH
MOV   A，P0
```

从 P0 口输出数据时：

```
MOV   P0，A
```

此种方式进行数据传输简单，但由于传送数据时，CPU 不了解外设状态，是一种盲目行为，传送数据容易出错，而且效率也不高。无条件传送方式适用于对系统可靠性要求不高，数据传送少的情况。

2. 查询传送方式

查询传送方式又称条件传送方式。数据输入时，CPU 首先要查询外部设备状态，看外设是否将要输入的数据“准备好”，只有当数据准备好时才输入数据，否则，CPU 处于查询等待状态；数据输出时，CPU 则要知道外设是否已把上一次 CPU 输出的数据处理完毕，只有确信外设已处于“空”状态时，CPU 才输出数据，否则，CPU 处于查询等待状态。由外设提供的状态信息位一般只需要 1 位二进制码，查询方式的过程如图 5-2 所示。在这种传送方式中，不论是输入还是输出，CPU 都是为主动的一方，保证了数据传送的正确性。

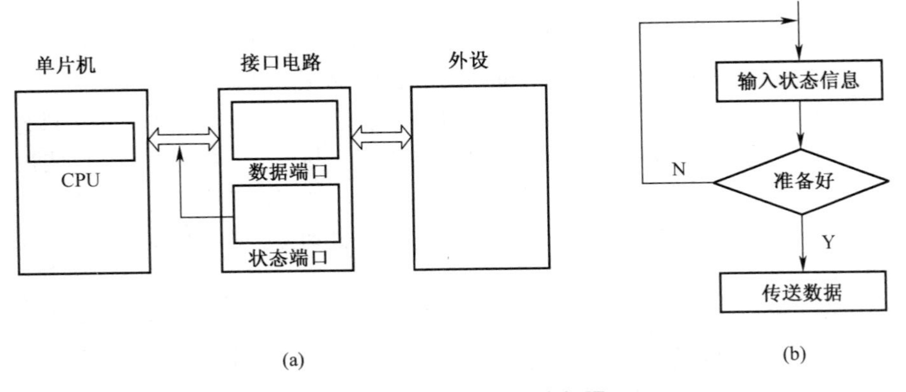

图 5-2　查询传送方式流程图

采用查询传送方式时，数据传送可靠，通用性好，可以用于各类外部设备和 CPU 间的数据传送。但是查询方式需要有一个查询等待过程，特别是在连续进行数据传送时，由于外设工作速度比 CPU 慢得多，因此，CPU 在完成一次数据传送后，要等待很长的时间，才能进行下一次的传送，在等待过程中，CPU 不能进行其他的操作，所以 CPU 效率比较低。查询传送方式适用于数据传送正确率高，传送速率较低，数据传送量少的情况。

3. 中断传送方式

为了解决快速的 CPU 与慢速的外设之间的矛盾，提高 CPU 的工作效率，在单片机系统中广泛采用中断传送方式。中断传送方式是在 CPU 启动外设后，外设与 CPU 并行独立工作，只有当外设需要 CPU 服务时，由外设向 CPU 提出请求，在满足一定的条件下，CPU 暂停当前的工作(即现在执行的程序)，转去为外设服务(即执行外设服务程序)，实现外部数据传送，外设服务处理完后，再回到原来被中断的地方继续原来的工作(继续执行原来的程序)，如图 5-3 所示。

单片机系统为实现中断功能而配置的软件与硬件称为中断系统。产生中断请求的地方叫中断源。中断源向 CPU 发出的处理要求称为中断请求(或中断申请)，CPU 当前的工作程序叫主程序，主程序被中断的地方称为断点。中断后 CPU 暂时停止当前的工作，转去处理外部事件称为中断服务，相应的程序叫中断服务子程序。事件处理完毕后，再回到主程序中原来被中断的地方继续往下执行，称为中断返回。

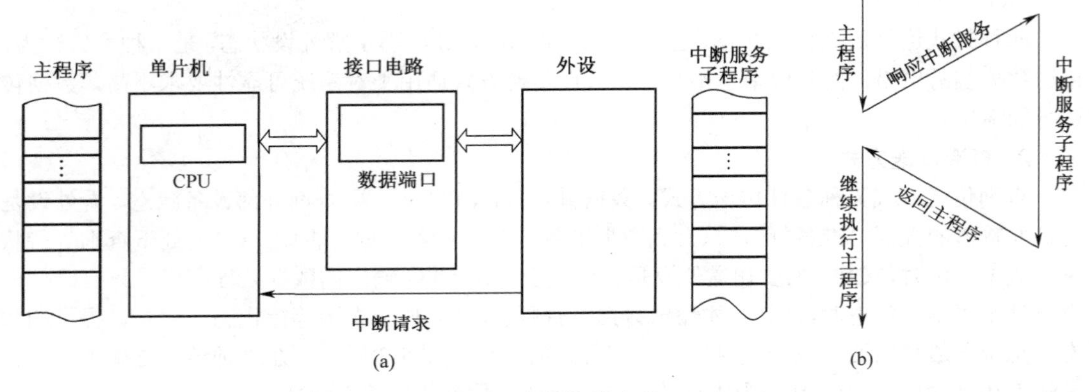

图 5-3　中断传送方式

查询方式传送数据中，由于是 CPU 主动要求传送数据，而它又不能控制外设的工作速度，因此只能用等待的方式来解决速度不匹配的问题，CPU 利用率低。中断方式则是外设主动提出数据传送的要求，CPU 在收到这个请求以前，执行主程序，只有在收到外设希望进行数据传送的请求后，才中断主程序的执行，去执行中断服务程序来与外设交换数据，由于 CPU 速度快，交换数据所花时间很短，对于主程序来讲，虽然中断了一瞬间，但由于时间很短，对主程序的运行也不会有什么影响。中断传送方式有效地克服了在查询方式中花费大量等待时间的缺点，提高了 CPU 的效率。

除此之外，中断方式的另一个应用领域是实时控制，即把从现场采集到的数据通过中断方式及时传送给 CPU，CPU 经过处理后，就可立即作出响应，实现实时控制，而采用查询方式就很难做到及时采集和实时控制。

由于外设中断 CPU 执行主程序是随机的，CPU 转去执行中断服务程序时，除了硬件会自动把断点地址压入堆栈外，用户还得注意保护有关工作寄存器、累加器、标志位等信息(即保护现场)，以便在完成中断服务程序后，恢复原来工作寄存器、累加器、标志位的内容(即恢复现场)，执行中断返回指令时会自动弹出断点地址到 PC，返回主程序，继续执行被中断的程序。

4. 中断的功能

采用中断技术能实现以下功能。

① 分时操作。中断系统的存在可以使 CPU 与外设并行工作。即 CPU 在启动外设后，便继续执行主程序；而外设启动后，按照预定的要求工作，当外设需要 CPU 对其进行处理时，就向 CPU 发出中断请求，CPU 在条件允许的情况下，响应该中断请求，为其服务完毕后，返回到原来的断点处继续原来的工作，从而大大提高了 CPU 的效率。

② 实时处理。当单片机用于实时控制时，请求 CPU 提供服务是随机发生的，有了中断系统，CPU 就可以立即响应并加以处理。

③ 故障处理。单片机工作时往往会出现一些故障，如电源断电、存储器出错、运算溢出等。有了中断系统，当出现上述情况时，CPU 可及时执行故障处理程序，自行处理故障而不必停机。

思考与练习

1. 什么是中断?
2. 单片机与外部设备之间有几种交换信息的方法?
3. 中断方式与查询方式相比较有哪些优点?
4. 采用查询方式，根据 P2.0 的状态将 P0 口的输入转到 P1 口输出。
5. 采用中断方式，使 P0 口输出控制 8 个发光二极管在正常情况下循环显示，有中断请求信号时，全部显示。

任务二　中断系统结构及中断控制

任务要求

¤ 掌握单片机内部中断系统结构
¤ 掌握中断控制初始化方法
¤ 理解中断源优先排队与中断嵌套

相关知识

1. 8051 中断系统结构

8051 中断系统的结构如图 5-4 所示。

从图 5-4 中可见，8051 单片机中断系统有 5 个中断源，由 4 个中断控制寄存器 IE、IP、TCON 和 SCON(仅用 2 位)来控制中断的类型、中断的开、关和各中断源的优先级别。

2. 8051 中断源

在 8051 中断系统中，设置有 5 个中断源：

① $\overline{\text{INT0}}$——外部中断 0 请求；

② $\overline{\text{INT1}}$——外部中断 1 请求；

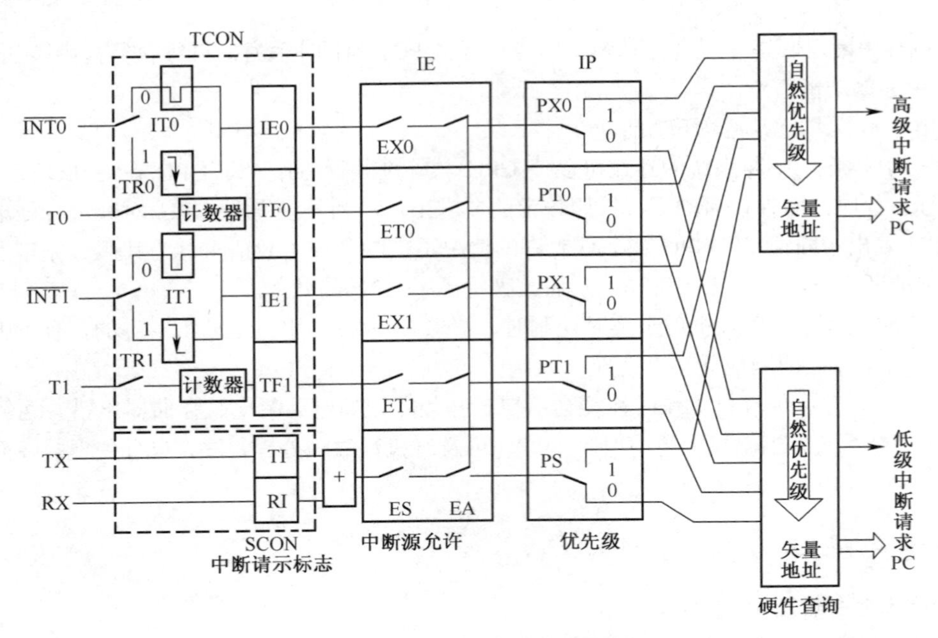

图 5-4　8051 中断系统结构

③ T0——定时/计数器 0 溢出中断请求；

④ T1——定时/计数器 1 溢出中断请求；

⑤ TX/RX——串行口中断请求。

每个中断源对应一个中断请求标志位，它们设置在特殊功能寄存器 TCON 和 SCON 中。当这些中断源请求中断时，中断请求标志则分别由 TCON 和 SCON 中的相应位来锁存。

3. 中断控制

8051 中断系统有 4 个特殊功能寄存器用于中断控制：

① TCON——定时/计数控制寄存器；

② SCON——串行口控制寄存器；

③ IE——中断允许控制寄存器；

④ IP——中断优先控制寄存器。

通过对以上特殊功能寄存器中的位置位或复位操作，可实现对中断系统的控制功能。

(1) 定时/计数控制寄存器 TCON

TCON 存放 T0 和 T1 的定时/计数启动/停止位、溢出中断请求标志位、外部中断 0 和外部中断 1 的中断请求信号类型约定选择位和中断请求标志位，如图 5-5 所示。

① TR1——定时/计数器 T1 启动/停止位。TR1=0 时，停止定时/计数；TR1=1 时，开始定时/计数。

TF1——定时/计数器 T1 的溢出中断请求标志位。当 T1 计数启动后，T1 开始计数，计数器计满后，产生溢出，由硬件使 TF1 置 1，向 CPU 发出中断请求，当 CPU 响应中断请求时，由内部硬件使 TF1 清零。

② TR0、TF0——定时/计数器 T0 的启动/停止位与溢出中断请求标志位。其含义与 TR1、TF1 相同。

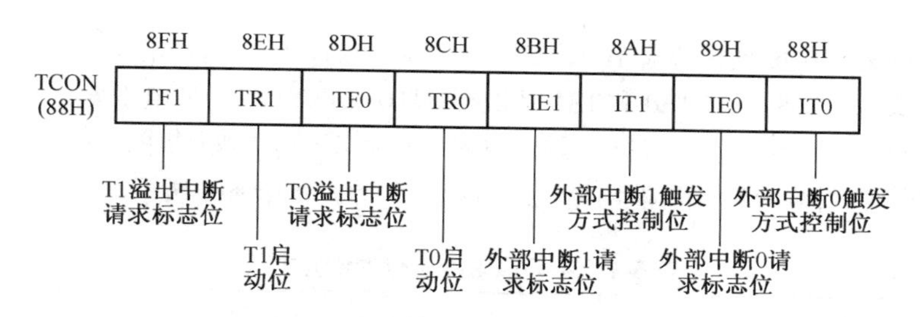

图 5-5　TCON 中断标志示意图

③ IT1——外部中断 1 的中断触发控制位。

IE1——外部中断 1 的中断请求标志。

IT1=0 时，外部中断 1 为电平触发方式，CPU 在每一个机器周期 S5P2 期间采样外部中断请求 1 引脚的输入电平。若外部中断 1 请求信号为低电平，则使 IE1 置 1；若外部中断 1 请求为高电平，则使 IE 清零。外部中断在电平触发方式下，中断标志 IE1 是根据 INT1 的引脚电平变化而变化的，CPU 无法直接干预，中断响应后，需引脚外加硬件电路自动撤销外部中断请求。

IT1=1 时，外部中断 1 为边沿触发方式，CPU 在每一个机器周期 S5P2 期间采样外部中断请求 1 引脚的输入电平。若在相继的两个机器周期采样过程中，一个机器周期采样到外部中断 1 请求为高电平，接着的下一个机器周期采样到外部中断 1 请求为低电平，则使 IE1 置 1，否则使 IE 清零。当 CPU 检测到外部中断引脚 1 上存在有效的中断请求信号时，由硬件使 IE1 置 1，CPU 响应该中断请求时，由内部硬件使 IE1 清零。

④ IT0、IE0——外部中断 0 的中断触发方式控制位和外部中断 0 的中断请求标志。其含义与 IT1、IE1 相同。

(2) 串行口控制寄存器 SCON

SCON 低 2 位锁存串行口的接收中断和发送中断请求标志 RI 和 TI。SCON 中 TI 和 RI 的格式如图 5-6 所示。

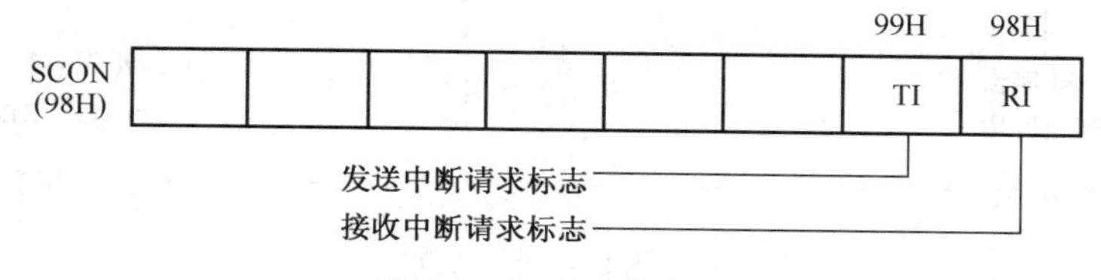

图 5-6　SCON 格式

各控制位的含义如下：

① TI——串行口发送中断请求标志。

CPU 将一个数据写入发送缓冲器 SBUF 时，就启动发送。每发送完一帧串行数据后，硬件置 TI。但 CPU 响应中断时，并不清除 TI 标志，必须在中断服务程序中由指令对 TI 清零。

② RI——串行口接收中断请求标志。

在串行口允许接收时，串口接收缓冲器每接收完一个串行帧数据后，硬件置位 RI，同样，CPU 响应中断时，不会清除 RI，也必须在中断服务程序中由指令对其清零。

对于不同的中断源，CPU 处理中断请求标志的方法不同。定时器溢出标志 TF0、TF1 和边沿触发方式下的外部中断请求标志 IE0、IE1，中断响应后，硬件自动清除中断标志；外部中断在电平触发方式下，中断标志 IE0 和 IE1 是根据 $\overline{INT0}$、$\overline{INT1}$ 的引脚电平变化而变化，CPU 无法直接干预，中断响应后，需引脚外加硬件电路自动撤销外部中断请求；串行口接收和发送中断标志 RI、TI，中断响应后，只能由用户通过指令清除，如表 5-1 所示。

表 5-1　中断请求标志位的清除方式

<table>
<tr><th colspan="2">中断请求标志</th><th colspan="2">中断响应方式</th><th>软件查询方式</th></tr>
<tr><td>定时/计数器
溢出中断请求标志</td><td>TF1
TF0</td><td colspan="2">响应中断请求时，由中断控制系统硬件自动清零</td><td>用指令清零</td></tr>
<tr><td>串行口通信
中断请求标志</td><td>TI/RI</td><td colspan="2">用指令清零</td><td>用指令清零</td></tr>
<tr><td rowspan="2">外部中断
请求标志</td><td rowspan="2">IE1
IE0</td><td>电平触发方式</td><td>边沿触发方式</td><td rowspan="2">无</td></tr>
<tr><td>由引脚外加硬件电路撤销外部中断请求</td><td>响应中断请求时，由中断控制系统硬件自动清零</td></tr>
</table>

(3) 中断允许控制寄存器 IE

8051 对中断源的开放或屏蔽由中断允许控制寄存器 IE 控制。IE 的格式如图 5-7 所示。

中断允许控制寄存器 IE 对中断的开放和关闭实现两级控制。两级控制中有一个总的中断允许开关控制位 EA，当 EA=0 时，屏蔽所有中断申请，即任何中断申请 CPU 都不接受；当 EA=1 时，CPU 开放中断，但 5 个中断源是否开放，还要由 IE 的低 5 位中各对应控制位的状态决定。IE 中各位的含义如下。

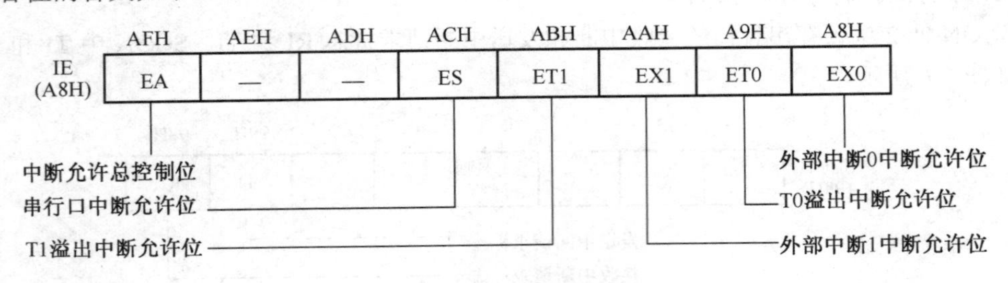

图 5-7　IE 格式

① EA——中断允许总控制位，EA=0 时，屏蔽所有中断申请；EA=1 时，CPU 开放所有中断，对各中断源的中断请求是否允许，还要取决于各中断源的中断允许控制位的状态。

② ES——串行口中断允许位。

③ ET1——定时/计数器 T1 的溢出中断允许位。

④ EX1——外部中断 1 中断允许位。

⑤ ET0——定时/计数器 T0 的溢出中断允许位。

⑥ EX0——外部中断 0 中断允许位。

对应位为“1”，则允许中断；对应位为“0”，则禁止中断。

例 5.1　设置在中断系统中只允许定时/计数器中断，禁止其他中断时的 IE 寄存器的值。

中断允许控制寄存器对应位设置如下：

	D_7	D_6	D_5	D_4	D_3	D_2	D_1	D_0
IE	1	0	0	0	1	0	1	0

转换成十六进制数为 8AH。

方法 1：用字节操作指令

```
MOV   IE，#8AH
```

方法 2：用位操作指令

```
SETB   ET0        ；定时/计数器 0 允许中断
SETB   ET1        ；定时/计数器 1 允许中断
SETB   EA         ；CPU 开中断
```

(4) 中断优先级控制寄存器 IP

8051 设有两个中断优先级，即高优先级中断和低优先级中断。每个中断源均可通过编程设置 IP 中的相应位来确定是高优先级中断还是低优先级中断，中断优先级控制寄存器 IP 的格式和各位的含义如图 5-8 所示。

① PS——串行口中断优先级控制位。

② PT1——定时/计数器 T1 中断优先级控制位。

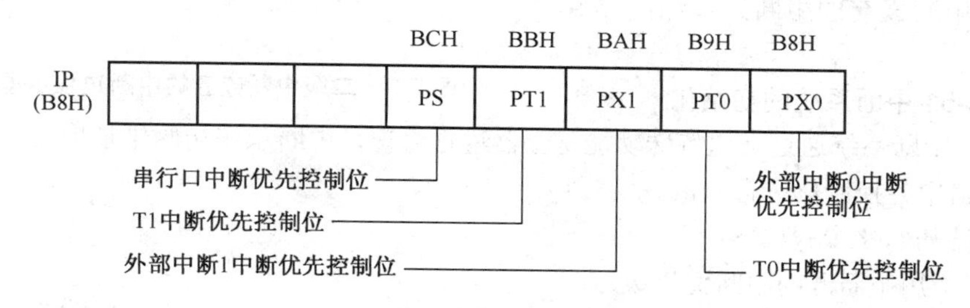

图 5-8　IP 寄存器

③ PX1——外部中断 1 中断优先级控制位。

④ PT0——定时/计数器 T0 中断优先级控制位。

⑤ PX0——外部中断 0 中断优先级控制位。

IP 中的低 5 位为各中断源优先级的控制位，可用软件来设定。若某个控制位为 1，则相应的中断源就设定为高优先级中断；反之，若某个控制位为 0，则相应的中断源就设定为低优先级中断。系统复位时，IP 值为 00H，即所有中断源被设为低优先级中断。

4. 中断的优先排队与嵌套

(1) 中断优先排队

由于系统中有多个中断源，因此就会出现数个中断源同时提出中断请求的情况，这样就必须根据它们的轻重缓急，为所有中断源确定一个 CPU 为其服务的顺序，当数个中断源同时向 CPU 发出中断请求时，CPU 根据中断源内部硬件查询顺序号的次序，依次响应中断请求，称为中断的优先排队，有如下 2 条原则。

① 单片机内部对同级别的中断请求自然优先级顺序排列如下：

中断源　　　　**同级内的中断优先级顺序**

外部中断 0

定时/计数器 0 溢出中断

外部中断 1

定时/计数器 1 溢出中断

串行口中断

② 对不同级别的中断请求，CPU 先响应高级中断请求，再响应低级中断请求。

(2) 中断嵌套

当 CPU 正在处理一个中断请求时，又出现了另一个优先级比它高的中断请求，这时，CPU 就暂停对当前优先级较低的中断源的服务，转去响应优先级更高的中断请求，并为其服务，待服务结束，再继续执行原来较低级的中断服务程序，该过程称为中断嵌套，该中断系统称为多级中断系统，二级中断嵌套的中断过程如图 5-9 所示。

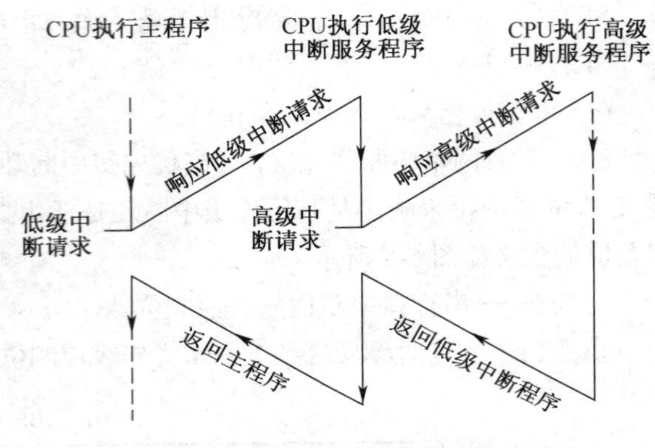

图 5-9　二级中断嵌套的中断过程示意图

5. MCS-51 中断系统的初始化

MCS-51 中断系统通过上述特殊功能寄存器进行管理，中断系统初始化是指用户对上述特殊功能寄存器中各控制位进行赋值。

中断系统初始化步骤如下：

① 设定所用中断源的中断优先级；

② 若为外部中断源，则应规定是低电平触发方式还是边沿触发方式；

③ 开相应中断源中断。

例 5.2　设置外部中断 $\overline{\text{INT1}}$ 为高优先级中断，用低电平触发，对中断系统初始化。

方法 1：用字节操作指令

MOV　IP，#04H　　　　；令 $\overline{\text{INT1}}$ 为高优先级

ANL　TCON，#0FBH　　；令 $\overline{\text{INT1}}$ 为电平触发，且不影响系统中其他中断源状态

MOV　IE，#84H　　　　；开 $\overline{\text{INT1}}$ 中断

方法 2：用位操作指令

SETB　PX1　　　　；令 $\overline{\text{INT1}}$ 为高优先级

CLS　IT1　　　　　；令 $\overline{\text{INT1}}$ 为电平触发

SETB　EA

SETB　EX1　　　　；开 $\overline{\text{INT1}}$ 中断

思考与练习

1. 8051 单片机提供的中断源有哪些？

2. 8051 的不同中断请求标志置位及复位产生的条件是什么？

3. 外部中断源有哪几种触发方式？如何选择和设定？

4. 什么是中断优先级？中断优先处理的原则是什么？如何设定中断优先级？

5. 8051 单片机有 5 个中断源，能设置 2 个中断优先级。试问以下几种中断优先顺序的安排(级别由高到低)是否可能？若可能，则应如何设置中断源的中断级别？否则，简述不可能的理由。

a. 定时器 0 溢出中断，定时器 1 溢出中断，外中断 0 ，外中断 1 ，串行口中断。

b. 串行口中断，外中断 0 ，定时器 0 溢出中断，外中断 1 ，定时器 1 溢出中断。

c. 外中断 0，定时器 1 溢出中断，外中断 1，定时 0 溢出中断。

d. 外中断 0，外中断 1，串行口中断，定时 0 溢出中断，定时器 1 溢出中断。

e. 串行口中断，定时器 0 溢出中断，外中断 0，外中断 1，定时器 1 溢出中断。

f. 外中断 0，外中断 1，定时器 0 溢出中断，串行口中断，定时器 1 溢出中断。

g. 外中断 0，定时器 1 溢出中断，定时器 0 溢出中断，外中断 1，串行口中断。

6. 试编写一段对中断系统初始化的程序，使之允许 $\overline{\text{INT0}}$ 、 $\overline{\text{INT1}}$ 、T0、串行口中断，且使 T0 中断为高优先级中断。

7. 当正在执行某一中断源的中断服务程序时，如果有新的中断请求出现，在什么情况下可响应新的中断请求？在什么情况下不能响应新的中断请求？

任务三　中断处理过程

任务要求

¤ 了解中断的响应条件

¤ 熟悉中断处理过程

相关知识

中断处理过程大致可分为中断请求、中断响应、中断处理和中断返回 4 个阶段。

1. 中断响应条件

中断源向 CPU 发出中断请求信号，只有在满足下列条件时 CPU 才能响应中断。

① 中断总允许位 EA=1，即 CPU 开中断；

② 申请中断的中断源的中断允许位为 1，即中断没有被屏蔽；

③ 无同级或更高级中断正在被服务；

④ 当前的指令周期已经结束。若现行指令为 RETI 或者是访问 IE、IP 指令时，则必须在该指令以及紧接着的下一条指令已执行完后方能响应。

2. 中断处理

8051 单片机 CPU 在每个机器周期的 S5P2 期间顺序采样每个中断源，CPU 在下一个机器周期 S6 期间按优先顺序查询中断标志，如查询到某个中断标志为 1，将在下一个机器周期 S1 期间按优先级顺序进行中断处理。CPU 一旦响应中断，系统自动将当前程序计数器 PC 值压入堆栈，即保护断点，再将相应中断服务程序的入口地址送入 PC，于是 CPU 将从中断服务程序的入口处开始执行中断服务程序。各中断源的中断服务程序入口地址如表 5-2 所示。

表 5-2　中断源对应的中断服务程序入口地址

中　断　源	中断服务程序入口地址
外部中断 0(INT0)	0003H
定时器 T0 中断	000BH
外部中断 1(INT1)	0013H
定时器 T1 中断	001BH
串行口中断	0023H

不同中断源对应的中断服务程序的内容及要求各不相同，但设计模式是基本相同的，都是由保护现场、中断服务和恢复现场 3 个环节组成，编写中断服务程序时应注意以下几个问题。

① 由于在 MCS-51 系列单片机中，两个相邻中断源中断服务程序入口地址相距仅仅只有 8 个单元，一般是容纳不下中断服务程序的，通常在相应的中断服务程序入口地址单元存放的是一条无条件转移指令 LJMP，这样就可以转至 64KB 程序存储器的任何可用区域执行，若只在 2KB 范围内转移，则也可用 AJMP 指令。

② 在中断服务程序中，用户应注意首先用软件保护现场(通常有 PSW、工作寄存器和 SFR 等)，以免现场信息受到破坏，保证中断返回时能恢复现场，使单片机继续正确进行原来的工作。

③ 若要在执行当前中断程序时禁止更高优先级中断，可以先用软件关闭中断，在中断返回前再开放中断。

④ 在编写中断服务程序时，应注意在保护现场之前要关闭中断，在保护现场之后若允许高优先级中断嵌套，则应立即开中断，但在恢复现场之前应关闭中断，恢复之后再开中断，保证使现场数据不被其他中断请求破坏。

3. 中断返回

在中断服务程序中，最后一条指令必须为中断返回指令 RETI。中断服务程序从入口地址处开始执行，一直到返回指令“RETI”为止，“RETI”指令的操作一方面告诉中断系统服务程序已执行完，另一方面把原来中断响应时压入堆栈保护的断点地址从栈顶弹出，装入程序计数器 PC，使 CPU 返回到被中断的主程序断点处继续执行。

若用户在中断服务程序中进行了堆栈操作，则在“RETI”指令执行前应进行相应的弹出操作，使栈顶指针与保护断点后的值相同，即在中断服务程序中，PUSH 与 POP 指令应是成对使用的，保证中断返回时，能将程序断点地址弹出给程序计数器 PC。

中断响应过程的流程图如图 5-10 所示。

例 5.3　如图 5-11 所示，将 P1 口的 P1.7～P1.4 作为输入位，P1.3～P1.0 作为输出位。要求利用 8051 外部中断 0 边沿触发方式，每中断一次，完成一次读/写操作，将通过开关所设的数据读入单片机，然后输出驱动发光二极管，以验证高 4 位输入与低 4 位输出是否相符。

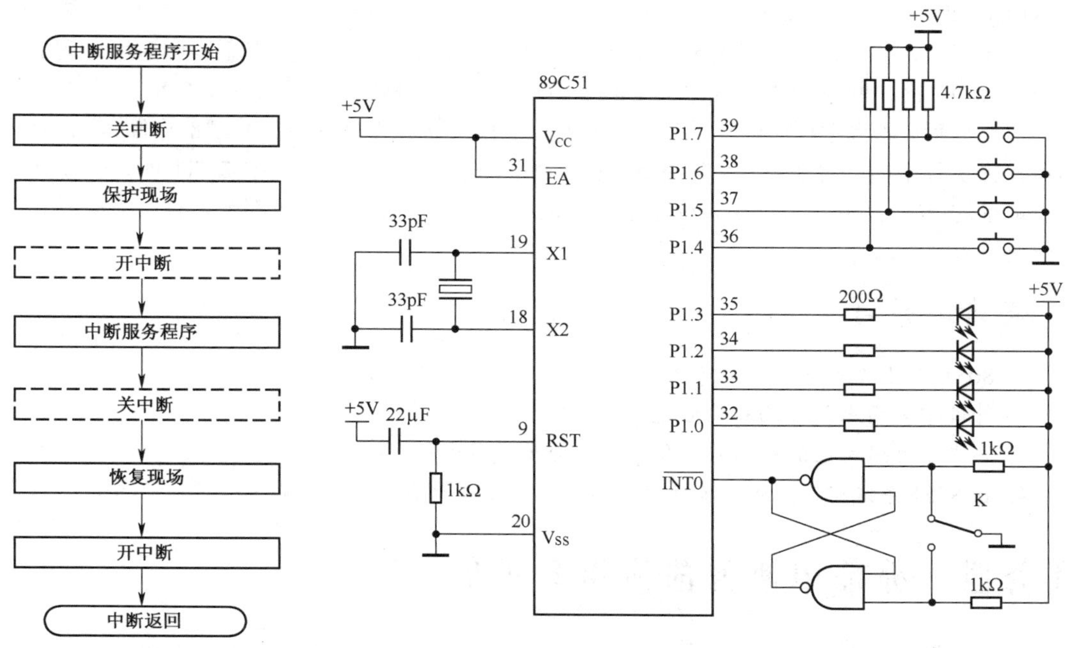

图 5-10　中断响应过程的流程图　　图 5-11　例 5.3 图

采用 RS 触发器是为了消除拨动开关时的电路抖动，产生外部中断请求信号。

程序如下：

```
        ORG     0000H
        AJMP    MAIN            ；转向主程序
        ORG     0003H
        AJMP    INT0            ；转向中断服务程序
        ORG     0100H           ；主程序
MAIN:   SETB    IT0             ；选择边沿触发方式
        SETB    EX0             ；允许外部中断 0 中断
        SETB    EA              ；CPU 开中断
HERE:   SJMP    HERE            ；等待中断
        ORG     0200H           ；中断服务程序
INT0:   MOV     A，#0FFH
        MOV     P1，A
        MOV     A，P1           ；正确输入 P1 口高 4 位数据
        SWAP    A               ；高 4 位与低 4 位互换
        MOV     P1，A           ；输出驱动 LED 发光二极管
        RETI                    ；中断返回
        END
```

值得注意的是：中断系统中主程序被中断请求信号中断而去执行中断服务子程序与主程序调用子程序的过程是不同的。主程序调用子程序是通过主程序中的子程序调用指令(如

LCALL)实现的，子程序调用指令先自动压入主程序的调用点指令地址(PC 当前值)，然后转去执行子程序，当子程序执行到最后一条指令 RET 时，自动弹出调用点主程序地址送到 PC，返回主程序；而中断系统中主程序被中断是随机的，CPU 响应中断请求时，CPU 只有在执行完当前指令后，才将主程序断点地址自动堆栈，根据中断源类型获得中断源的中断入口地址，然后转去执行中断服务子程序。当中断服务子程序执行到最后一条指令 RETI 时，自动弹出断点地址送 PC，返回主程序。无论是子程序调用，还是中断服务程序都需要有保护现场和恢复现场。

思考与练习

1. 8051 在什么条件下可响应中断？
2. 外部中断请求的查询和响应过程是怎样的？
3. 各中断源所对应的中断服务程序入口地址是多少？
4. 在 8051 系统中，应如何安排程序区？其理由是什么？

任务四　外部中断源的应用与扩展

任务要求

- 外部中断源的应用
- 外部中断源扩展方法
- 中断服务程序的设计

相关知识

1. 外部中断源的应用

外部中断源在单片机控制系统中非常重要，应用中断技术设计一个应用程序时，一般来说，与中断有关的程序由以下 3 个部分组成。

① 中断初始化。这部分程序应包括：开中断、确定中断优先级别；若是外部中断源 $\overline{\text{INT0}}$ 或 $\overline{\text{INT1}}$，还应规定是电平触发方式还是边沿触发方式。

② 在中断源服务程序入口地址处安排的是一条跳转指令。CPU 响应中断请求时，首先自动进入中断服务程序入口地址，执行在中断服务入口地址处安排的跳转指令，从而转入真正中断服务程序的入口。

③ 编写中断服务程序时，依次是保护现场、中断服务、恢复现场和中断返回。

例 5.4　试设计 8051 的单步操作程序。

单片机开发系统一般都有单步运行用户程序的功能，每按一次单步执行键，CPU 就执行一条用户程序指令，然后等待键再次按下。根据 MCS-51 单片机中断处理特性，单片机执行中断返回指令(RETI)后，必须至少执行一条指令后，才响应新的中断请求。将此特性用于实现单步操作的方法是将一个外部中断源(如 $\overline{\text{INT0}}$)编程为电平触发(必须为电平触发方式)。如果 $\overline{\text{INT0}}$ 引脚(P3.2)一直保持低电平，则 CPU 即将响应中断，进入中断 0 服务程序并在该服务程序中停留，$\overline{\text{INT0}}$引脚上接收到一个脉冲(从低→高→低)。随后执行中断返回指令 RETI，返回工作程序执行一条指令后，又立即进入$\overline{\text{INT0}}$的中断服务程序，等待下一个脉冲(P3.2 引脚上)时，又返回工作程序执行一条指令，再次进入中断服务程序，如此往返，在 P3.2 引脚上每出现一个脉冲，就执行一条指令，从而实现了单步执行的操作。图 5-12 所示是实现单步操作的硬件电路图。

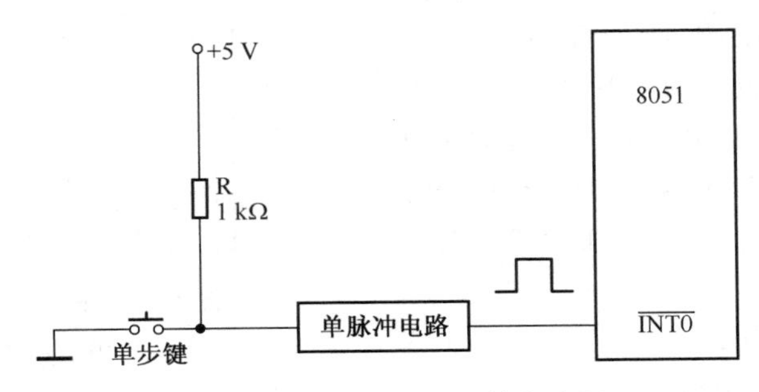

图 5-12 单步操作的硬件电路图

用$\overline{\text{INT0}}$实现单步操作，键未按下时，单脉冲电路输出为低电平，申请中断，CPU 响应中断，执行中断服务程序，等待按键按下，键按下后再等键释放，键按下时$\overline{\text{INT0}}$引脚为高电平，CPU 执行一条中断返回指令，返回主程序断点，执行一条指令，但键释放后，单脉冲电路输出又为低电平，并重新申请中断。

程序设计如下：

```
ORG    0003H
LJMP   PAUSE0
```

初始化程序如下：

```
CLR    IT0                    ；定义INT0为低电平触发方式
SETB   EA                     ；开中断
SETB   EX0                    ；允许外部中断 0 中断
SETB   PX0                    ；定义为高优先级
```

主程序：

```
指令 1
指令 2
指令 3
…
```

中断服务程序：

```
PAUSE0：JNB   P3.2，PAUSE0    ；键未按下等待，直到INT0引脚变为高电平
PAUSE1：JB    P3.2，PAUSE1    ；键按下后，键未释放等待，直到INT0引脚变为低电平
RETI                          ；返回，然后执行一条指令
```

2. 扩展外部中断源

当需要外部中断源多于 2 个时，可采用硬件请求与软件查询相结合的办法扩展外部中断源。

① 利用 8051 的外部中断输入线，使外部中断输入线通过“与”的关系连接多个外部扩展中断源，利用输入端口线作为各中断源的识别线，具体电路如图 5-13 所示。

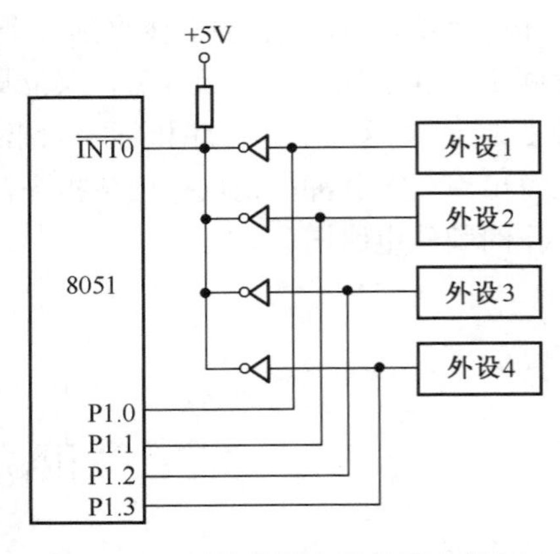

图 5-13　利用查询方式扩展中断源

图 5-13 中的 4 个外设中断请求信号通过“与”的关系输入到 $\overline{INT0}$，再由 $\overline{INT0}$ 传给 CPU，无论哪一个外设提出中断请求，都会使 $\overline{INT0}$ 引脚电平变低，至于是哪个外设中断申请，可以通过程序查询 P1.0～P1.3 的逻辑电平是否为“1”获得。设这 4 个中断源的优先级为外设 1 最高，外设 4 最低，软件查询时，由最高至最低查询。

中断服务程序片断如下：

```
        ORG     0003H
        LIMP    INTRP              ; INT0 中断服务程序入口
        ⋮
        ORG     0100H
INTRP:  PUSH    PSW                ; 保护现场
        PUSH    A
        JB      P1.0，DV1          ; 中断查询
        JB      P1.1，DV2
        JB      P1.2，DV3
        JB      P1.3，DP4
EXIT:   POP     A                  ; 恢复现场
        POP     PSW
        RETI                       ; 中断返回
DV1:    ⋮                          ; 外设 1 的中断服务子程序
        AJMP    EXIT
DV2:    ⋮                          ; 外设 2 的中断服务子程序
        AJMP    EXIT
DV3:    ⋮                          ; 外设 3 的中断服务子程序
        AJMP    EXIT
DV4:    ⋮                          ; 外设 4 的中断服务子程序
        AJMP    EXIT
```

② 把多个中断源通过硬件经“或非”门引入到外部中断输入端，同时又连到某个 I/O 口。某个中断源引起中断时，在中断服务程序中，读入 I/O 口的状态，通过查询区分是哪个中断源引起的中断。若有多个中断源同时发出中断请求，查询的次序就决定了同一优先级中断中的优先次序。

例 5.5　如图 5-14 所示，通过中断系统扩展电路实现系统的故障显示。当系统的各部分正常工作时，4 个故障源的输出均为低电平，使相应显示灯全不亮。当有某个部分出现故障时，

则相应的输出线由低电平变为高电平，引起 $\overline{INT0}$ 中断，单片机控制使相应的发光二极管亮。

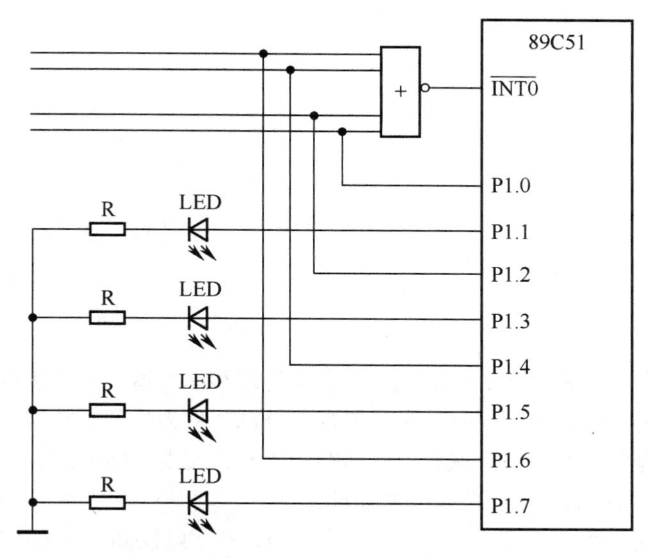

图 5-14 利用中断显示系统故障

当某一故障信号输出线由低电平变为高电平时，会通过 $\overline{INT0}$ 线引起 8051 中断(边沿触发方式)。在中断服务程序中，将各故障源的信号读入，并加以查询，以进行相应的发光二极管显示。

源程序如下：

```
        ORG     0000H
        AJMP    MAIN        ; 上电，转向主程序
        ORG     0003H       ; 外部中断 0 入口地址
        AJMP    INSER       ; 转向中断服务程序
MAIN:   ANL     P1，#55H    ; P1.0，P1.2，P1.4，P1.6 为输入
                            ; P1.1，P1.3，P1.5，P1.7 输出为 0
        SETB    IT0         ; 选择边沿触发方式
        SETB    EX0         ; 允许外部中断 0 中断
        SETB    EA          ; CPU 开中断
HERE:   SJMP    HERE        ; 等待中断
        ORG     0100H
INSER:  JNB     P1.0，L1    ; 查询中断源，(P1.0)=0，转 L1
        SETB    P1.1        ; 是 P1.0 引起的中断，使相应的二极管亮
L1:     JNB     P1.2，L2    ; 继续查询
        SETB    P1.3
L2:     JNB     P1.4，L3
        SETB    P1.5
```

```
L3:     JNB     P1.6，L4
        SETB    P1.7
L4:     RETI
        END
```

思考与练习

1. 扩展外部中断源的方法有几种？如何实现？

项目小结

单片机处理中断有中断请求、中断响应、中断处理和中断返回 4 个步骤。中断源有的来自单片机内部，称为内部中断源；也有的来自单片机外部，称为外部中断源。中断系统的功能包括进行中断优先级排队、实现中断嵌套、自动响应中断和实现中断返回。中断的特点是可以提高 CPU 的工作效率、实现实时处理和故障处理。

8051 中断系统主要由定时器控制寄存器(TCON)、串行口控制寄存器(SCON)、中断允许寄存器(IE)、中断优先级寄存器(IP)和硬件查询电路等组成。

TOCN 用于控制定时器的启动与停止，并保存 T0、T1 的溢出中断标志和外部中断 0、1 的中断标志。SCON 的低 2 位 TI 和 RI 用于保存串行口的接收中断和发送中断标志。IE 用于控制 CPU 对中断的开放或屏蔽以及每个中断源是否允许中断。IP 用于设定各中断源的优先级别。

中断处理过程包括中断响应、中断处理和中断返回 3 个阶段。中断响应是在满足 CPU 的中断响应条件之后，CPU 对中断源中断请求的回答。由于设置了优先级，中断可实现两级中断嵌套。中断处理就是执行中断服务程序，包括保护现场、处理中断源的请求和恢复现场三部分内容。中断返回是指中断服务完成后，返回到原程序的断点，继续执行原程序；在返回前，要撤销中断请求，不同中断源的中断请求，其撤销方法不同。

中断系统初始化的内容包括开放中断允许、确定中断源的优先级别和外部中断的触发方式。

扩展外部中断源的方法有定时器扩展法和中断加查询扩展法两种。定时器扩展法用于外部中断源的个数不太多并且定时器闲置的场合。中断加查询扩展法用于外部中断源的个数较多的场合，但因查询时间较长，在实时控制中要注意能否满足实时控制要求。

项目测试

一、填空题

1. 80C51 单片机响应中断后，首先把 _____的内容压入堆栈，以进行断点保护，然后把中断服务程序的 16 位地址送_____，使程序执行转向_____中的中断地址区。

2. MCS-51 有______个中断源，有两个中断优先级，优先级由软件填写特殊功能寄存器 ______加以选择。

3. 8051 单片机允许 5 个中断源请求中断，都可以用软件来屏蔽，即利用中断允许寄存器 _____来控制中断的允许和禁止。

4. 在51系列单片机中，低优先级的中断_____高优先级的中断，以实现中断的嵌套。

5. MCS-51的中断系统由_______、_______、_______、_______等寄存器组成。

6. MCS-51单片机的中断矢量地址有_______、_______、_______、_______、_______。

7. 中断源中断请求撤除包括_______、_______、_______等三种形式。

8. 中断响应条件是_______、_______、_______；阻止CPU响应中断的因素可能是_______、_______、_______。

9. 单片机内外中断源按优先级别分为高级中断和低级中断，级别的高低是由_____寄存器的置位状态决定的。同一级别中断源的优先顺序是由_____决定的。

二、选择题

1. 当CPU响应外部中断0(INT0)的中断请求后，程序计算器PC的内容是_______。

A. 0003H　　B. 000BH　　C.0013H　　D. 001BH

2. MCS-51单片机在同一级别中除串行口外，级别最低的中断源是_______。

A. 外部中断1　　B. 定时器T0　　C. 定时器T1　　D. 串行口

3. 当外部中断0发生中断请求后，中断响应的条件是_______。

A. SETB　ET0　　B. SETB　EX0　　C. MOV　IE，#81H　　D. MOV　IE，#61H

4. 8051响应中断后，中断的一般处理过程是_______。

A. 关中断，保护现场，开中断，中断服务，关中断，恢复现场，开中断，中断返回

B. 关中断，保护现场，保护断点，开中断，中断服务，恢复现场，中断返回

C. 关中断，保护现场，保护中断，中断服务，恢复断点，开中断，中断返回

D. 关中断，保护断点，保护现场，中断服务，关中断，恢复现场，开中断，中断返回

5. 8051单片机共有5个中断入口，在同一级别里，5个中断源同时发出中断请求时，程序计数器PC的内容变为_______。

A. 000BH　　B. 0003H　　C. 0013H　　D. 001BH

6. MCS-51单片机响应中断的过程是_______。

A. 断点PC自动压栈，对应中断矢量地址装入PC

B. 关中断，程序转到中断服务程序

C. 断点压栈，PC指向中断服务程序地址

D. 断点PC自动压栈，对应中断矢量地址装入PC，程序转到该矢量地址再转至中断服务程序首地址

7. 执行中断处理程序最后一句指令RETI后，_______。

A. 程序返回到ACALL的下一句　　B. 程序返回到LCALL的下一句

C. 程序返回到主程序开始处　　D. 程序返回到响应中断时指令的下一句

8. MCS-51单片机在同一优先级的中断源同时申请中断时，CPU首先响应_____。

A. 外部中断0　　B. 外部中断1　　C. 定时器0中断　　D. 定时器1中断

9. 中断查询确认后，在下列各种80C51单片机运行情况中，能立即进行响应的是______。

A. 当前正在执行高优先级中断处理

B. 当前正在执行RETI指令

C. 当前指令是DIV指令，且正处于取指令的机器周期

D. 当前指令是“MOV A,　R3”

10. 在 MCS-51 中，需要外加电路实现中断撤除的是________。

A. 定时中断　B. 脉冲方式的外部中断　C. 外部串行中断　D. 电平方式的外部中断

11. 下列说法正确的是______。

A. 同一级别的中断请求按时间的先后顺序响应

B. 同一时间同一级别的多中断请求，将形成阻塞，系统无法响应

C. 低优先级中断请求不能中断高优先级中断请求，但是高优先级中断请求能中断低优先级中断请求

D. 同级中断不能嵌套

12. 要使 MCS-51 能够响应定时器 T1 中断、串行接口中断，它的中断允许寄存器 IE 的内容应是______。

A. 98H　　B. 84H　　C. 42　　D. 22H

13. MCS-51 在响应中断时，下列哪种操作不会发生？______

A. 保护现场　B.保护 PC　C. 找到中断入口　D. 保护 PC 转入中断入口

14. 下面是 TCON 的几个位，在进入中断服务后，不能被硬件自动清“0”的是______。

A. TF1　　B. TR1　　C. IE1　　D. IE0

15. 如果有如下设置：

```
MOV   IE,  #8FH
MOV   IP,  #06H
```

那么如下说法错误的是______。

A. 不允许外部中断 1　　B. 允许外部中断 0

C. 定时器/计数器 0 的优先级高于定时器/计数器 1 的优先级

D. CPU 中断允许

三、判断题

(　　)1. MCS-51 的 5 个中断源优先级相同。

(　　)2. MCS-51 有 5 个中断源，优先级由软件填写特殊功能寄存器 IP 加以选择。

(　　)3. 各中断发出的中断请求信号，都会标记在 MCS-51 系统的 IE 寄存器中。

(　　)4. 单片机每执行完一条指令就检测是否有中断信号。

(　　)5. 单片机在每一个机器周期检测是否有中断信号。

(　　)6. 当在中断信号来时，通知单片机有中断信号，而不要单片机来检测。

(　　)7. 检测中断信号是人为编程定时检测的。

(　　)8. 低优先级中断可被高优先级中断所中断，反之不能。

(　　)9. MCS-51 单片机中断分为两个优先级。

(　　)10. 外部中断 0 的优先级一定比外部中断 1 的优先级高。

四、简答题

1. 中断服务子程序返回指令 RET1 和普通子程序返回指令 RET 有什么区别？

2. 80C51 有几个中断源？各中断标志是如何产生的？又是如何复位的？CPU 响应各中断时，其中断入口地址是多少？

3. 若规定外部中断 1 边沿触发方式，高优先级，写出初始化程序。

4. 以定时器/计数器 1，以计数的方式来实现外部中断，写出初始化程序。

5. 写出 MCS-51 的所有中断源，并说明哪些中断源在响应中断时，由硬件自动清除，哪些中断源必须用软件清除，为什么？

项目6

定时器及应用

知识目标

1. 理解定时/计数的概念;
2. 熟练掌握单片机内部定时/计数器的结构;
3. 理解定时/计数器的工作过程;
4. 掌握定时/计数器的应用。

能力目标

1. 了解定时器的结构;
2. 掌握定时器的工作方式;
3. 学会定时器的应用。

任务一　定时器结构

任务要求

- 了解定时/计数的概念
- 了解定时/计数器的结构
- 学会对定时/计数器控制字的设置

相关知识

在控制系统中，经常需要获得一定的时间间隔(即定时)，或对外部的事件数目进行计数(即计数)，在8051单片机内部设计了两个定时/计数器T0和T1，可用于定时控制和对外部事件计数等。

定时器T0、T1的结构如图6-1所示，两个定时器都是加1计数器。T0由两个8位特殊功能寄存器TH0和TL0进行计数；T1由两个8位特殊功能寄存器TH1和TL1计数。每个定时器都可由软件设置为定时功能或计数功能。

定时器用作定时时，对机器周期进行计数，每过一个机器周期，计数器加1，直到计数器计满溢出。由于一个机器周期由 12 个振荡周期组成，所以计数频率为振荡频率的 1/12。

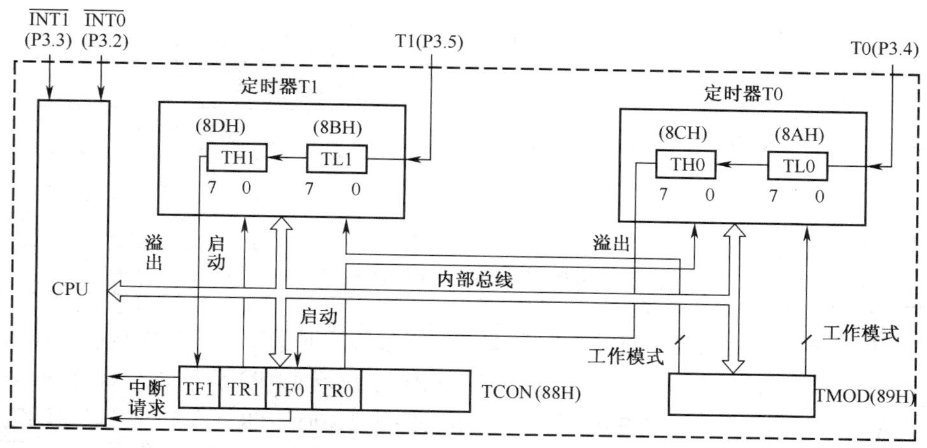

图 6-1　8051 定时器结构图

定时器用作计数时，计数器对来自输入引脚 T0(P3.4)和 T1(P3.5)的外部脉冲计数。在每一个机器周期的 S5P2 期间采样引脚输入电平，若前一个机器周期采样值为 1，后一个机器周期采样值为 0，则计数器加 1。新的计数值是在检测到输入引脚电平发生 1 到 0 的负跳变后，在下一个机器周期的 S3P1 期间装入计数器中的。由于定时器用作计数时，需要 2 个机器周期(24 个振荡周期)来识别一个 1 到 0 的跳变信号，所以最高的计数频率为振荡频率的 1/24。定时器对外部输入信号的占空比没有特殊的限制，但必须保证输入信号电平在它发生跳变前至少被采样一次，输入信号电平至少应在一个完整的机器周期中保持不变。

不管 CPU 对定时/计数器设置为定时功能还是计数功能，定时器 T0 或 T1 在启动后，都会按设定的工作方式独立运行，不占用 CPU 时间，只有在定时/计数器溢出时，才向 CPU 发出中断请求信号。由此可见，定时器是单片机中效率高而且工作十分灵活的部件。

使用定时/计数器时，除了要选择定时或计数功能外，每种功能下还有 4 种不同工作方式。

1. 定时器工作方式寄存器 TMOD

TMOD 是字节地址为 89H 的特殊功能寄存器，用于控制 T0 和 T1 的工作方式，TMOD 不能按位寻址，只能用字节设置定时器工作方式，低半字节用于设定 T0，高半字节用于设定 T1，其各位的定义如图 6-2 所示。

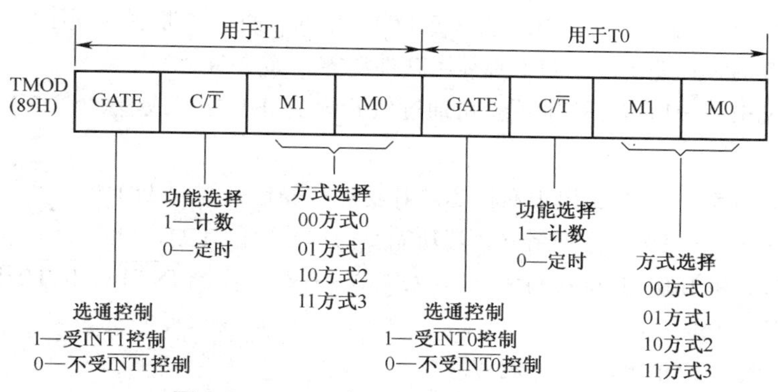

图 6-2　TMOD 各位定义及具体的意义

① M1 M0——操作方式控制位。两位可形成 4 种二进制编码，对应于 4 种工作方式，如表 6-1 所示。

表 6-1　M1 M0 控制的 4 种工作方式

M1 M0	工 作 方 式	功 能 描 述
0　0	方式 0	13 位计数器
0　1	方式 1	16 位计数器
1　0	方式 2	初值自动装入 8 位计数器
1　1	方式 3	定时器 0：分成两个 8 位计数器；定时器 1 停止计数

② C/$\overline{\text{T}}$——计数/定时方式选择位。C/$\overline{\text{T}}$=0，设置为定时功能，计数器对内部计数脉冲计数；C/$\overline{\text{T}}$=1，设置为计数功能，计数器对来自 T0(P3.4)端(或 T1(P3.5)端)的外部脉冲计数。

③ GATE——门控位。GATE=0 时，只需用软件使 TR0(或 TR1)置 1 就可以启动定时器，而不管$\overline{\text{INT0}}$(或$\overline{\text{INT1}}$)的电平是高电平还是低电平；GATE=1 时，只有在$\overline{\text{INT0}}$(或$\overline{\text{INT1}}$)引脚为高电平，而且 TR0(或 TR1)置 1 时，才能启动定时器工作。8051 复位时 TMOD 的值为 0。一旦把控制字写入 TMOD 后，在下一条指令的第一机器周期(S1P1 期间)就发生作用。

2. 定时控制寄存器 TCON

TCON 是字节地址为 88H 的特殊功能寄存器，除可以进行字节寻址外，还可进行位寻址操作，各位定义如图 6-3 所示。

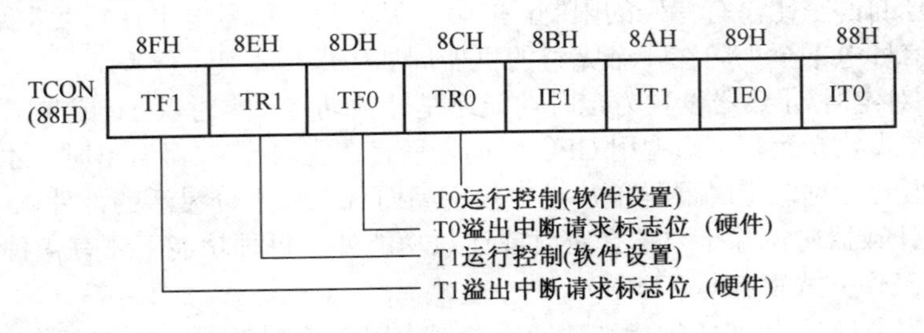

图 6-3　TCON 各位定义及具体意义

① TF1(TCON.7)——T1 溢出标志位。当 T1 溢出时，由硬件自动使中断溢出标志 TF1 置 1，并向 CPU 申请中断。在中断方式下，当 CPU 响应中断，进入中断服务程序后，TF1 被硬件自动清零，但在查询方式使用时，TF1 必须用软件清零，如“CLR TF1”。

TR1(TCON.6)——T1 运行控制位，可通过软件置 1(SET TR1)或清零(CLR TR1)来启动计数或停止计数。

② TF0(TCIN.5)——T0 溢出中断标志。其功能和操作过程同 TF1。

TR0(TCON.4)——T0 运行控制位。其功能及操作情况同 TR1。

③ IE1、IT1 和 IE0、IT0(TCON.3～TCON.0)——外部中断$\overline{\text{INT1}}$、$\overline{\text{INT0}}$中断请求标志及请求方式控制位。

8051 复位时，TCON 的所有位都被清零。

思考与练习

1. 8051 单片机内部设有哪几个定时/计数器？它们由哪些特殊功能寄存器控制？
2. 定时器 T0 和 T1 各有几种工作方式？
3. 如何选择和设定各种工作方式？

任务二　定时器工作方式

任务要求

¤ 掌握定时器在 4 种不同工作方式下的结构
¤ 学会各种方式下内部控制逻辑的比较

相关知识

8051 单片机的定时/计数器，由软件对特殊功能寄存器 TMOD 中的控制位 C/$\overline{T}$ 的设置，选取定时或计数功能；对 M1 M0 两位的设置可在每种功能下选取 4 种工作方式，即工作方式 0、工作方式 1、工作方式 2、工作方式 3。

1. 工作方式 0 及应用

工作方式 0 是一个 13 位的定时/计数器，T0 工作在方式 0 的原理图如图 6-4 所示。在这种方式下，16 位寄存器(TH0 和 TL0)只用了 13 位，其中 TL0 的高 3 位未用，当 TL0 的低 5 位溢出时，向 TH0 进位；TH0 溢出时，向中断标志位 TF0 进位(硬件置位 TF0)，并申请中断。T0 是否溢出也可以用指令直接查询 TF0 是否被置位来判定。

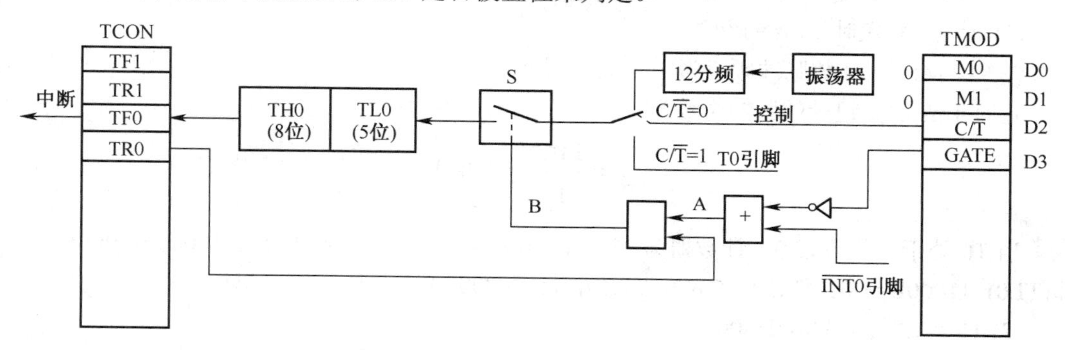

图 6-4　T0 工作方式 0 原理图

启动定时器工作的条件有两种情况：

$$\begin{cases} GATE=0 \\ TR=1 \end{cases} \quad 或 \quad \begin{cases} GATE=1 \\ TR=1 \\ \overline{INT0}\text{ 引脚电平}=1 \end{cases}$$

当 GATE=0 时，使“或”门输出的 A 点保持为 1，与引脚 $\overline{INT0}$ 输入电平无关。这时，B 点电平只取决于 TR0 的状态，由 TR0 一位就可控制计数器开关 S 的开启和关闭。若用指令使 TR0 置 1(SET TR0)，便接通计数开关 S，启动 T0 对脉冲计数；若 TR0=0，则断开计数开关 S，停止计数，称为自启动方式。

当 GATE=1 时，“或”门输出的 A 点电平取决于 $\overline{INT0}$ 引脚的输入电平。仅当 $\overline{INT0}$ 输入高电平而且 TR0=1 时，B 点才是高电平，计数开关 S 闭合，T0 开始计数；当 $\overline{INT0}$ 由高电平变为低电平时，T0 停止计数，称为外启动方式，这一特点通常用来测量 $\overline{INT0}$ 端出现的脉冲宽度。

T0 工作在方式 0 时，TH0 和 TL0 组成一个 13 位的二进制数计数器，单片机开机或复位时，它们的值为 00H，当 T0 启动后，从第一个输入脉冲开始计数，每来一个脉冲计数加 1，即从 0000000000B 开始计数到 1111111111111B，再计数一个脉冲时 TH0 和 TL0 组成的 13 位计数器将会从 13 个 1 变成 13 个 0，并产生溢出，溢出位被送到 TF0 标志位，通过溢出标志产生溢出中断请求。显然，T0 定时器在方式 0 下引起一次中断所允许记数的最多脉冲个数为 2^{13} 个。

但定时/计数器如果每次都是固定从全 0 开始计数，到计满后，再向 CPU 发出溢出中断请求信号是毫无意义的。为了能使定时/计数器在设定的计数脉冲个数之后(此时应小于 2^{13})，向 CPU 发出溢出中断请求，采取预先向 TH0 和 HL0 中放入一个初值 X 的方法，使计数器以 X 值为起始值开始计数，即 X+1，X+2，…直到计数器计满，从全 1 变为全 0 为止。设需要计数的脉冲个数为 Y，则有

$$Y+X=2^{13} \qquad 即 \qquad Y=2^{13}-X$$

在计数方式下，当输入第($2^{13}-X$)个脉冲时，产生计数溢出中断，TF0=1；在定时方式下，计数脉冲是系统振荡信号经过 12 分频后得到的，因此，定时时间间隔 $t=(2^{13}-X)\times$振荡周期$\times 12$。

例 6.1　设定时器 T0 选择工作方式 0，定时时间为 1 ms，系统振荡频率 f_{osc}=12 MHz，试编程实现在 P1.0 输出周期为 2 ms 的方波。

要在 P1.0 引脚输出周期为 2 ms 的方波，只要使 P1.0 每 1 ms 取反一次即可。

(1) 计算 T0 定时 1 ms 的初值

f_{osc}=12 MHz，计数脉冲频率为 1 MHz，周期 T_c=1 μs。

定时 1ms 需要记录的脉冲个数为

$$y=\frac{1\,\text{ms}}{T_c}=1000$$

当 T0 处于工作方式 0，计数器为 13 位，T0 的初值 $X=2^{13}-y=7192$=1110000011000B

即(TL0)=11000B=18H(取 X 低 5 位)，(TH0)=11100000=0E0H(取 X 高 8 位)

(2) T0 的方式字 TMOD=00H

即：TMOD.1　TMOD.0　M1M0=00，T0 为方式 0；

TMOD.2　C/$\overline{T}$=0，T0 为定时状态；

TMOD.3　GATE=0，表示计数不受 $\overline{INT0}$ 控制；

TMOD.4～TMOD.7 可为任意值，因 T1 不用，故这里取 0 值。

(3) 程序清单

用查询方式实现：

```
MOV    TMOD，#00H      ；置 T0 为方式 0
MOV    TL0，#18H       ；送初值
```

```
        MOV   TH0，#0E0H
        SETB  TR0           ；启动 T0
LOOP:   JBC   TF0，NEXT     ；查询定时时间到否
        SJMP  LOOP
NEXT:   MOV   TL0，#18H     ；重装计数初值
        MOV   TH0，#0E0H
        CPL   P1.0          ；输出取反
        SJMP  LOOP          ；重复循环
```

采用查询方式的程序简单，但在定时器计数过程中，CPU 要不断查询溢出标志位 TF0 的状态，当查询到 TF0 为 1 时，对 P1.0 取反，同时必须要用指令对 TF0 标志清零。查询方式占用了很多 CPU 的工作时间，使 CPU 的效率下降。

用中断方式实现：

采用定时器溢出中断方式时，定时器启动后，CPU 可以做其他工作，当定时时间到，定时器向 CPU 发出中断申请，在中断服务程序中使 P1.0 每次取反。采用中断方式可以提高 CPU 的效率，CPU 响应中断时，中断标志 TF0 自动清零。

程序清单：

主程序：

```
MAIN:   MOV   TMOD，#00H    ；置 T0 为方式 0
        MOV   TL0，#18H     ；送初值
        MOV   TH0，#0E0H
        SETB  EA            ；CPU 开中断
        SETB  ET0           ；T0 中断允许
        SETB  TR0           ；启动 T0
HERE:   SJMP  HERE          ；等待中断，虚拟主程序
```

中断服务程序：

```
        ORG   000BH         ；T0 中断入口
        AJMP  CTC0          ；转中断服务程序
CTC0:   MOV   TL0，#18H     ；重装初值
        MOV   TH0，#0E0H
        CPL   P1.0          ；输出方波
        RETI                ；中断返回
```

2. 工作方式 1 及应用

工作方式 1 对应的是一个 16 位的定时/计数器，结构如图 6-5 所示。其操作方式与工作方式 0 几乎完全相同，唯一的差别是：工作方式 1 中寄存器 TH0 和 TL0 是以全部 16 位参与计数的，显然，工作方式 1 的定时/计数范围比工作方式 0 大。若计数器的初值设为 X，则：

在计数方式下，输入第($2^{16}-X$)个脉冲时，使 TF0=1 产生计数溢出中断；

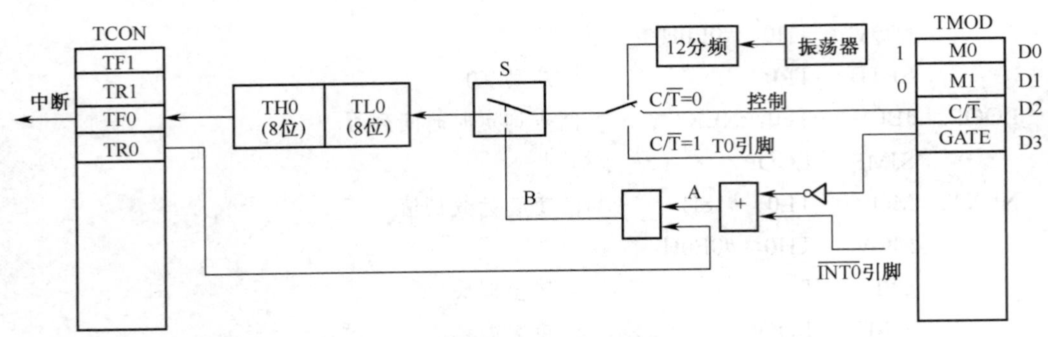

图 6-5　T0 工作方式 1 结构图

在定时方式下，定时时间间隔为 $t=(2^{16}-X)\times$振荡周期$\times12$。

3. 工作方式 2 及应用

工作方式 2 是自动装入计数器初值的 8 位定时/计数器，其结构如图 6-6 所示。

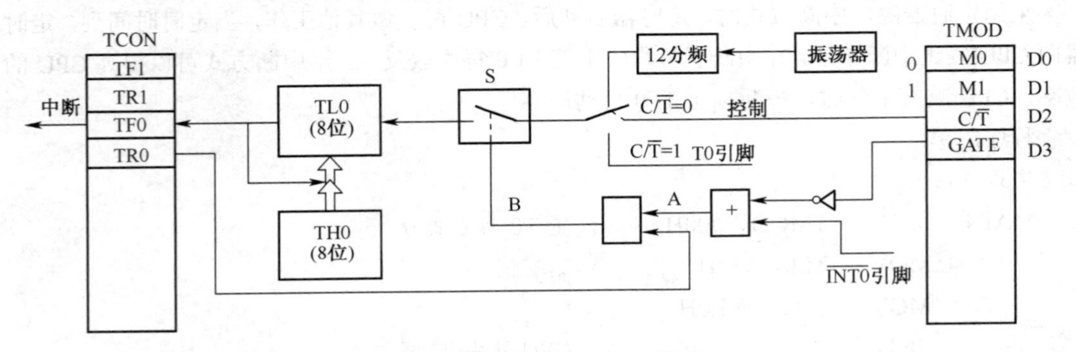

图 6-6　T0 工作方式 2 结构图

TL0 作为 8 位的加 1 计数器，TH0 为初值暂存寄存器，在启动定时/计数器前，对 TH0 和 TL0 赋同样的初值。定时器启动后，TL0 作加 1 计数器，当 TL0 计满溢出时，置位 TF0 标志的同时，TH0 内暂存的计数初值自动重新装入 TL0 中，使 TL0 从初值开始重新计数，这是一种常数自动装入的 8 位定时/计数工作方式。

在计数方式下，输入第(2^8-X)个脉冲时，使 TF0=1 产生计数溢出中断；

在定时方式下，定时时间间隔为 $t=(2^8-X)\times$振荡周期$\times12$。

选择这种工作方式时，可省去用户编程时重装时间常数指令的环节，并可产生相当精确的定时时间，特别适合于作波特率发生器。

例 6.2　当 $\overline{\text{INT0}}$ 外部中断引脚上的电平发生负跳变时，从 P1.0 输出一个周期为 1000 μs 的同步方波，T0 引脚第 2 次出现负跳变时，P1.0 输出停止，试用 T0 工作在方式 2 下，编程实现该功能，系统振荡频率 f_{osc}=6 MHz。

(1) 工作方式选择

如图 6-7 所示，采用外部中断 0，T0 定时 500 μs 控制 P1.0 端口取反，输出周期为 1000 μs 的方波。

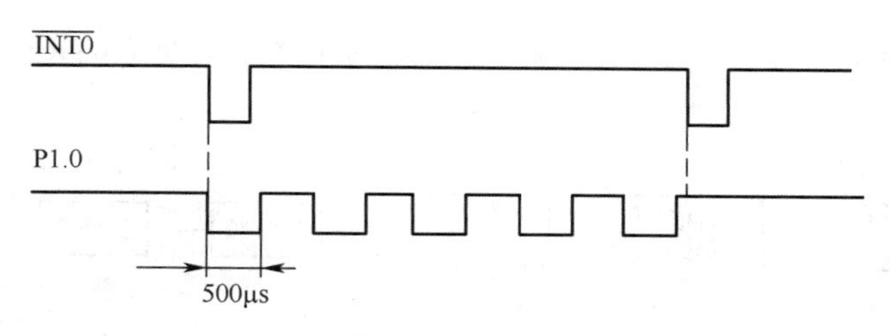

图 6-7　例 6.2 图

(2) 计算初值

当 T0 工作在定时方式 2，f_{osc}=6 MHz 时，计数脉冲周期 T_c=2 μs，此时，初值 X 为

$$(2^8-X)\times 2\ \mu s=500\ \mu s$$

$$X=06H$$

(3) 程序清单

```
        ORG     0000H           ；主程序入口
        SJMP    MAIN
        ORG     0003H           ；外部中断口 0 中断入口地址
        SJMP    INT0
        ORG     000BH           ；定时器 T0 中断入口地址
        SJMP    CTCO
MAIN:   MOV     TMOD，#02H      ；T0 工作在定时方式 2
        MOV     TH0，#06H       ；赋定时器定时初值
        MOV     TL0，#06H
        CLR     BZW             ；标志位清零
        SETB    EX0             ；开外部中断 0
        SETB    ET0             ；开定时中断 0
        SETB    EA              ；开中断
        SJMP    $
INT0:   JB      BZW，AA         ；判断标志位
        SETB    BZW             ；标志位置 1
        SETB    TR0             ；启动定时器 T0
        RETI
AA:     CLR     BZW             ；清零标志位
        CLR     TR0             ；停止定时器 T0
        RETI
CTCO:   CPL     P1.0            ；P1.0 取反
        RETI
        END
```

4. 工作方式 3 及应用

工作方式 3 下，定时器 T0 和 T1 的工作情况完全不同。

定时器 T0 设置为工作方式 3，TL0 和 TH0 被分成两个相互独立的 8 位定时/计数器，如图 6-8 所示。

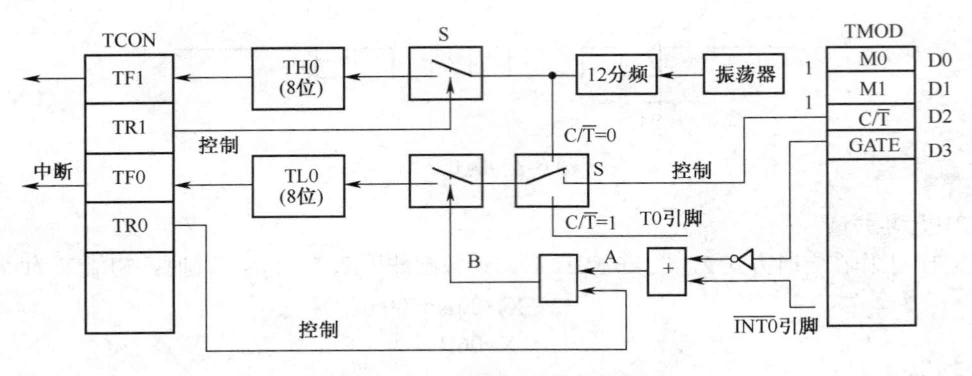

图 6-8　T0 工作方式 3 结构图

TL0 使用 T0 的各控制位、引脚和中断源，即 $C/\overline{T}$、GATE、TR0、TF0、T0(引脚 P3.4)、$\overline{INT0}$(引脚 P3.2)。TL0 除仅用 8 位寄存器外，其定时/计数功能和操作与方式 0、方式 1 完全相同。

TH0 此时只可用作简单的内部定时功能，它占用了定时/计数器 T1 的控制位 TR1 和 T1 的中断标志位 TF1，其启动和关闭受 TR1 的控制。

定时器 T1 无工作方式 3。当定时器 T0 工作在方式 3 时，定时器 T1 仍可设置为方式 0、方式 1、方式 2，但由于 TR1 和 TF1 被定时器 TH0 占用，计数器开关 S 已被接通，此时，仅用 T1 的控制位 $C/\overline{T}$ 切换定时器或计数器工作方式就可使 T1 运行，如图 6-9 所示。

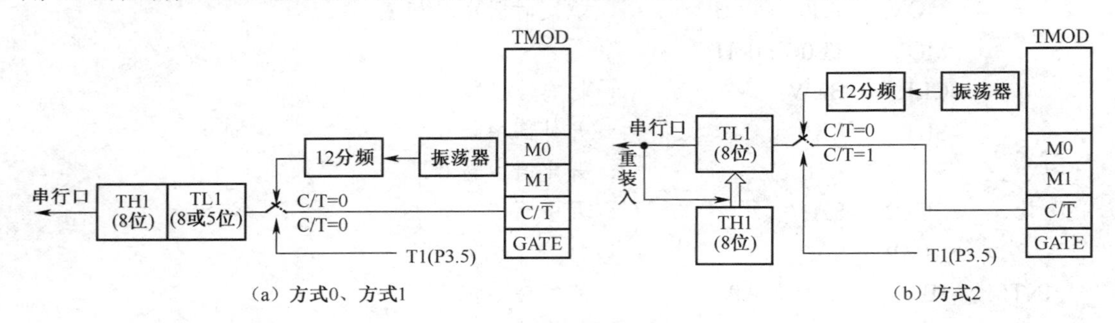

图 6-9　T0 工作在方式 3 时，T1 工作方式 0、方式 1、方式 2 结构图

当定时/计数器 T1(13 位、16 位、8 位)溢出时，只能将输出送入串行口或用于不需要中断的场合。一般情况下，当定时器 T1 用作串行口波特率发生器时，定时器 T0 才设置为工作方式 3。

思考与练习

1. 定时/计数器用作定时时，其定时时间长短与哪些因素有关？

2. 定时器方式 0、1、2、3 各有什么特点?适用于什么应用场合？

3. 已知单片机系统振荡频率 f_{osc} = 6 MHz，若要求定时值分别为 0.1 ms、1 ms 和 10 ms，定时器 T0 工作在方式 0、方式 1 和方式 2 时，定时器对应的初值各是多少？

4. 已知8051单片机的 f_{osc} = 12 MHz，用T1定时，工作在方式1。试编程由P1.0和P1.1引脚分别输出周期为2 ms和50 μs的方波。

5. 设 f_{osc}=12 MHz，对定时器T0初始化，使之工作在方式2，产生200 μs定时，并用查询T0溢出标志的方法控制P1.0输出周期为2 ms的方波。

6. 已知单片机系统振荡频率 f_{osc} = 6 MHz，试编写程序，使P1.0输出如图6-10所示的矩形脉冲(建议用定时器工作方式2)。

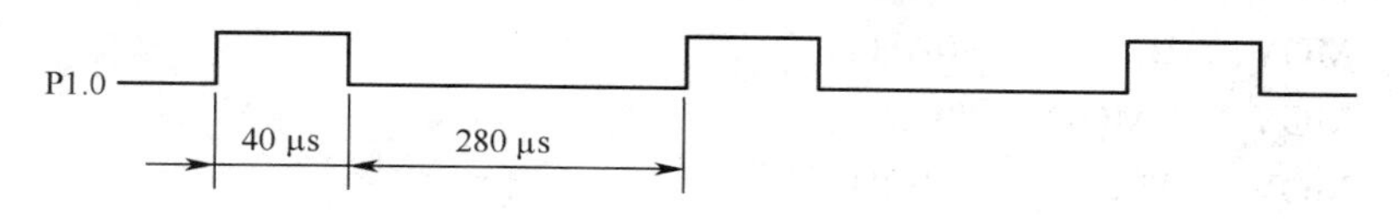

图6-10　习题6图

任务三　定时器应用举例

任务要求

- 了解定时/计数器的扩展
- 理解定时/计数器作外部中断源
- 掌握定时/计数器的应用

相关知识

1. 超过定时/计数器量程的定时问题

例6.3　设系统时钟频率为6 MHz，试编写利用T0产生1 s定时的程序。

(1) 定时器T0工作方式的确定

$$f_{osc}=6\ \text{MHz},\ T_c=2\times10^{-3}\ \text{ms}$$

方式0最长可定时时间为 $2^{13}\times2\times10^{-3}$ ms =16.384 ms；

方式1最长可定时时间为 $2^{16}\times2\times10^{-3}$ ms =131.072 ms；

方式2最长可定时时间为 $2^{8}\times2\times10^{-3}$ ms= 0.512 ms。

题中要求定时1 s，显然，直接通过设置时间初值是不可能实现的。若选择方式1，通过设置初值X，使T0定时/计数器每隔100 ms中断一次，只要中断10次就是1 s。

$$(2^{16}-X)\times\frac{12}{6\times10^{6}\ \text{Hz}}=100\times10^{-3}\ \text{s}$$

$$X=15536=3CB0H$$

(2) 求定时100 ms时初值X

(TH0)=3CH，(TL0)=0B0H

(3) 实现方法

对中断计数10次，用循环程序的方法实现。

程序清单：

主程序：

```
        ORG     0000H
LJMP:   MAIN
        ORG     000BH
        AJMP    SERVE
        ORG     2000H
MAIN:   MOV     SP，     #60H
        MOV     B，      #0AH
        MOV     TMOD，   #01H
        MOV     TL0，    #0B0H
        MOV     TH0，    #3CH
        SETB    TR0
        SETB    ET0
        SETB    EA
        SJMP    $
```

中断服务程序：

```
SERVE:  MOV     TL0，    #0B0H
        MOV     TH0，    #3CH
        DJNZ    B，      LOOP
        CLR     TR0
LOOP:   RETI
```

2. 用定时器测试脉冲宽度

例 6.4　设被测脉冲由$\overline{\text{INT0}}$输入，T0 工作于定时方式 1，外启动方式。测试时，在$\overline{\text{INT0}}$为低电平时，设置 TR0=1；当$\overline{\text{INT0}}$变为高电平时，就开始启动对系统时钟计数；$\overline{\text{INT0}}$再次变低电平时，停止计数。此时计数值即为被测正脉冲的宽度，其单位是机器周期。当 f_{osc}=12 MHz 时，单位为μs。假设最后将测得结果存放在 R0 指向的两单元中，如图 6-11 所示。

程序清单：

```
MOV     TMOD，#09H
MOV     TL0，#00H
MOV     TH0，#00H
MOV     R0，#20H
JNB     INT0，$
SETB    TR0
JB      INT0，$
CLR     TR0
MOV     @R0，TL0
INC     R0
MOV     @R0，TH0
```

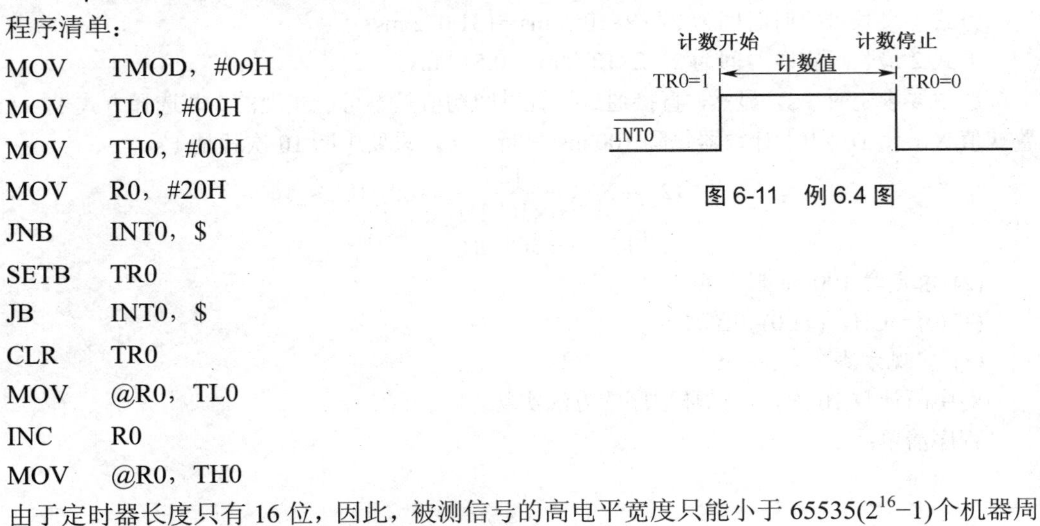

图 6-11　例 6.4 图

由于定时器长度只有 16 位，因此，被测信号的高电平宽度只能小于 65535($2^{16}-1$)个机器周期。

3. 用定时/计数器扩展外部中断源

在不增加硬件开销的情况下，可设置T0工作在计数方式3，把T0引脚作扩展的外部中断输入端，使TL0的计数初值为FFH，当T0引脚电平出现由1至0的负跳变时，TL0产生溢出，向CPU申请中断，这相当于一个边沿触发的外部中断源。

例6.5　设某用户系统中已使用了两个外部中断源，定时器T1工作在方式2，作串行口波特率发生器用，现要求再增加一个外部中断源，并由P1.0引脚输出一个2.5 kHz的方波fosc=12 MHz。

T0在工作方式3下，TL0作计数用，而TH0可作8位的定时器，定时控制P1.0引脚输出2.5 kHz的方波信号，即方波周期 $T=1/f_{osc}=\frac{1}{2.5}\times10^{-3}$ s，使P1.0口每 $\frac{1}{5}\times10^{-3}$ s翻转一次即可得到2.5 kHz的方波。

TL0的计数初值为FFH。

设TH0的定时初值为X，则

$$(2^8-X)\times\frac{12}{12\times10^6\ \text{Hz}}=\frac{1}{5}\times10^{-3}\ \text{s}$$

$$X=56$$

程序如下：

```
        MOV     TMOD，#27H  ；设定T1工作在定时状态方式2，
                            ；T0工作在计数状态方式3
        MOV     TL0，#0FFH  ；设定TL0计数初值
        MOV     TH0，#56    ；设定TH0定时初值
        MOV     TL1，#DATA  ；设定TH1定时初值
        MOV     TCON，#55H  ；启动T1，T0，设定外部中断
        MOV     IE，#9FH    ；开中断
        AJMP    $
```

TL0溢出中断服务程序：

```
INT：MOV    TL0，#0FFH      ；重新赋初值
(中断处理)
     RETI
```

TH0中断服务程序：

```
INT：MOV    TH0，#56        ；重新赋初值
     CPL    P1.0            ；P1.0取反
     RETI
```

4. 定时器T0和T1连用从而实现长时间定时

将两个定时器连用以实现长时间定时，两个定时器中，一个用于定时，另一个用于计数。当定时的时间到，会输出一个控制信号作为另一个定时器的计数脉冲。

例6.6　用定时器T1定时，由P1.0输出周期为2 min的方波。已知 f_{osc}=12 MHz。

设定时器T0定时60 ms，选择工作方式1，T1用于计数。当T0的60 ms定时时间到，控

制 P1.2 输出方波作为 T1 的计数脉冲，T1 计满后，控制 P1.0 输出宽度为 2 min 的方波。如图 6-12 所示。

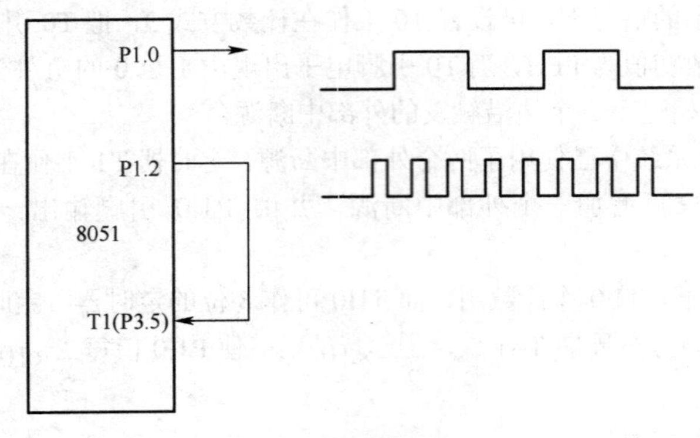

图 6-12　例 6.6

T0 的定时初值 X0 为：

$X0=2^{16}-12\times60\times10^3/12=5536=15A0H$

T1 的计数初值 X1 为：

$X1=2^{16}-1\times60\times1000/60=64536=FC18H$

主程序如下：

```
        ORG    0000H          ; 主程序入口
        SJMP   START
        ORG    000BH          ; 定时/计数器 T0 入口地址
        AJMP   INTR0
        ORG    001BH          ; 定时/计数器 T1 入口地址
        AJMP   INTR1
        ORG    2000H          ; 主程序
START:  MOV    TMOD，#51H     ; 设定 T1，T0 工作方式控制字
        MOV    TH0，#15H      ; 设定 T0 初值
        MOV    TL0，#0A0H
        MOV    TH1，#0FCH     ; 设定 T1 初值
        MOV    TL1，#18H
        MOV    IE，#8AH       ; 开中断
        SET    TR0
        SET    TR1
        SJMP   $
```

T0 中断服务程序：

```
INTR0:  MOV    TH0，#15H      ; 重新赋初值
        MOV    TL0，#0A0H
```

```
        CPL     P1.2            ; P1.2 取反
        RETI
```

T1 中断服务程序：

```
INTR1:  MOV     TH1，#0FCH      ; 重新赋初值
        MOV     TL1，#18H
        CPL     P1.0            ; P1.0 取反
        RETI
```

思考与练习

1. 如何通过软件、硬件结合的方法，实现较长时间的定时？

2. 试用 8051 单片机的定时器 T1 产生 1s 的定时，设单片机晶振为 12 MHz。

3. 以定时/计数器 1 进行外部事件计数，每计数 1000 个脉冲后，定时/计数器 1 转为定时工作方式。定时 10 ms 后，又转为计数方式，如此循环。假定单片机晶振频率为 6 MHz，请使用方式 1 编程实现。

4. 试编制一段程序，当 P1.2 引脚的电平上跳时，对 P1.1 的输入脉冲进行计数，当 P1.2 引脚的电平下跳时停止计数，并将计数值写入 R6、R7。

项目小结

8051 单片机共有两个可编程的定时器/计数器，分别称为定时器 0(T0)和定时器 1(T1)，它们都是 16 位加 1 计数器。定时器/计数器的工作方式、定时时间、计数值和启停控制都由程序来确定。

定时器/计数器有 4 种工作方式，工作方式由定时器方式寄存器(TMOD)中的 M1，M0 位确定。其中，方式 0 是 13 位计数器，方式 1 是 16 位计数器，方式 2 是自动重装初值 8 位计数器；在方式 3 时，定时器 0 被分为两个独立的 8 位计数器，定时器 1 是无中断的计数器，此时定时器 1 一般用做串行口波特率发生器。

定时器/计数器有定时和计数两种功能，由 TMOD 中的 $C/\overline{T}$ 位确定。当定时器/计数器工作在定时功能时，通过对单片机内部的时钟脉冲计数来实现可编程定时；当定时器/计数器工作在计数功能时，通过对单片机外部的脉冲计数来实现可编程计数。

当定时器/计数器的加 1 计数器计满溢出时，溢出标志位 TF1(TF0)由硬件自动置 1。对该标志位有两种处理方法：一种是以中断方式工作，即 TF1(TF0)置 1 并申请中断，响应中断后，执行中断服务程序，并由硬件自动使 TF1(TF0)清 0；另一种以查询方式工作，即通过查询该位是否为 1 来判断是否溢出，TF1(TF0)置 1 后必须用软件使 TF1 清 0。

定时器/计数器的初始化实际上就是对定时器/计数器进行编程，以实现设计者所要求的控制功能。这通过对 TMOD，TH0(TH1)，TL0(TL1),IE,TCON 等专用寄存器中相关位的设置来实现，其中 IE,TCON 专用寄存器可进行位寻址。

项目测试

一、填空题

1. MCS-51 单片机 8051 中有_______个_______位的定时器/计数器，可以被设定的工作方式有四种。

2. MCS-51 单片机的定时器内部结构由_______，_______，_______，_______ 4 部分组成。

3. 对于 8051 的定时器，若用软启动，应使 TOMD 中的_______。

4. 使定时器 T0 未计满数就原地等待的指令是_______。

5. 若 8051 的定时器 T0 用做计数方式，模式 1(16 位)，则工作方式控制字为_______。定时器控制寄存器 TCON 的作用是______。

6. MCS-51 的定时器/计数器有 4 种工作方式，这可在初始化程序中用软件填写特殊功能寄存器_______加以选择。

7. 在 MCS-51 单片机内部结构中，TMOD 为模式控制寄存器，主要用来控制_______的启动与停止。

二、选择题

1. 定时器若工作在循环定时或循环计数场合，应选用_____。

A. 工作方式 0　　B. 工作方式 1　　C. 工作方式 2　　D. 工作方式 3

2. 启动定时器 0 开始计数的指令是使 TCON 的_____。

A. TF0 位置 1　　B. TR0 位置 1　　C. TR0 位置 0　　D. TR1 位置 0

3. 使 8051 的定时器 T0 停止计数的指令是_____。

A. CLR　TR0　　B . CLR　TR1　　C. SETB　TR0　　D. SETB　TR1

4. 下列指令中，判断若定时器 T0 计满数就转 LP 的是_____。

A. JB　T0, LP　　B. JNB　TF0, LP　　C. JNB　TR0, LP　　D. JB　TF0，LP

5. 若 8051 的定时器 T1 用做定时方式，模式 1，则初始化编程为_____。

A. MOV　TOMD,　#01H　　B. MOV　TOMD,　#50H

C. MOV　TOMD,　#10H　　D. MOV　TCON,　#02H

6. 若单片机的振荡频率为 12 MHz，设定时器工作在方式 1 需要定时 1 ms，则定时器初值应为_____。

A. 500　　B. 1000　　C. $2^{16}-500$　　D. $2^{16}-1000$

7. 设 MCS-51 单片机晶振频率为 12 MHz，定时器做计数器使用时，其最高的输入计数频率应为_____。

A. 2 MHz　　B. 1 MHz　　C. 500 kHz　　D. 250 kHz

8. 使用定时器/计数器 T0 工作于定时、以方式 2 产生 100 μs 定时，在 P1.0 口输出周期为 200 μs 的连续方波。已知晶振频率为 12 MHz。TH0 的初值为_____，TL0 的初值为_____。

A. 0C9H,　0FFH　　B. 0FFH,　0C9H　　C. 0CEH,　0CEH　　D. 9CH,　9CH

9. 以中断方式进行定时的应用，则应用程序中的初始化内容应包括_____。

A. 设置系统复位工作方式、设置计数初值

B. 系统复位、设置计数初值、设置中断方式

C. 设置工作方式、设置计数初值、打开中断

D. 设置工作方式、设置计数初值、禁止中断

10. 使用定时器 T0 时，有几种工作方式？_____。

A. 1 种　　B. 2 种　　C. 3 种　　D. 4 种

11. 关于定时器/计数器说法错误的是_____。

A. 它实质是加法计数器，对固定时间间隔内部机器周期进行计数就是定时器，对外部事件计数就是计数器

B. 有 4 种工作方式，由 TCON 寄存器来设定

C. TCON 的内容由软件写出

D. 作定时器时，与晶体振荡器有关

12. TMOD 中 GATE 的作用是_____。

A. 运行门控制　　B. 定时/计数方式选择　　C. 工作方式选择　　D. 工作允许控制

13._____是 16 位定时器/计数器方式。

A. 方式 0　　B. 方式 1　　C. 方式 2　　D. 方式 3

14. 在工作方式 0 时，如果初值为 1110000011000B，则_____。

A. TH=0E0H, TL=18H　　B. TH=1BH,　TL=18H

C. TH=0E0H, TL=B0H　　D. TH=18H,　TL=E0H

15. 如果 TMOD=00110000，则_____。

A. T0 停止工作　　B. T1 停止工作　　C. T0 作计数器使用　　D. T1 作计数器使用

三、判断题

(　　)1. 特殊功能寄存器 SCON 与定时器/计数器的控制无关。

(　　)2. 特殊功能寄存器 TCON 与定时器/计数器的控制无关。

(　　)3. 特殊功能寄存器 IE 与定时器/计数器的控制无关。

(　　)4. 特殊功能寄存器 TMOD 与定时器/计数器的控制无关。

(　　)5. TMOD 中的 GATE=1 时，表示由两个信号控制定时器的启停。

(　　)6. TR1、TR0 分别是定时器 T1、T0 的控制位，通过软件置“1”，在系统复位时被清“0”。

(　　)7. 当 $C/\overline{T}$=1 时，为定时器方式。

(　　)8. 在方式 0 时，当 13 位计数器加到全“1”时，各位还可以位寻址。

(　　)9. TMOD 和 TCON 除了可字节寻址外，各位还可以位寻址。

(　　)10. 作定时器时，单片机的每个状态周期使计数器加 1。

四、简答题

1. MCS-51 采用 12 MHz 的晶振，定时 1 ms，如用定时器方式 1 时的初值应为多少？

2. 基于 51 单片机编程过程中，需要用到定时器 T0 实现 5 ms 的延时，请确定定时器 T0 的工作方式。

3. 用定时器 T0，方式 1 实现 1 s 的延时。

4. MCS-51 定时/计数器的定时功能和计数功能有什么不同？分别应用在什么场合下？

5. 89S51 单片机片内设有几个定时器/计数器？它们由哪些特殊功能寄存器组成？做定时

器时，定时时间与哪些因数有关？做计数器时，对外界计数频率有何限制？

6. 简述 MCS-51 单片机定时器/计数器的 4 种工作方式的特点及如何选择和设定这 4 种工作方式。

7. 编写一段程序，功能要求为：当 P1.0 引脚的电平正跳变时，对 P1.1 的输入脉冲进行计数；当 P1.2 引脚的电平负跳变时，停止计数，并将计数值写入 R0、R1(高位存 R1，低位存 R0)。

8. 定时器/计数器 1 工作在方式 0，定时时间 5 ms，试编程对其进行初始化(设系统振荡频率为 12 MHz)。

9. 单片机 P1.0 接 LED，要求采样外部脉冲，每 6 个脉冲取反一次 P1.0。

10. 按串行接口、外部中断 0、定时器 1 的顺序设定中断优先级，写出 IE、IP 命令字。

五、综合应用

1. 脉冲信号发生器的设计。

用单片机定时器/计数器设计周期为 20 ms 的矩形脉冲，设占空比为 1:5，从 P1.0 引脚上输出。系统采用 12 MHz 晶振，利用定时器 T0，工作方式 1，采用查询方式进行控制。

2. 脉冲宽度测量。

① 当门控位 GATE=1 时，控制位 TR0 或 TR1 需置 1，同时还需 $\overline{INT0}$ (P3.2)或 $\overline{INT1}$ (P3.3)为高电平方可启动定时器，若 $\overline{INT0}$ (P3.2)或 $\overline{INT1}$ (P3.3)为低电平则停止定时器工作。

②设定时器 T1 工作于模式 1，定时方式，其 GATE=1，测试 $\overline{INT1}$ 引脚脉冲宽度。设脉冲宽度以机器周期为单位，且小于 65536 个机器周期。测试时应在 $\overline{INT1}$ =0 时，置 TR1=1。当 $\overline{INT1}$ =1 时，定时器 T1 开始工作；$\overline{INT1}$ =0 时，定时器 T1 停止工作。此时 TH1、TL1 的内容便是待测信号脉冲的宽度，并存入 40H 和 41H 单元中。

3. 带有通道控制的简易交通信号系统的设计。

① 正常情况下 A、B 通道车辆轮流放行，A 通道放行 60 s(其中 5 s 用于警告)，B 通道放行 30 s(其中 5 s 用于警告)；一通道有车而另一通道无车时，控制有车通道放行；有紧急车辆通过时，A、B 通道均禁止通行(时间为 10 s)。

② 用绿、黄、红三种发光二极管表示车辆允许通行、警告和禁止通行，两个外部中断源作为通道选择控制，并设紧急车辆为优先级。

项目 7

MCS-51 单片机串行接口

知识目标

1. 了解串行通信的基础知识；
2. 了解单片机串行通信口的内部结构；
3. 掌握串行口的使用；
4. 了解单片机与单片机、单片机与 PC 机之间的通信。

能力目标

1. 串行口工作方式 0 的应用；
2. 串行口工作方式 1 的应用；
3. 串行口工作方式 2、方式 3 的应用；
4. 单片机之间的通信；
5. 单片机与 PC 机的通信。

任务一　串行数据通信基础知识

任务要求

- 了解串行通信与并行通信的概念
- 了解波特率的概念
- 了解异步通信数据帧的结构形式
- 了解串行通信与并行通信的区别
- 了解数据的串—并转换

相关知识

1. 并行通信和串行通信

单片机与外界的信息交换称为通信，基本的通信方法有并行通信和串行通信两种。

(1) 并行通信

单位信息(通常指一个字节)的各位数据同时传送的通信方式称为并行通信。MCS-51 单片机的并行通信依靠并行 I/O 接口实现。如图 7-1 所示，CPU 在执行如“MOV P1，#data”的指令时，将 8 位数据写入 P1 口，并经 P1 口的 8 个引脚将 8 位数据并行输出到外部设备。同样，CPU 也可以执行如“MOV A，P1”的指令，将外部设备送到 P1 口引脚上的 8 位数据并行地读入累加器 A。并行通信的最大优点是信息传输速度快，缺点是单位信息有多少位就需要多少根传送信号线。因此，并行通信在短距离通信时有明显的优势；对远距离通信来说，由于需要传送信号线太多，采用并行通信就不经济了。

(2) 串行通信

单位信息的各位数据被分时、顺序传送的通信方式称为串行通信，如图 7-2 所示。串行通信可通过串行接口来实现。串行通信的突出优点是，仅需要一对传输线传输信息，对远距离通信来说，就大大降低了线路成本；其缺点是传送速度比并行传输慢。假设并行传送 N 位数据所需要时间为 T，则串行传送的时间至少需要 N × T，实际上总是大于 N × T。

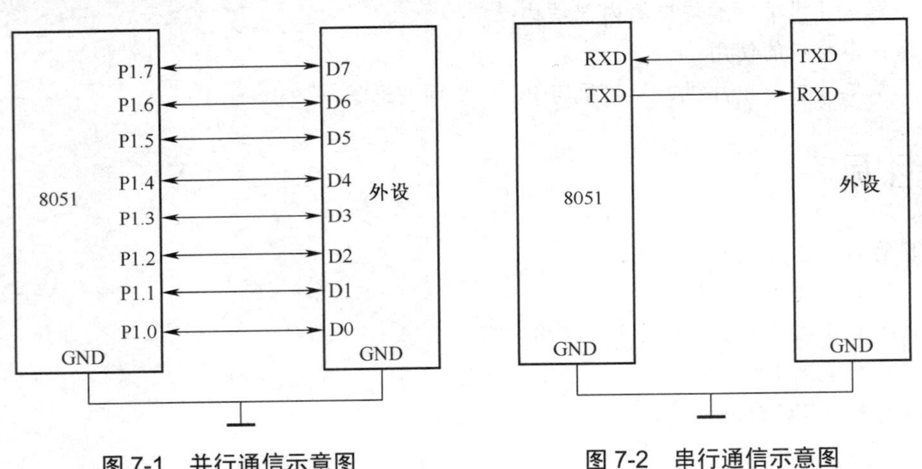

图 7-1　并行通信示意图　　图 7-2　串行通信示意图

2. 串行数据通信基本原理

通信技术中，输出又称为传送(Transmitting)，输入又称为接收(Receiving)。串行通信有两种基本通信方式，即异步通信和同步通信。

(1) 异步通信

在异步通信中，传送的数据可以是一个字符代码或一个字节数据。数据以帧的形式一帧一帧地传送。在图 7-3(a)所示的帧结构中，一帧数据由 4 个部分组成：起始位、数据位、奇偶校验位和停止位。异步通信起始位用“0”表示数据传送的开始，然后从数据低位到高位逐位传送数据，接下来是奇偶校验位(可以省略不用)，最后为停止位，用“1”表示一帧数据结束。

起始位信号只占用一位，用来通知接收设备一个待接收的数据开始到达，线路上在不传送数据时，应保持为 1。接收端不断检测线路的状态。若在连续收到 1 以后，又收到一个 0，就知道发来一个新数据，开始接收，如图 7-3(b)所示。字符的起始位还可被用作同步接收端的时钟，以保证以后的接收能正确进行。

数据位一般情况下是 8 位(D0～D7)。

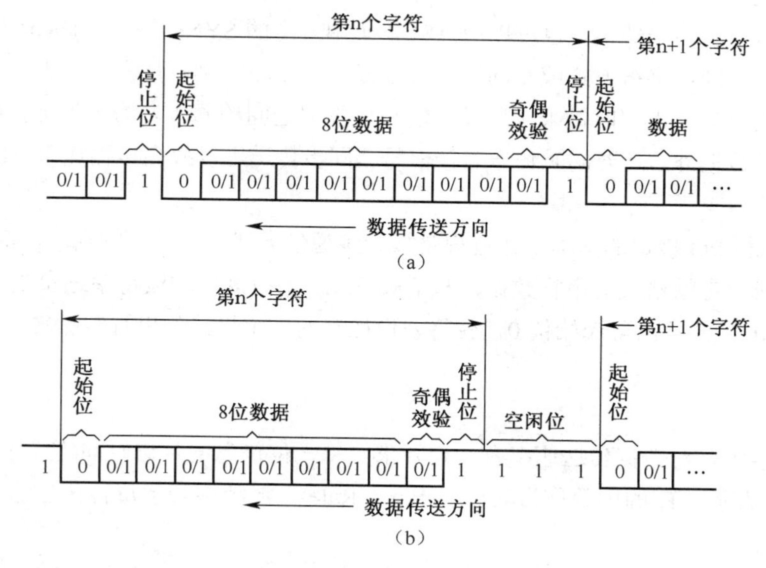

图7-3 异步通信数据帧格式

奇偶校验位(D8)只占用一位，在数据传送中也可以规定不用奇偶校验位，这一位可以省去，或者把它用作地址/数据帧标志，以此来确定这一帧中的数据所代表信息的性质，如规定D8 = 1表示该帧信息传送的是地址，D8 = 0表示传送的是数据。

停止位用来表示一个传送字符的结束，它一定是高电平，停止位可以是1位、1.5位或2位，接收端接收到停止位后，就知道这一字符已传送完毕。同时，也为接收下一字符作准备，只要再次接收到0，就是新的数据的起始位。若停止位后不是紧接着接收下一个字符，则线路保持高电平。两帧信息之间可以无间隔，也可以有间隔，且间隔时间可以任意改变，间隔用空闲位“1”来填充。

例如：ASCII编码的字符数据为7位，传送时，加1个奇偶校验位、1个起始位、1个停止位，则一帧共10位。

(2) 同步通信

在同步通信中，每一数据块发送开始时，先发送一个或两个同步字符，使发送与接收取得同步，然后再顺序发送数据。数据块的各个字符间取消起始位和停止位，所以通信速度得以提高，如图7-4所示。同步通信时，如果发送的数据块之间有间隔时间，则发送同步字符进行填充。

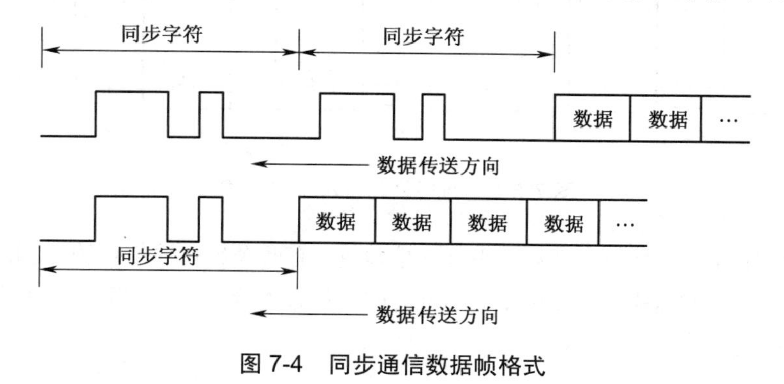

图7-4 同步通信数据帧格式

同步字符可以由用户约定，也可以用 ASCII 码中规定的 SYNC 同步代码(即 16H)。同步字符的插入可以是单同步字符方式或双同步字符方式。

在同步传送时，要求用时钟来实现发送端与接收端之间的同步。为了保证接收正确无误，发送方除了传送数据外，还要同时传送时钟信号。同步传送可以提高传输速率，但对硬件要求比较高。

MCS-51 串行 I/O 接口的基本工作过程是按异步通信方式进行的：发送时，将 CPU 送来的并行数据转换成一定帧格式的串行数据，从引脚 TXD 上按规定的波特率逐位输出；接收时，要监视引脚 RXD，一旦出现起始位 0，就将外设送来的一定格式的串行数据转换成并行数据，等待 CPU 读入。

3. 波特率

在串行通信中，对数据传送速率有一定要求。每一位信息的传送时间(位宽)是固定的，用位传送时间 T_d 表示。T_d 的倒数称为波特率(Baud Rate)，波特率表示每秒传送的位数。单位为 Baud(记作波特)。

异步通信的传送速率一般在 50～9600 Baud，例如，电传打字机的传送速率为每秒钟 10 个字符，若每个字符的一帧为 11 位，则传送波特率为

$$11\ \text{位/字符} \times 10\ \text{字符/秒} = 110\ \text{波特}$$

而位传送时间 T_d=9.1 ms。

4. 通信方向

根据信息的传送方向，串行通信有单工、半双工和全双工 3 种方式。如果一对传输线只允许单方向传送数据，这种传送方式称为单工传送方式，如图 7-5(a)所示；如果一对传输线允许向两个方向中的任一方向传送数据，但两个方向上的数据传送不能同时进行，这种传送方式称为半双工(Half Duplex)传送方式，如图 7-5(b)所示；如果用两对传输线连接在发送器和接收器上，每对传输线只负担一个方向的数据传送，发送和接收能同时进行，这种传送方式称为全双工(Full Duplex)传送方式，如图 7-5(c)所示，它要求两端的通信设备都具有独立的发送和接收能力。

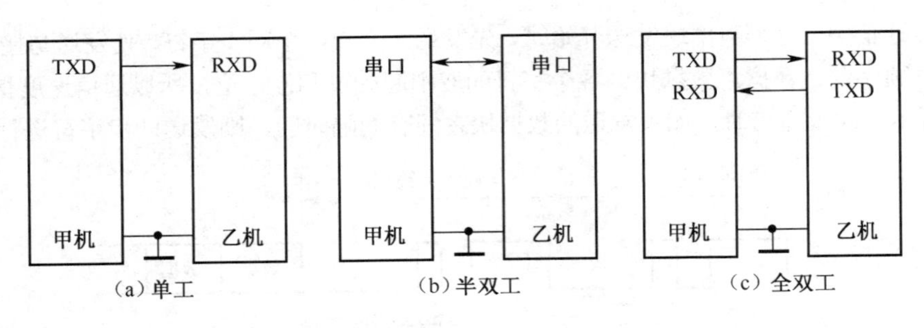

图 7-5　串行通信的 3 种工作方式

MCS-51 单片机内部有一个全双工串行通信装置，有两个串行通信传输引脚：RXD(串行接收引脚)和 TXD(串行发送引脚)。但 CPU 不可能同时执行“接收”和“发送”两种指令，“全双工”只是对串行接口而言的。

5. 串-并转换

两个通信设备在串行线路上成功地实现通信必须解决串-并转换，即如何把要发送的并行数据串行化，把接收的串行数据并行化。串行通信是将发送端单片机内部的并行数据转换成串行数据，将其通过一根通信线传送，并将在接收端接收的串行数据再转换成并行数据送到单片机中。串行数据发送之前，单片机内部的并行数据已被送入移位寄存器，再一位一位移出。将并行数据转换成串行数据方式，如图 7-6 所示。在接收数据时，来自通信线路的串行数据一位一位地被送入移位寄存器，满 8 位后，再并行送到单片机内部，如图 7-7 所示。

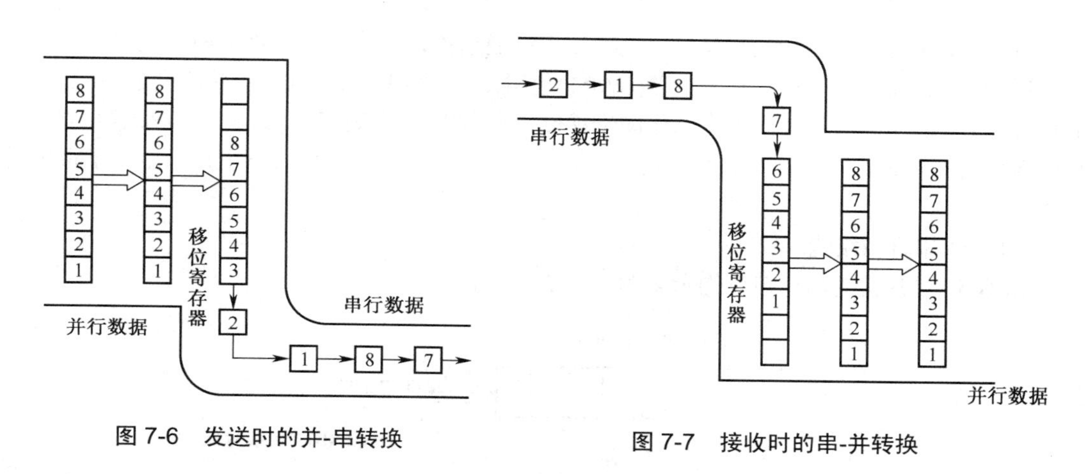

图 7-6　发送时的并-串转换　　图 7-7　接收时的串-并转换

6. 设备同步

设备同步，即同步发送设备和接收设备的工作节拍，以确保发送器发送的信息在接收端能被正确读出，进行串行通信的两台设备必须同步工作才能有效地检测通信线路上的信号变化，从而采样传送数据脉冲。设备同步对通信双方有两个要求：一是通信双方必须采用统一的编码方式，二是通信双方必须能产生相同的传送速率。

采用统一的编码方法确定了一个字符二进制表示值的位发送顺序和位串长度，还包括统一的逻辑电平规定。

通信双方只有产生相同的传送速率，才能确保设备同步，这就要求发送和接收设备采用相同频率的时钟。发送设备在统一的时钟脉冲上发出数据，接收设备才能正确检测出与时钟脉冲同步的数据信息。

思考与练习

1. 比较串行通信和并行通信的特点。

2. 串行异步通信的帧格式如何?

3. 某异步通信接口，其帧格式由 1 个起始位、7 个数据位、1 个奇偶校验位和 1 个停止位组成。当该接口每分钟传送 1800 个字符时，请计算出传送波特率。

任务二　MCS-51 的串行接口及控制寄存器

任务要求

¤ 了解串行口内部结构

¤ 掌握串行口控制字的设置方法

相关知识

MCS-51 单片机的串行接口是一个全双工串行通信接口，即能同时进行串行发送和接收数据，它可以作为通用异步接收和发送器(UART)使用，可以实现两台 8051 单片机间的双机通信、单片机与 PC 机间的通信等，也可以作同步移位寄存器用，用来扩展单片机的输入/输出接口。其传送数据帧格式可以有 8 位、10 位或 11 位，并能设置传送波特率，给用户用带来了很大灵活性。

1. 8051 串行口结构

MCS-51 单片机的串行口结构示意图如图 7-8 所示。

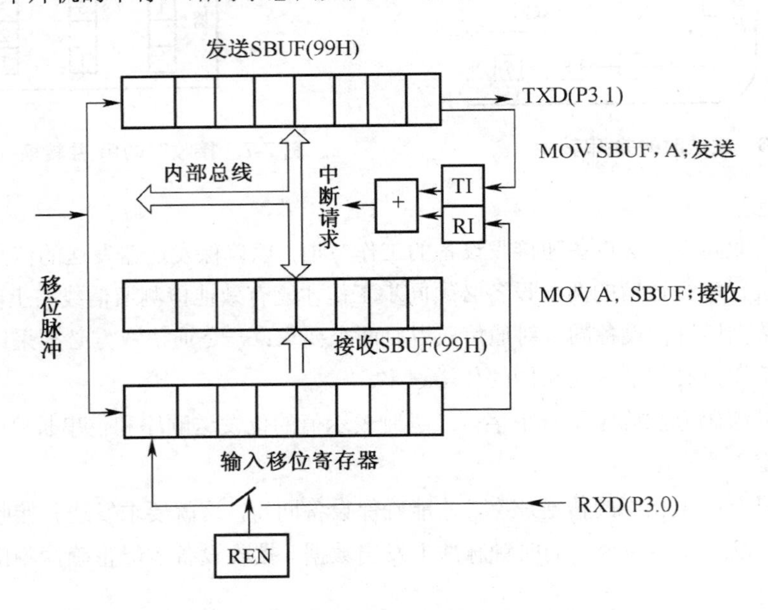

图 7-8　MCS-51 单片机串行口结构示意图

8051 通过引脚 RXD(P3.0，串行数据接收端)和引脚 TXD(P3.1，串行数据发送端)与外界进行通信。单片机内部的全双工串行接口部分，包含有串行发送器和接收器，8051 单片机有两个物理上独立的缓冲器，即发送缓冲器和接收缓冲器。发送缓冲器 CPU 只能写入发送的数据，但不能读出；接收缓冲器 CPU 只能读出接收的数据，但不能写入。因此，可同时收、发数据，实现全双工传送。

串行口发送和接收缓冲器的名称都叫特殊功能寄存器 SBUF(一个是接收 SBUF，一个是发送 SBUF)，它们共用一个地址 99H，SBUF 是不可位寻址的。若向外发送一个数据，只要执行一条写传送数据指令(如 MOV SBUF，A)即可。若要接收一个外部传来的数据，只要执行一条读数据传送指令(如 MOV A，SBUF)即可。

数据接收时，在满足串行口接收中断标志位 RI(SCON.0)=0 的条件下，置允许接收位 REN(SCON.4)=1，就可以接收一帧数据进入移位寄存器，移位寄存器接收到一个完整的数据后，将数据装入接收缓冲器 SBUF 中，当接收缓冲器 SBUF 接收到数据时，硬件自动置 SCON 寄存器中的 RI 位为 1，申请串行中断，表示一个数据各位接收完毕，接收缓冲寄存器 SBUF 已稳定，CPU 可以将数据取走。

从图 7-8 中可以看出接收是双缓冲结构，在前一个字节从接收缓冲器 SBUF 读出之前，第 2 个字节即开始接收到串行输入移位寄存器，但是，在第 2 个字节接收完毕而 CPU 未读取前一个字节时，会丢失前一个字节。

数据发送时，当发送 SBUF 寄存器中的数据串行发送完毕时，硬件自动置 SCON 寄存器中的 TI 为 1，申请串行中断，表示数据发送完毕，发送缓冲寄存器已空，已作好接收 CPU 送来的下一个待发送数据的准备，指示 CPU 可以向发送缓冲寄存器 SBUF 写入下一个发送数据。对于发送缓冲器，因为发送时 CPU 是主动的，不会产生重叠错误，不需要双缓冲结构。

2. 串行口通信控制

8051 串行口是可编程接口，对它初始化编程只涉及两个特殊功能寄存器，即串行口控制寄存器 SCON(98H)和电源控制寄存器 PCON(87H)。

(1) 串行口控制寄存器 SCON

SCON(98H)包含串行口工作方式选择位、接收和发送控制位以及串行口状态标志位，其格式如图 7-9 所示：

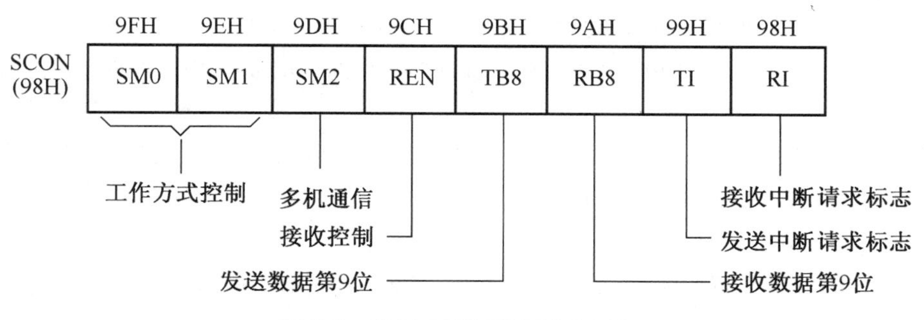

图 7-9 串行口控制寄存器 SCON

SM0、SM1：串行口工作方式选择位，其定义如表 7-1 所示。8051 串行口可设置 4 种工作方式，串行数据传输有 8 位、10 位或 11 位帧结构格式。

表 7-1 串行口工作方式选择表

SM0 SM1	工作方式	功 能 说 明	波 特 率
0 0	方式 0	8 位移位寄存方式(用于扩展 I/O 口)	$f_{osc}/12$
0 1	方式 1	8 位通用异步收发器，10 位帧结构	可变(T1 溢出率/n)

续表

SM0 SM1	工作方式	功 能 说 明	波 特 率
1　0	方式 2	9 位通用异步收发器，11 位帧结构	$f_{osc}/64$ 或 $f_{osc}/32$
1　1	方式 3	9 位通用异步收发器，11 位帧结构	可变(T1 溢出率/n)

SM2：多机通信控制位。在方式 2 和方式 3 处于接收状态下，如果 SM2 置为 1，则接收到的附加位数据(RB8)为 0 时，不激活 RI(即 RI 不置 1)；在方式 1 处于接收下，如果 SM2 置为 1，则接收到有效的停止位时，才会激活 RI(即 RI 置 1)；在方式 0 下，SM2 应置为 0。

REN：允许串行接收位。由软件置 1 允许接收数据；由软件置 0 禁止接收数据。

TB8：是在方式 2 和方式 3 中发送的附加位数据。根据发送数据的需要由软件置位或复位。可作奇偶校验位，也可在多机通信中作区别地址帧或数据帧的标志位。在方式 0、方式 1 中该位未用。

RB8：是在方式 2 和方式 3 中接收的附加位数据。可作约定的奇偶校验位，或是约定的地址/数据的标志位。在方式 1 中，若 SM2 = 0，则 RB8 中存放的是已接收到的停止位。方式 0 不使用 RB8。

TI：发送中断标志位。在方式 0 中，串行发送第 8 位结束时，由硬件置位 T1；在其他 3 种方式中，串行发送停止位开始时，由硬件置位 TI。TI = 1 表示一帧数据发送完毕。可由软件查询 TI 的状态，TI 为 1 时，向 CPU 申请中断，CPU 响应中断，TI 标志必须由软件清零，才能再发送下一帧数据。

RI：接收中断标志位。在方式 0 中，串行接收到第 8 位数据时，由硬件置位 RI；在其他 3 种方式中，串行接收到停止位时，硬件置位 RI。RI = 1 表示一帧数据接收结束。可由软件查询 RI 的状态，RI 为 1 时，向 CPU 申请中断，CPU 响应中断，RI 必须由软件清零，准备接收下一帧信息。

发送中断和接收中断是同一中断服务程序入口地址，所以在全双工通信时，必须由软件查询是发送中断 TI=1，还是接收中断 RI = 1。

(2) 电源控制寄存器 PCON

PCON 中的最高位 PCON.7 是串行口波特率系数位，其格式如下：

PCON(87H)，如图 7-10 所示。

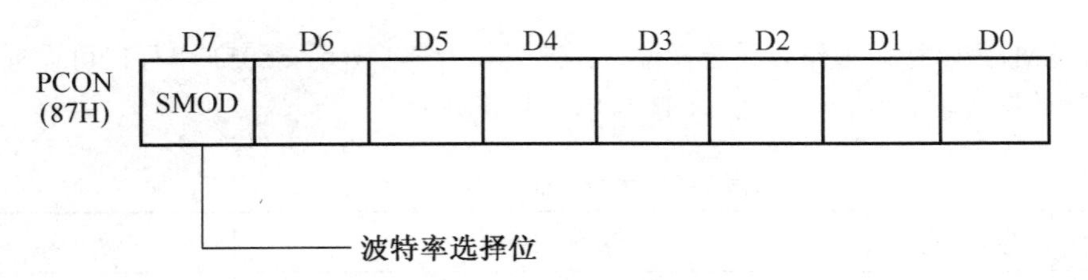

图 7-10　电源控制寄存器 POCN

SMOD：波特率倍增位。当 SMOD = 1 时，串行口波特率加倍。

思考与练习

1. 简述串行接收和发送数据的过程。
2. 8051 单片机的串行口组成是怎样的？各有什么作用？
3. 8051 中 SCON 的 SM2、TB8、RB8 有何作用？

任务三　串行口工作方式 0

任务要求

- 了解串行口工作方式 0 的帧结构形式
- 了解串行口工作方式 0 的设置
- 了解串行口工作方式 0 的应用

相关知识

1. 方式 0 的帧结构

方式 0 以 8 位数据为一帧，不设起始位、停止位和奇偶校验位，其帧结构如图 7-11 所示。先发送或接收低位。串行接口工作方式 0 为同步移位寄存器输入/输出方式。常用于串行口外接移位寄存器以扩展 I/O 口，也可以外接串行同步输入/输出设备。

2. 方式 0 的波特率

串行口定义为方式 0 接收和发送数据时，波特率是固定的，其波特率为振荡频率 f_{osc} 的 1/12，如图 7-12 所示。

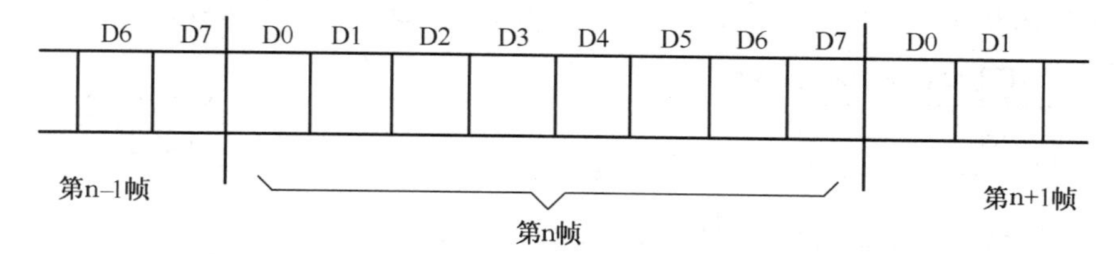

图 7-11　方式 0 的帧格式

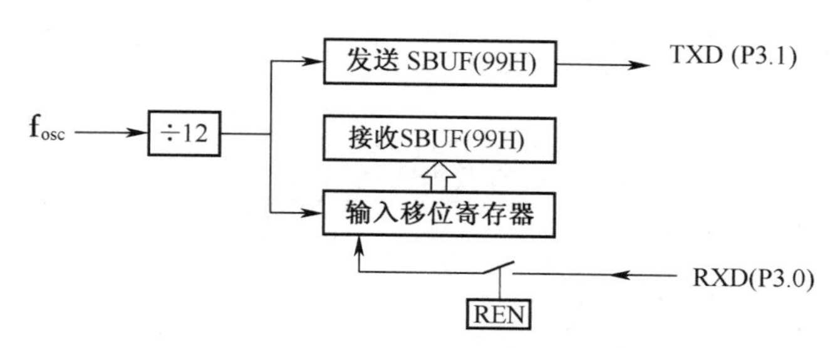

图 7-12　串行口方式 0 的波特率的产生

3. 方式 0 的工作过程

串行口以方式 0 发送时，数据由 RXD 端串行输出，TXD 端输出同步脉冲信号，当一个数据写入串行口发送缓冲器 SBUF 后，就启动串行口发送器，串行口即把 8 位数据以 $f_{osc}/12$ 的波特率从 RXD 端串行输出(低位在前)，发送完成后置中断标志 TI 为 1。方式 0 输出时，可外接串入并出的移位寄存器 74LS164 作扩展输出口，如图 7-13 所示。

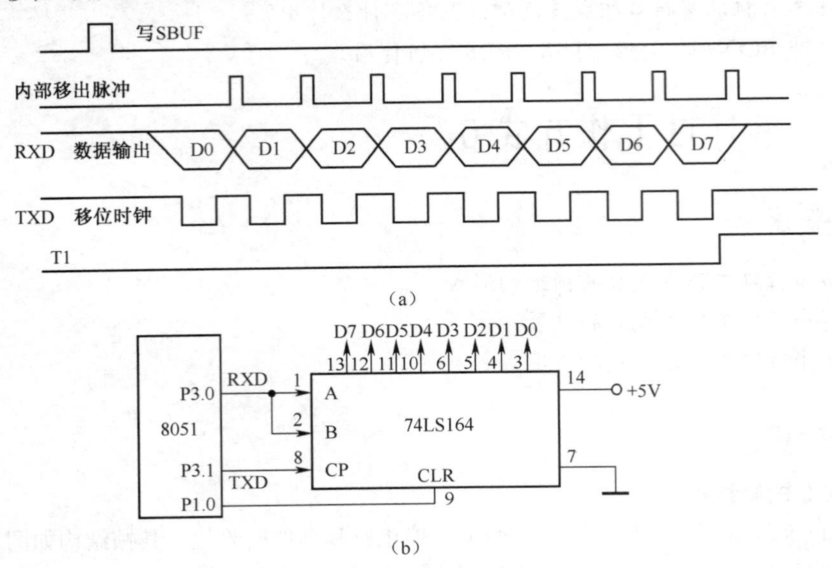

图 7-13　8051 扩展并行输出口

串行口以方式 0 接收数据时，先定义串行口为方式 0，并使 SCON 中的 REN 位置 1，便启动接收数据，此时 RXD 为数据输入端，TXD 为同步脉冲信号输出端，接收器以 $f_{osc}/12$ 的波特率采样 RXD 端的输入数据(低位在前)。当接收器收到 8 位数据时，置中断标志 RI 为 1。方式 0 输入时，可外接并入串出的移位寄存器 74LS165 作扩展输入口，如图 7-14 所示。

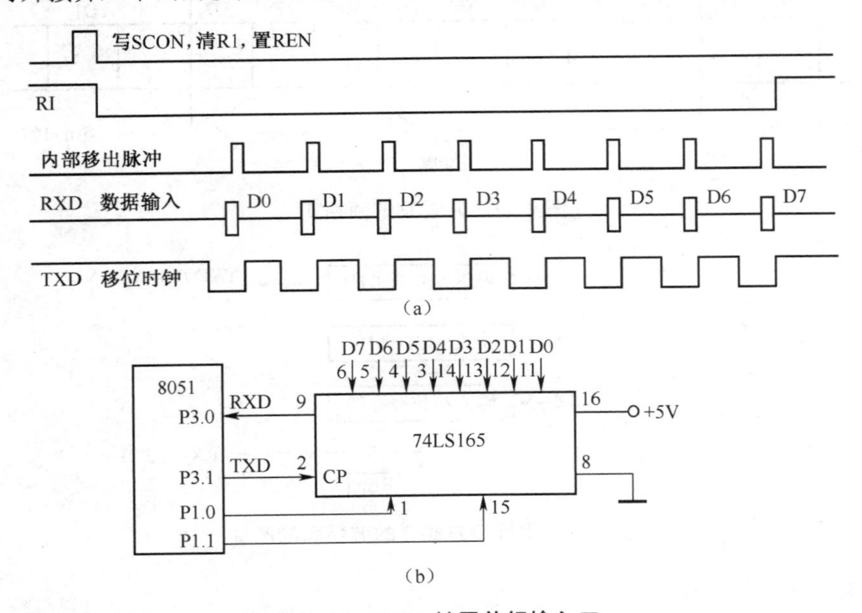

图 7-14　8051 扩展并行输入口

在方式 0 中，SCON 的 TB8 和 RB8 这两位未用。每当发送完或接收完 8 位数据后，便由硬件将发送中断请求标志 TI 或接收中断请求标志 RI 置位。CPU 响应 TI 或 RI 中断请求时，不会自动清零，TI 或 RI 标志必须由用户通过软件清零。

4. 方式 0 的应用

串行口方式 0 数据传送可以采用中断方式，也可采用查询方式，无论是接收数据还是发送数据，是采用中断方式还是查询方式，在串行通信开始时，都要先对 SCON 寄存器初始化，进行工作方式设置，都要借助于 TI 或 RI 标志来确定接收和发送是否完成。

在串行口发送时，在中断方式下，靠 TI 置位后引起中断申请，在中断服务程序中发送下一组数据；在查询方式下，通过查询 TI 的值，只要 TI 为 0 就继续查询直到 TI 为 1 后结束查询，进入下一个字符的发送。

在串行口接收时，由 RI 引起中断或对 RI 查询来决定何时接收下一个字符。

例 7.1 用 8051 串行口和 74LS164 扩展 8 位并行输出口，8 位并行口每位接一个发光二极管，要求发光二极管从右到左以一定延时轮流循环显示。

硬件连接如图 7-15 所示。

程序设计如下：

```
        ORG     1000H
        MOV     SCON, #00H      ；设置串行口方式 0
        MOV     A, #0FEH        ；最后一位发光二极管先亮
        MOV     SBUF, A         ；开始串行输出
LOOP：  JNB     TI, LOOP        ；一帧数据未发送完等待
        CLR     TI              ；清发送结束标志
        ACALL   DALAY
        RL      A
```

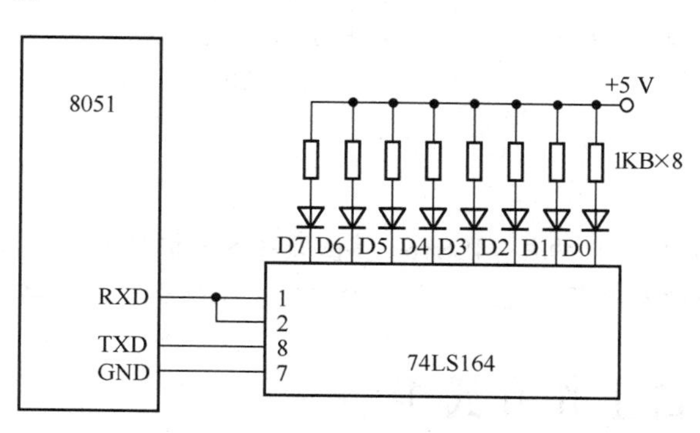

图 7-15 例 7.1 硬件连接图

```
        MOV     SBUF, A
        SJMP    LOOP
```

其中 DELAY 为延时程序，延时时间可以取 40 ms，由读者自行完成。

例 7.2 利用串行口方式 0 外接并行输入-串行输出的移位寄存器 74LS165，来扩展 8 位输入口，如图 7-16 所示。输入为 8 位开关量，编写一个程序把 8 位开关量读入累加器 A 中。

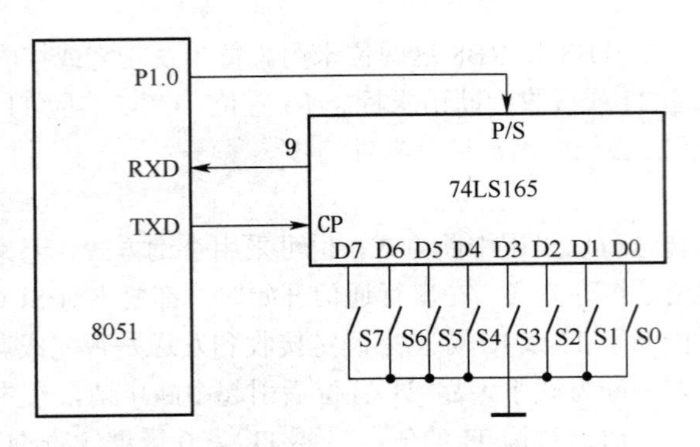

图 7-16　串行口方式 0 扩展 8 位并行输入

设串行口方式 0 接收，串行口控制字 SCON 为 10H。

SCON.7 和 SCON.6：SM0 SM1 = 00，工作于方式 0；

SCON.5：SM2 = 0，方式 0 时取 0；

SCON.4：REN = 1，允许接收，1 有效；

SCON.3 和 SCON. 2：TB8、RB8 与方式 0 无关，可为任意，这里取 0；

SCON.1：TI，与接收无关，取 0；

SCON.0：RI = 0，接收中断标志，先清零。

程序如下：

```
START:  SETB  P1.0          ; P/S = 1，并行置入数据
        CLR   P1.0          ; P/S = 0，开始串行移位
        MOV   SCON，#10H    ; 串行口方式 0，启动接收
WAIT:   JNB   RI，WAIT      ; 查询 RI
        CLR   RI            ; 8 位数输入完，清 RI
        MOV   A，SBUF       ; 取数据存入 A 中
        RET                 ; 子程序返回
```

思考与练习

1. 利用单片机串行口外接两片 74LS164 移位寄存器来扩充一个 16 位的并行输出口，并将内部 RAM 两个单元中的双字节数送扩充并行输出口，试画出扩充电路并编写程序。

任务四　串行口工作方式 1

任务要求

- 了解串行口工作方式 1 的帧结构形式
- 了解串行口工作方式 1 的波特率设置
- 了解串行口工作方式 1 的设置
- 了解串行口方式 1 的应用

相关知识

1. 方式 1 的帧结构

方式 1 为 8 位数据异步通信接口。传送一帧信息为 10 位，包括 1 位起始位(0)、8 位数据位(先低位，后高位)和 1 位停止位(1)，其格式如图 7-17 所示。

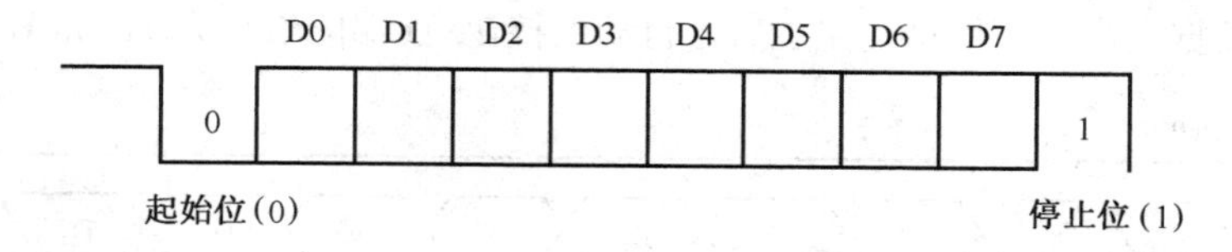

图 7-17　方式 1 的帧格式

2. 方式 1 的波特率

方式 1 发送和接收数据时，串行发送与接收的速率与移位时钟同步，都是由 T1 送来的溢出信号经过 16 或 32 分频(取决于 SMOD 位)而得到的，移位脉冲的速率即是波特率。因此，方式 1 的波特率是可变的，如图 7-18 所示。

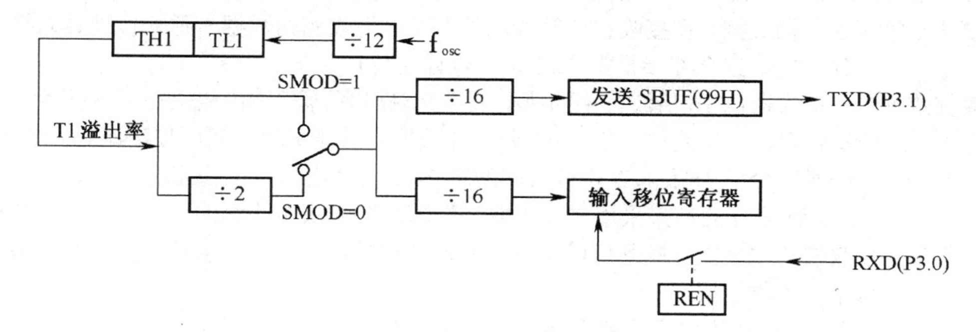

图 7-18　串行口方式 1 的波特率的产生

方式 1 的波特率与定时器 T1 的溢出率有关，即为 $2^{SMOD}/32 \times$ T1 溢出率。

用定时器 T1 作波特率发生器时，通常选用定时器工作方式 2(8 位自动重装定时初值)。但要禁止 T1 中断(ET1 = 0)，以免 T1 溢出时产生不必要的中断。先设 TH1 和 TL1 的初值为 X，那么每过 2^8-X 个机器周期，T1 就会产生一次溢出。溢出周期为 $12/f_{osc}(2^8-X)$。

T1 的溢出率为溢出周期的倒数，即

$$波特率=\frac{2^{SMOD}}{32}\times\frac{f_{osc}}{12\times(2^8-X)}$$

从而得出定时器 T1 工作在定时方式 2 时的初值：

$$X=256-\frac{f_{osc}\times 2^{SMOD}}{384\times 波特率}$$

如果串行通信选用很低的波特率，可将定时器 T1 置定时方式 0(13 位定时方式)或定时方式 1(16 位定时方式)。在这种情况下，T1 溢出时需由中断服务程序来重装初值，那么应该允许 T1 中断(ET1 = 1)，但中断响应和中断处理的时间会对波特率精度带来一些误差。

为了使定时器 T1 的初值为整数，只有靠调整单片机的振荡频率 f_{osc} 来实现所要求的标准波特率。

3. 方式 1 工作过程

方式 1 发送数据时，数据从 TXD 端输出。只要执行把 8 位数据写入发送缓冲器 SBUF 命令，便启动串行口发送器发送。启动发送后，串行口能自动地在数据的前后分别插入 1 位起始位(0)和 1 位停止位(1)，以构成一帧信息，然后在单片机内部发送移位脉冲的作用下，依次由 TXD 端上发出。在一帧数据发出之后，也就是在停止位输出时，使 TI 置 1，用以通知 CPU 可以发送下一个数据。当一帧信息发完之后，自动保持 TXD 端的信号为 1，如图 7-19 所示。

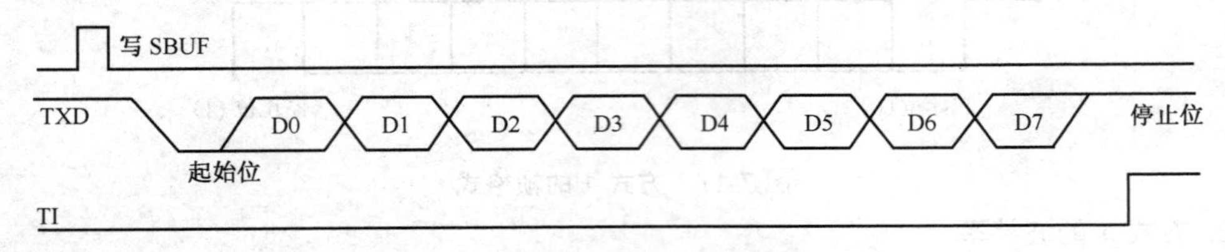

图 7-19　方式 1 发送数据

方式 1 接收数据时，数据从 RXD 端输入。在 REN 置 1，允许接收器接收的前提下，在没有信号到来时，RXD 端状态为 1，当检测到有由 1 到 0 的变化时，就确认是一帧信息的起始位(0)，便开始接收这一帧数据。在接收移位脉冲的控制下，把收到的数据一位一位地移入接收移位寄存器中，直到一帧数据全部接收完毕(包括 1 位停止位)。

接收数据时，接收器以 16 倍波特率的速率采样 RXD 串行输入端的电平。当检测到 1 到 0 的变化时，启动接收器，它先复位内部的 16 分频计数器，以便实现时间同步。计数器的 16 种状态把 1 位数据的时间分成 16 份，在每位时间的第 7、第 8 和第 9 个计数状态，位检测器采样 RXD 的值，对这 3 次采样的结果采用“三中取二”的原则来决定检测的值，以排除干扰。由于采样总是在接收位的中间，这样既可以避开信号位两端的边沿失真，也可以防止由于波特率不完全一致而带来的接收错误。

接收完一帧数据后，必须在同时满足 RI = 0 并且 SM2 = 0(或接收到的停止位为 1)两个条件下，接收才真正有效，并将接收移位寄存器中的 8 位数据装入接收缓冲器 SBUF，收到的停止位装入 SCON 中的 RB8，并使接收中断 RI 置 1。若不满足这两个条件(RI = 0；SM2 = 0 或收到的停止位为 1)，接收到的信息将丢失。接收器接着开始搜索下一帧信息起始位。其理由是：当 RI = 0，即表示上一帧接收完成时，RI=1 发出的中断请求已被响应，SBUF 中的数据已被取走。由软件使当前 RI = 0，表示接收 SBUF 已空，否则表示上次接收的数据还未取走。SM2 = 0(或收到停止位为 1)，表示数据接收已经完成，否则表示数据还未传送完。

值得注意的是：在整个接收过程中，保证 REN = 1 是一个先决条件，只有当 REN = 1 时，才能对 RXD 进行检测，如图 7-20 所示。

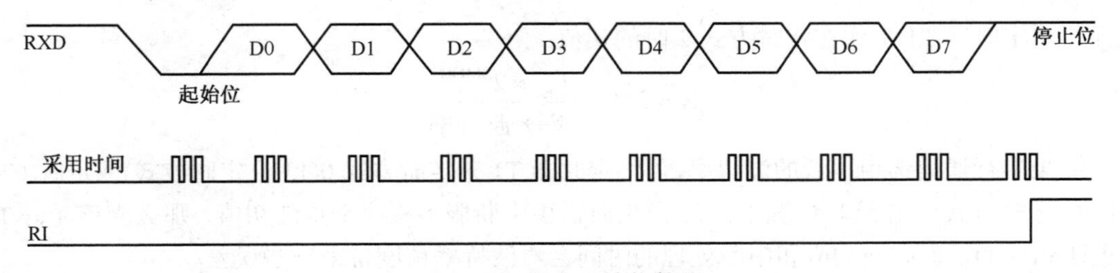

图 7-20　方式 1 接收数据

4. 串行方式 1 的应用

例 7.3　串行口双工方式发送、接收 ASCII 字符，最高位作奇偶校验位，采用奇校验方式，设发送数据区的首地址为 20H，接收区的首地址为 40H，f_{osc} = 6 MHz，波特率为 1200 Baud，编写通信程序。

7 位 ASCII 码加 1 位奇偶校验位共 8 位数据。

MCS-51 单片机的奇偶标志位 P 是当累加器 A 中 1 的数目为奇数时，P=1，若直接把 P 的值放入 ASCII 码的最高位，恰好成了偶校验，与要求不符，因此，要把 P 的值取反以后送入 ASCII 码最高位，才是符合要求的奇校验。

双工通信要求收、发能同时进行。数据传送用中断方式进行，响应中断后，通过检测是 RI=1 还是 TI=1 来决定 CPU 是进行发送操作还是接收操作，发送和接收都要通过调用子程序来完成。定时器 T1 采用定时工作方式 2，避免计数器溢出后用软件重装定时器初值。定时器初值为 F3H。

程序清单：

主程序：

```
        MOV     TMOD，#20H          ；定时器 T1 设为定时方式 2
        MOV     TL1，    #0F3H      ；定时器初值
        MOV     TH1，    #0F3H
        SETB    TR1                 ；启动定时器 T1
        MOV     SCON，   #50H       ；将串行口设置为方式 1，REN=1
        MOV     R0，     #20H       ；发送数据块首地址
        MOV     R1，     #40H       ；接收数据块首地址
        ACALL   SOUT                ；发送第一个字符
        SETB    ES                  ；开中断
        SETB    EA
LOOP：  SJMP    LOOP                ；等待中断
```

中断服务程序：

```
        ORG     0023H
        AJMP    SBR1                ；转串行口中断服务程序
        ORG     0100H
SBR1：  JNB     RI，SEND            ；TI=1，转发送中断
        ACALL   SIN                 ；RI=1，转接收中断
        SJMP    NEXT
SEND：  ACALL   SOUT
NEXT：  RETI                        ；中断返回
```

发送子程序：

```
SOUT：  CLR     TI                  ；清中断标志
        MOV     A，@R0              ；传送发送数据
        MOV     C，P                ；奇偶校验位处理
```

```
        CPL     C
        MOV     ACC.7，C
        INC     R0
        MOV     SBUF，A              ；发送数据
        RET
接收子程序：
SIN：   CLR     RI                   ；清中断标志
        MOV     A，SBUF              ；接收数据
        MOV     C，P                 ；奇偶校验位处理
        CPL     C
        ANL     A，#7F               ；屏蔽最高位
        MOV     @R1，A               ；存数据
        INC     R1
        RET
```

思考与练习

1. 简述8051串行口工作方式1的工作原理。

2. 设某8051应用系统中，时钟频率为6 MHz，串行口采用工作方式1，若波特率分别为4800Baud及1200Baud，定时器T1工作于方式2，试分别计算定时器初值。

3. 以8051串行口按方式1进行串行数据通信，假定波特率为1200Baud，以中断方式传送数据。请编写全双工通信程序。

4. 设 f_{osc} = 11.0592 MHz，试编写一段程序，其功能为对串行口初始化，使之工作于方式1，波特率为1200Baud；并用查询串行口状态的方法，读出接收缓冲器的数据并回送到发送缓冲器。

任务五　串行口工作方式2和工作方式3

任务要求

- 了解串行口工作方式2、3的帧结构形式
- 了解串行口工作方式2、3的波特率
- 了解串行口工作方式2、3的设置
- 了解串行口工作方式2、3的应用

相关知识

1. 方式2和方式3的帧结构

方式2和方式3被定义为9位异步通信接口。传送一帧信息为11位，包括1位起始位(0)、8位数据位(先低位，后高位)、1位附加可编程控制位、1位停止位(1)，其格式如图7-21所示。

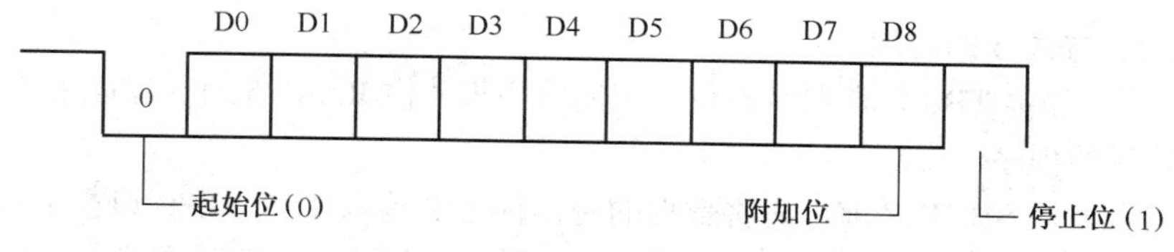

图 7-21　方式 2、方式 3 的帧格式

2. 方式 2 和方式 3 的波特率

方式 2 的波特率有两种：$f_{osc}/64$ 或 $f_{osc}/32$(取决于 SMOD 的值)，如图 7-22 所示，而方式 3 的波特率与方式 1 的波特率相同，是把定时器 T1 产生的溢出信号经过 16 或 32 分频(取决于 SMOD 的值)而取得的，即是可变的。

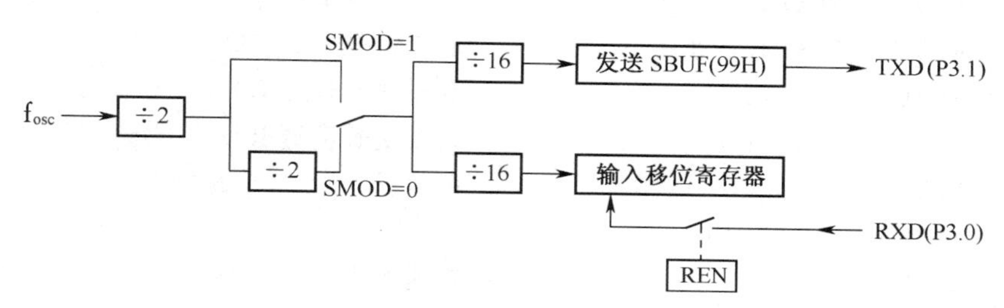

图 7-22　方式 2 的波特率的产生

方式 2 时，波特率=$2^{SMOD}/64\times f_{osc}$。

方式 3 时，波特率=$2^{SMOD}/32\times$ T1 溢出率。

3. 方式 2 和方式 3 的工作方式

方式 2 和方式 3 的接收和发送操作是完全一样的，只是波特率设置不同。

方式 2(或方式 3)发送数据时，数据由 TXD 端输出，发送一帧信息为 11 位，附加位数据 D8 是 SCON 中的 TB8(可作奇偶校验位或地址/数据标志位，发送前根据通信协议由软件设置)，CPU 执行一条数据写入发送缓冲器 SBUF 的指令，就启动发送器发送，发送完一帧信息，置中断标志 TI 为 1，发送过程和方式 1 相同。

方式 2(或方式 3)接收数据时，数据从 RXD 端输入。方式 2(或方式 3)在 SCON 中的 REN = 1，允许接收时，接收器开始以 16 倍波特率的速率采样 RXD 电平。当检测到 RXD 端有 1 到 0 变化时，启动接收器接收，把接收到的 9 位数据逐位移入移位寄存器中(含附加位)，接收完一帧信息后，在 RI = 0 并且 SM2 = 0(或接收到的附加位数据 D8 为 1)时，前 8 位数据装入 SBUF 中，附加位数据 D8 装入 SCON 中的 RB8，置中断标志 RI 为 1。如果不满足这两个条件，将丢弃接收到的信息，并不置位 RI。

上述两个条件的第一个条件是 RI = 0，提供“接收缓冲器 SBUF 空”的信息，即用户已经把 SBUF 中的数据(上次接收的)取走，故可再次写入；第二个条件是 SM2 = 0 或收到的附加位数据为 1，则提供了某种机会来控制串行口的接收。若附加位是奇偶校验位，则可令 SM2 = 0，以保证可靠的接收。若附加位数据参与对接收的控制，则可令 SM2 = 1，然后依据所置的附加位数据来决定接收是否有效。

接收过程与方式 1 相比较，不同之处是方式 2 或方式 3 存在着附加位(D8)数据，需要接收附加位有效数据，而方式 1 无附加位。

4. 方式 2、方式 3 的应用

例 7.4　用附加位 TB8 作奇偶校验位，编制将甲机片内 RAM 50H～5FH 中的数据在串行口方式 2 下发送的程序。

在数据写入发送 SBUF 之前，先将数据的奇偶标志 P 写入 TB8，串行口在工作方式 2 时，传送数据每一帧的附加位数据便是奇偶校验位，可采用查询或中断两种方式之一传送数据。

(1) 采用查询方式传送程序

```
       ORG    0000H
       AJMP   MAIN
       ORG    0100H
MAIN:  MOV    SCON，#80H             ；设串行口工作方式 2
       MOV    PCON，#80H             ；取波特率为 fosc/32
       MOV    R0，#50H               ；数据块首址送 R0
       MOV    R7，#10H               ；数据块长度送 R7
LOOP:  MOV    A，@R0                 ；取数据
       MOV    C，PSW.0
       MOV    TB8，C                 ；奇偶标志位送 TB8
       MOV    SBUF，A                ；发送数据
WAIT:  JBC    TI，CONT
       AJMP   WAIT
CONT:  INC    R0
       DJNZ   R7，LOOP               ；数据未发送完继续发送下一个数据
       SJMP   $
```

(2) 采用中断方式传送程序

主程序：

```
       ORG    0000H
       AJMP   MAIN
       ORG    0023H
       AJMP   SERVE
       ORG    0100H
MAIN:  MOV    SCON，#80H
       MOV    PCON，#80H
       MOV    R0，#50H
       MOV    R7，#0FH
       SETB   ES
       SETB   EA
       MOV    A，@R0
       MOV    C，PSW.0
       MOV    TB8，C
```

```
        MOV     SBUF，A
        SJMP    $
```

中断服务程序：

```
SERVE：CLR     TI
        INC     R0
        MOV     A，@R0
        MOV     C，PSW. 0
        MOV     TB8，C
        MOV     SBUF，A
        DJNZ    R7，ENDT
        CLR     ES
ENDT：  RETI
```

例 7.5　编制一个接收程序，将接收的 16B 数据送入片内 RAM 的 50～5FH 单元中，设串行口工作于方式 3，波特率为 2400 Baud。

方式 3 为 9 位异步通信方式，波特率为定时器 T1 的溢出率，当晶振为 11.059 MHz，波特率为 2400 Baud 时，可取 SMOD＝0，T1 工作在方式 2 时计数初值为 F4H。

程序如下：

```
MAIN：MOV     TMOD，#20H          ；设 T1 工作于方式 2
       MOV     TH1，#0F4H          ；设计数据初值
       MOV     TL1，#0F4H
       SETB    TR1
       MOV     R0，#50H            ；数据块首地址送 R0
       MOV     R7，#10H            ；数据块长度送 R7
       MOV     SCON，#0D0H         ；串行口工作于方式 3 可接收
       MOV     PCON，#00H          ；设 SMOD=0
WAIT： JBC     RI，PR1             ；接收完一帧数据，清 RI，转达 PR1
       SJMP    WAIT
PR1：  MOV     A，SBUF             ；读入数据
       JNB     P，PNP
       JNB     RB8，PER
       SJMP    RIGHT
PNP：  JB      RB8，PER
RIGHT：MOV     @R0，A
       INC     R0
       DJNZ    R7，WAIT
       CLR     PSW. 5
       RET
PER：  SETB    PSW. 5              ；置出错标志
```

RET

常用波特率如表 7-2 所示。

表 7-2　常用波特率

工作方式	波特率/Baud	f_{osc}/MHz	SMOD	定时器 T1		
				$C/\overline{T}$	方式	定时器初值
方式 0	1M	12	×	×	×	×
	0.5M	6	×	×	×	×
方式 2	375K	12	1	×	×	×
	187.5K	12	0	×	×	×
		6	1	×	×	×
方式 1 方式 3	62.5K	12	1	0	2	FFH
	19.2K	11.0592	1	0	2	FDH
		6	1	0	2	FEH
	9.6K	11.0592	0	0	2	FDH
		6	1	0	2	FDH
	4.8K	11.0592	0	0	2	FAH
		6	0	0	2	FDH
	2.4K	11.0592	0	0	2	F4H
		6	0	0	2	FAH
	1.2K	11.0592	0	0	2	E8H
		6	0	0	2	F3H
	0.6K	6	0	0	2	E6H
	137.5	11.986	0	0	2	1DH
	110	12	0	0	1	FEEBH
		6	0	0	2	72H
	55	6	0	0	1	FEEBH

思考与练习

1. 串行口工作在方式 1 和方式 3 时，其波特率与 f_{osc}、定时器 T1 工作于方式 2 的初值及 SMOD 位的关系如何？设 $f_{osc} = 6$ MHz，现利用定时器 T1 工作于方式 2 作波特率发生器，波特率为 110 Baud，试计算定时器初值？

2. 若定时器 T1 设置成定时方式 2 作波特率发生器，已知 $f_{osc} = 6$ MHz，求可能产生的最高和最低的波特率是多少？

3. 以 8051 串行口按工作方式 3 进行串行数据通信，假定波特率为 1200 Baud，附加位数据位作奇偶校验位，以中断方式传送数据。请编写通信程序。

任务六　单片机通信

任务要求

- 掌握单片机双机通信
- 了解单片机多机通信
- 了解单片机与 PC 机的通信

相关知识

1. 双机通信

例 7.6　串行通信的波特率约定为 1200Baud。用定时器 T1 工作方式 2 作为波特率发生器，由表 7-2 可知，定时器 T1 的初值为 E8H，单片机晶振频率选为 11.0592 MHz 时，波特率为 1200Baud。双机通信连接图如图 7-23 所示。

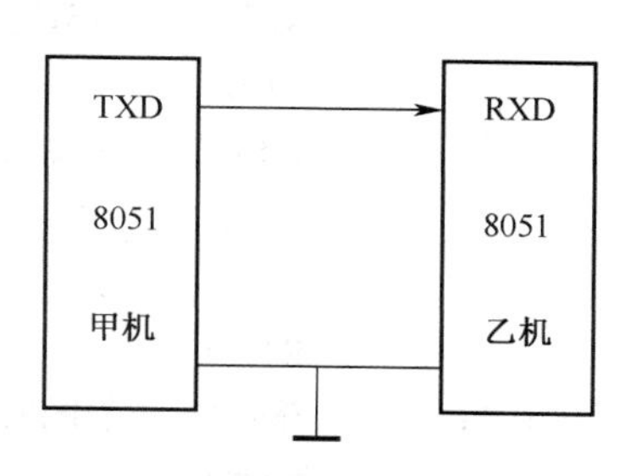

图 7-23　双机通信连接图

甲机发送：将外部 RAM 1000H～100FH 单元中的数据块及数据块首、末地址通过串行口发送端 TXD 发送到乙机。

乙机接收：接收来自串行输入端 RXD 的数据：第 1、2 字节为数据块首地址，第 3、4 字节为数据块末地址，第 5 字节开始为数据块。将接收到的数据块首、末地址及数据块依次存入外部 RAM 以 2000H 为起始地址的区域中。

甲机发送的程序如下：

```
TRANSFER:  MOV    TMOD，#20H      ；定时器 T1 方式 2
           MOV    TL1，#0E8H      ；装入初值
           MOV    TH1，#0E8H
           SETB   EA              ；CPU 开放中断
           CLR    ET1             ；禁止 T1 中断
           CLR    ES              ；关闭串行口中断
           MOV    PCON，#00H      ；波特率不倍增
           SETB   TR1             ；启动 T1
           MOV    SCON，#40H      ；置串行口方式 1
           MOV    SBUF，#10H      ；发送数据块首地址
TWAIT1:    JNB    TI，TWAIT1
           CLR    TI
           MOV    SBUF， #00H
TWAIT2:    JNB    TI，TWAIT2
           CLR    TI
```

```
          MOV     SBUF，#10H        ；发送末地址高字节
TWAIT3：  JNB     TI，TWAIT3
          CLR     TI
          MOV     R1，#10H          ；共发送 16B
          MOV     DPTR，#1000H      ；数据块首地址
          SETB    ES                ；允许串行口中断
          MOV     SBUF，#0FH        ；发送末地址低字节
TWAIT4：  SJMP    TWAIT4            ；等待中断
```

中断服务程序：

```
          ORG     0023H
TINT      MOVX    A，@DPTR          ；从数据块中取数
          MOV     SBUF，A           ；送 SBUF 中
          CLR     TI                ；清除串行口中断标志
          DJNZ    R1，TNEXT         ；数据块未完，则继续
          CLR     ER                ；数据结束，关中断
          CLR     TR1               ；关定时器
          RET1
TNEXT：   INC     DPTR              ；指向下一个数据单元
          RET1
```

乙机接收程序如下：

```
RECEIVE： MOV     TMOD，#20H        ；接收方的波特率要和发送方相同
          MOV     TL1，#08EH
          MOV     TH1，#08EH
          SETB    EA                ；CPU 开放中断
          CLR     ET1               ；禁止 T1 中断
          MOV     PCON，#00H
          SETB    TR1               ；开启定时器 T1
          MOV     R1，#14H          ；共接收 20 个字节数据
          MOV     DPTR，#2000H      ；数据存放区首地址
          MOV     SCON，#50H        ；串行口方式 1，允许接收
          SETB    ES                ；串行口中断允许
RWAIT：   SJMP    RWAIT             ；等待中断
```

中断服务程序：

```
          ORG     0023H
RINT：    MOV     A，SBUF           ；接收数据
          CLR     RI                ；清除接收中断标志
          MOVX    @DPTR，  A        ；存放数据
          DJNZ    R1，RNEXT         ；未完，则继续
```

```
        CLR     ES              ；接收数据已完成，关闭中断
        CLR     TR1             ；关闭定时器
        RETI
RNEXT:  INC     DPTR            ；指向下一个单元
        RETI
```

在进行上述双机通信时，要先运行乙机中的接收程序，再运行甲机中的发送程序。

2. 多机通信举例

如前所述，串行口控制寄存器 SCON 中的 SM2 为多机通信控制位。当串行口以方式 2(或方式 3)接收数据时，若 SM2 = 1，则仅当接收器接收到的附加位数据为 1 时，本帧数据才装入接收缓冲器 SBUF，且置 RI 为 1，向 CPU 发出中断请求信号；若第 9 位数据为 0，则不产生中断请求信号，数据将丢失。若 SM2 = 0，则接收到一个数据字节后，不管第 9 位的值是 0 还是 1，都产生中断标志 RI，接收数据装入 SBUF 中。应用这个特性，便可实现多个 MCS-51 单片机之间的串行通信。

图 7-24 所示为 MCS-51 多机通信系统的连接示意图。系统中只有一个主机，有多个从机。主机发送的信息可传到各个从机或指定的从机，而各个从机发送的信息只能被主机接收。

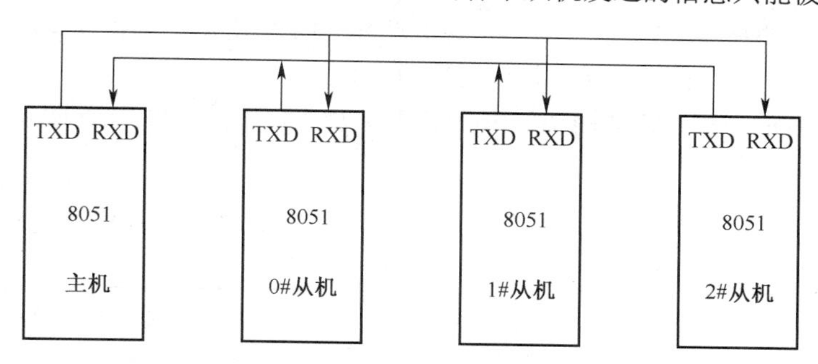

图 7-24　主从式多机通信

在多机通信时，主机发送的信息有两类，即地址和数据。地址是需要和主机通信的从机地址。例如，将图 7-24 中 3 个从机的地址分别定义为 00H，01H，02H。主机和从机串行口工作在方式 2(或方式 3)，即 9 位异步通信方式。主机发送的地址信息的特征是串行数据的附加位为 1，而发送的数据信息的特征是串行数据的附加位为 0。对于从机就要利用 SM2 位的功能来确认主机是否在呼叫自己。从机处于接收时，置 SM2 = 1，然后依据接收到的串行数据的附加位的值来决定是否接收主机信号，多机通信实现过程如下。

(1) 准备阶段

首先定义从机地址：从机由系统初始化程序(或相关处理程序)将串行口编程为方式 0 或方式 3 接收(9 位异步通信方式)，然后置 SM2 = 1，REN = 1，允许串行口中断。

(2) 通信阶段

① 主机首先将要通信的从机地址发出，发地址时附加位为 1，所有从机都接收。

② 从机串行口接收到 9 位信息为 1 时，则置位中断标志 RI，各从机 CPU 分别响应中断。

③ 各从机执行中断服务程序，以判断主机送来的地址是否与本机地址相符。若是本机地址，则 SM2 清零，准备和主机通信；若地址不一致，则保持 SM2 = 1。

④ 主机发送数据(附加位为 0)。

⑤ 从机接收到附加位为 0 的信息(表示数据)，只有 SM2 = 0 的从机(通信从机)激活中断标志 RI = 1，转入中断程序，表示接收主机的数据或命令，实现主机与从机的信息传送。而其他从机因 SM2 = 1，附加位为 0，不激活 RI 中断标志，接收的信息自动丢失不作处理，从而实现主机和从机的一对一通信。

3. 单片机与 PC 机间通信

利用 PC 机配置的异步通信接口，可以很方便地完成 PC 机与单片机的数据通信。PC 机与 80C51 单片机最简单的连接是零调制 3 线经济型，这是进行全双工通信所必需的最少数目的线路。

由于 8051 单片机输入、输出电平为 TTL 电平，而 PC 机配置的是 RS-232C 标准串行接口，二者的电气规范不一致，因此，要完成 PC 机与单片机的数据通信，必须进行电平转换。最常用的方法是采用 MAX232 芯片，实现 8051 单片机与 PC 机的 RS-232C 标准接口通信电路的连接。

(1) MAX232 芯片简介

MAX232 芯片是 MAXIM 公司生产的、包含两路接收器和驱动器的 IC 芯片，适用于各种 EIA-232C 和 V.28/V.24 的通信接口。MAX232 芯片内部有一个电源电压变换器，可以把输入的 +5 V 电源电压变换成为 RS-232C 输出电平所需的±12 V 电压。所以，采用此芯片接口的串行通信系统只需单一的+5 V 电源就可以了。对于没有±12 V 电源的场合，其适应性更强，又因为其价格适中，硬件接口简单，所以被广泛采用。

MAX232 芯片的引脚结构如图 7-25 所示，其典型工作电路如图 7-26 所示。

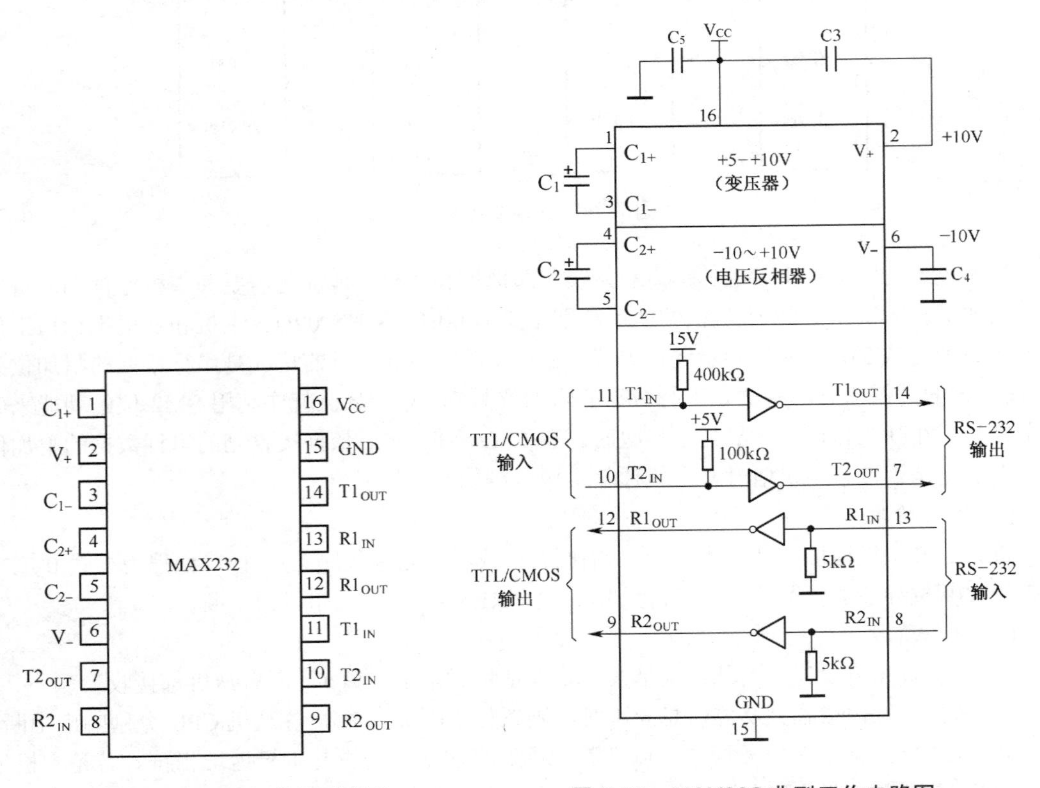

图 7-25　MAX232 芯片引脚图

图 7-26　MAX232 典型工作电路图

图 7-26 中上半部分电容 C_1、C_2、C_3、C_4、C_5 及 V_+、V_-是电源变换电路部分。

在实际应用中，器件对电源噪声很敏感。因此，V_{CC} 必须要对地加去耦电容 C_5，其值为 0.1μF。电容 C_1、C_2、C_3 和 C_4 取同样数值的钽电解电容 1.0μF/16V，用以提高抗干扰能力，在连接时必须尽量靠近器件。

下半部分为发送和接收部分。实际应用中，$T1_{IN}$ 和 $T2_{IN}$ 可直接接 TTL/CMOS 电平的 8051 单片机的串行发送端 TXD；$R1_{OUT}$ 和 $R2_{OUT}$ 可直接接 TTL/CMOS 电平的 8051 单片机的串行接收端 RXD；$T1_{OUT}$ 和 $T2_{OUT}$ 可直接接 PC 机的 RS-232 串口的接收端 RXD；$R1_{IN}$ 和 $R2_{IN}$ 可直接接 PC 机的 RS-232 串口的发送端 TXD。

(2) 采用 MAX232 芯片接口的 PC 机与 8951 单片机串行通信的接口电路

从 MAX232 芯片中两路发送接收中任选一路作为接口。应注意其发送、接收的引脚要对应。如果使 $T1_{IN}$ 接单片机的发送端 TXD，则 PC 机的 RS-232 的接收端 RXD 一定要对应接 $T1_{OUT}$ 引脚。同时，$R1_{OUT}$ 接单片机的 RXD 引脚，PC 机的 RS-232 的发送端 TXD 对应接 $R1_{IN}$ 引脚。其接口电路如图 7-27 所示。

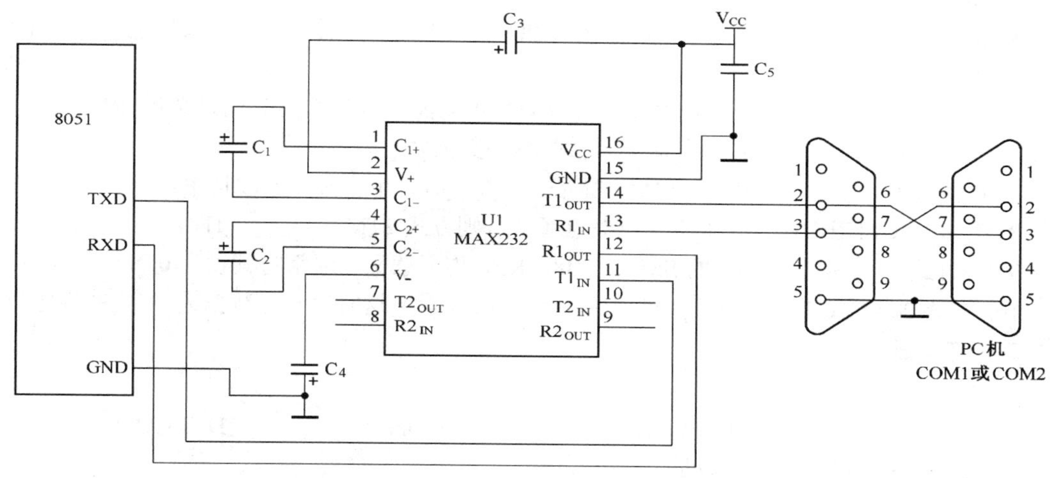

注：C_1～C_4=1 μF，要用钽电容，电容要尽量靠近 MAX232

图 7-27 采用 MAX232 接口的串行通信电路图

思考与练习

1. 利用 8051 串行口工作方式 1，分别编写一个甲机发送 16 B 数据，乙机接收 16 B 数据的发送与接收程序。设波特率为 2400 Baud，单片机晶振为 6 MHz。

2. 设计一个单片机的双机通信系统，并编写通信程序。实现将甲机内部 RAM 30H～3FH 存储区的数据块通过串行口传送到乙机内部的 RAM 40H～4FH 存储区中去。

项目小结

MCS-51 系列单片机内部具有一个全双工的异步串行通信 I/O 接口，该串行接口的波特率和帧格式可以编程设定。MCS-51 串行接口有 4 种工作方式：方式 0、方式 1、方式 2、方式 3，帧格式有 8 位、10 位、11 位。方式 0 和方式 2 的传送波特率是固定的，方式 1 和方式 3 的波特率是可变的，由定时器的溢出率决定。

单片机与单片机之间以及单片机与 PC 之间都可以进行通信，异步通信的程序通常采用两种方法：查询法和中断法。

项目测试

一、填空题

1. 在串行通信中，数据传送方向有_____、_____、_____三种方式。

2. MCS-51 单片机串行接口有 4 种工作方式，这可在初始化程序中用软件填写特殊功能寄存器_____加以选择。

3. 用串行接口扩展并行接口时，串行接口工作方式应选为方式_____。

4. 串行通信中两种最基本的通信方式是_____和_____。

5. MCS-51 单片机串行通信工作时，在 CPU 响应中断后，转入中断入口地址_____ H 单元开始执行中断服务程序。

6. 串行接口在方式 1 的接收中设置有数据辨识功能，且只有同时满足条件 RI=_____，SM2= _____或接收到的停止位为 1 时，所接收到的数据才有效。

7. 电源控制寄存器 PCON 的最高位 SMOD=_____时，串行接口的波特率加倍。

8. 若串行接口工作在方式 1 实现点对点通信，则方式 2TMOD=_____H。

9. 在方式_____中，SCON 的 SM2、TB8、RB8 均无意义，通常将其设为 0。

10. 方式 2、方式 3 主要用于多机通信，当 SM2=1 时，这时第 9 位数据为_____的标志位。

二、选择题

1. 控制串行接口工作方式的寄存器是_____。

A. TCON　　B. PCON　　C. SCON　　D. TMOD

2. 80C51 单片机的串行接口是_____。

A. 单工　　B. 全双工　　C. 半双工　　D. 并行口

3. 表征数据传输速度的指标是_____。

A. USART　　B.UART　　C. 字符帧　　D. 波特率

4. 单片机和 PC 连接时，往往采用 RS-232C 接口，其主要作用是_____。

A. 提高传输距离　　B. 提高传输速度　　C. 进行电平转换　　D. 提高驱动能力

5. 串行接口是单片机的_____。

A. 内部资源　　B. 外部资源　　C. 输入设备　　D. 输出设备

6. 单片机的输出信号为_____。

A. RS-232C　　B. TTL　　C. RS-449　　D. RS-232

7. 要使 MCS-51 单片机能够响应定时器串行接口中断，它的中断允许寄存器 IE 的内容应是_____。

A. 98H　　B. 84H　　C. 42H　　D. 22H

8. 用 MCS-51 单片机串行接口扩展并行 I/O 接口时，串行接口工作方式应选择_____。

A. 方式 0　B. 方式 1　C. 方式 2　D. 方式 3

9. 以下有关第 9 数据位的说明中，错误的是_____。

A. 第 9 位数据位的功能可由用户定义

B. 发送数据的第 9 位数据位内容在 SCON 的 TB8 位中预先准备好

C. 帧发送时使用指令把 TB8 位的状态送入发送 SBUF 中

D. 接收到的第 9 数据位送 SCON 的 RB8 中保存

10. 若晶体振荡频率为 f_{osc}，波特率为 $f_{osc}/12$ 的工作方式是_____。

A. 方式 0　B. 方式 1　C. 方式 2　D. 方式 3

11. 串行通信的传送速率单位是波特，而波特的单位是_____。

A. 字符/秒　B. 位/秒　C. 帧/秒　D. 帧/分

12. 帧格式有 1 个起始位、8 个数据位和 1 个停止位的异步串行通信方式是_____。

A. 方式 0　B. 方式 1　C. 方式 2　D. 方式 3

13. 当串行口向单片机的 CPU 发出中断请求时，若 CPU 允许并接收中断请求，则程序计数器 PC 的内容将被自动修改为_____。

A. 0003H　B. 000B　C. 0013H　D. 0023H

14. 串行口的控制寄存器 SCON 中，REN 的作用是_____。

A. 接收中断请求标志位　B. 发送中断请求标志位

C. 串行口允许接收位　D. 地址/数据位

15. 串行口工作在方式 0 时，串行数据从_____输入或输出。

A. RI　B. TXD　C. RXD　D. REN

16. 当采用中断方式进行串行数据的发送时，发送完一帧数据后，TI 标志要_____。

A. 自动清 0　B. 硬件清 0　C. 软件清 0　D. 软、硬件均可

17. 串行口每一次传送_____字符。

A. 1 个　B. 1 串　C. 1 帧　D. 1 波特

18. 当设置串行口工作方式为方式 2 时，采用_____指令。

A. MOV　SCON, #80H　B. MOV　PCON, #80H

C. MOV　SCON, #10H　D. MOV　SCON, #10H

19. 串行口工作在方式 0 时，其波特率_____。

A. 取决于定时器 1 的溢出率　B. 取决于 PCON 中的 SMOD 位

C. 取决于时钟频率　D. 取决于 PCON 中的 SMOD 位和定时器 1 的溢出率

三、判断题

(　　)1. MCS-51 单片机的串行接口是全双工的。

(　　)2. 要进行多机通信，MCS-51 单片机串行接口的工作方式应为方式 1。

(　　)3. MCS-51 单片机上电复位时，SBUF=00H。

(　　)4. 用串行接口扩并行接口时，串行接口工作方式应选为方式 1。

(　　)5. MCS-51 单片机串行接口多机通信时，可工作在方式 2 或方式 3。

(　　)6. MCS-51 单片机串行接口多机通信时，允许数据双向传送。

(　　)7. MCS-51 单片机串行通信时，数据的奇偶校验位可有可无，视具体情况而定。

(　　)8. 在串行接口的 4 种工作方式中，方式 1 与方式 3 的波特率是固定值。

(　　)9. 用串行接口扩并行接口时，RXD 脚用于接收数据，TXD 脚用于发送数据。

四、简答题

1. 80C51 单片机串行接口有几种工作方式？其特点是什么？如何选择？

2. 什么是波特率？如何计算和设置串行通信的波特率？

3. 串行口控制器 SCON 中 SM2、TB8、RB8 起什么作用？在什么方式下使用？

4. 若晶体振荡器频率为 11.0592 MHz，串行接口工作于方式 1，波特率为 4800 bit/s，写出用 T1 作为波特率发生器的方式控制字和计数初值。

5. 请编制串行通信的数据发送程序，发送片内 RAM 50H~5FH 的 16B 数据，串行接口设定为方式 2，采用偶校验方式。设晶体振荡频率为 6 MHz。

6. 设 f_{osc}=11.0592 MHz，试编写一段程序，其功能为对串行接口初始化，使之工作于方式 1，波特率为 1200 bit/s;并用查询串行接口状态的方法，读出接收缓冲器的数据并回送到发送缓冲器。

7. 8051 单片机的时钟振荡频率为 11.0592 MHz，选用定时器 T1 工作方式 2 作为波特率发生器，波特率为 2400 bit/s，求初值，并编写初始化程序。

8. AT89C51 单片机选用串口方式 1 作双工通信，晶振频率为 11.0592 MHz，波特率为 2400 bit/s，试写出该单片机的串口初始化程序（注：要求完成 TMOD、PCON、SCON、IE 及 TH1 的参数设置）。

五、综合应用

1. 并入串出扩展口流水灯电路设计。

① 在单片机的串行口外接一个并入串出 8 位移位寄存器 74LS165，实现并口到串口的转换。

② 外部 8 位并行数据通过移位寄存器 74LS165 进入单片机的串行口，然后再送往 P2 口点亮 8 个 LED 指示灯。当单片机运行后，改变移位寄存器 74LS165 的并行输入拨动开关状态，查看 8 个 LED 指示灯的变化情况。

2. 甲机依次将数据传送到乙机中的设计与仿真。

① 设计一程序，实现两片 MCS-51 串行通信，将甲机片内 RAM 的 50H~5FH 中的数据串行发送到乙机中，并存放于乙机片内 RAM 40H~4FH 单元中。

② 假设两单片机晶振均为 11.0592 MHz。根据题目要求，选择串行口方式 3 通信，接收/发送 11 位信息位（0），中间 8 位数据位，数据位后为奇偶校验位，最后 1 位为停止位（1）。如果选择波特率为 9600 bit/s、且选择 TI 方式 2 定时，请编程实现两机的串行通信。

附录1　8051指令（Instruction）英文还原记忆法（Mnemonics）

指令助记忆符	英 文 原 意	中 文 含 义
1．数据传送（Data Transfer）		
MOV	**Mov**e	传送，移动
MOVC	**Mov**e from **C**oding	程序代码存储器中数据传送
MOVX	**Mov**e e**x**terior RAM	外部扩展数据存储器数据传送
PUSH	**PUSH**	堆入
POP	**POP**	弹出
XCH	e**xch**ange	字节交换
XCHD	E**xch**ange **D**ata	半字节交换
SWAP	**SWAP**	交换
2．算术运算指令（Arithmetic）		
ADD	**Add**ition	加法
ADDC	**Add**ition with **C**arry	带进位加法
SUBB	**Sub**tract with **B**orrow	带借位减法
INC	**Inc**rement	增量
DEC	**Dec**rement	减量
MUL	**Mul**tiplication	乘法
DIV	**Div**ision	除法
DA	**D**ecimal **A**djust	十进制调整
3．逻辑运算（Logical）		
ANL	**An**d **l**ogic	与逻辑
ORL	**Or** **l**ogic	或逻辑
XRL	E**x**clusive **O**r **l**ogic	异或逻辑
CPL	**C**om**pl**ement of one’s	取反

续表

指令助记忆符	英 文 原 意	中 文 含 义
CLR	**Clear**	清除
SETB	**Set bit**	置位
4．循环与移位（Rotate & Shift）		
RL	**R**otate **l**eft	循环左移
RLC	**R**otate **l**eft with **c**arry	带进位循环左移
RR	**R**otate **r**ight	循环右移
RRC	**R**otate **r**ight with **c**arry	带进位循环右移
5．控制转移与跳转（Control Transfers and Jumps）		
LJMP	**L**ong **jump**	长转移
SJMP	**S**hort **jump**	短转移
AJMP	**A**bsolute **jump**	绝对转移
JMP	(relative)**Jump**	相对转移
JZ	**J**ump on **z**ero	累加器 A 为零转移
JNZ	**J**ump on **n**ot **z**ero	累加器 A 不为零转移
JC	**J**ump on **C**arry	进位标志位 Cy 为 1 转移
JNC	**J**ump on **n**ot **C**arry	进位标志位 Cy 不为 1 转移
JB	**J**ump on **b**it	位 bit=1 转移
JNB	**J**ump on **n**ot **b**it	位 bit≠1 转移
JBC	**J**ump with **b**it **c**lear	位 bit=1 转移，且清零
CJNE	**C**ompare **j**ump on **n**ot **e**qual	比较两数不相等转移
DJNZ	**D**ecrement **j**ump on **n**ot **z**ero	减 1 不为零转移
6．调用与返回		
LCALL	**L**ong **call**	长调用
ACALL	**A**bsolute **call**	绝对调用
RET	**Ret**urns	调用返回
RETI	**Ret**urns of **i**nterrupt	中断返回
7．空操作		
NOP	**N**o **op**eration	空操作

附录2

MCS-51单片机指令表

MCS-51 指令表中所用符号和含义：

符号	含义
add11	表示 11 位地址
add16	表示 16 位地址
direct	表示内部 RAM、SFR 的直接地址
bit	表示位地址
#data	表示 8 位立即数
#data16	表示 16 位立即数
rel	表示有符号的 8 位数相对偏移量
n	表示数字 0～7
Rn	表示寄存器 R0～R7
i	表示数 0、1
Ri	表示寄存器 R0、R1
rrr	表示三位二进制数 000～111
@	表示为寄存器间接寻址
←	表示数据传送方向
∧	表示逻辑“与”
∨	表示逻辑“或”
⊕	表示逻辑“异或”
√	表示对标志位有影响
×	表示对标志位无影响

附表 2-1　8 位数据传送类指令

助　记　符		功　　能	机器码	对标志位影响				字节数	周期数
				P	OV	AC	CY		
MOV A，	Rn	A←(Rn)	11101rrr	√	×	×	×	1	1
	direct	A←(direct)	11100101 direct	√	×	×	×	2	1
	@Ri	A←((Ri))	1110011i	√	×	×	×	1	1
	#data	A←data	01110100 data	√	×	×	×	2	1
MOV Rn,	A	Rn←(A)	11111rrr	×	×	×	×	1	1
	direct	Rn←(direct)	10101rrr direct	×	×	×	×	2	2
	#data	Rn←data	01111rrr data	×	×	×	×	2	1
MOV direct1,	A	direct1←(A)	11110101 direct1	×	×	×	×	2	1
	Rn	direct1←(Rn)	10001rrr direct1	×	×	×	×	2	2
	direct2	direct1←(direct2)	10000101 direct1 direct2	×	×	×	×	3	2
	@Ri	direct1←((Ri))	1000011i direct1	×	×	×	×	2	2
	#data	direct1←data	01110101 direct1 data	×	×	×	×	3	2
MOV @Ri，	A	(Ri)←(A)	1111011i	×	×	×	×	1	1
	direct	(Ri)←(direct)	1010011i direct	×	×	×	×	2	2
	#data	(Ri)←data	0111011i data	×	×	×	×	2	1

附表 2-2　16 位数据传送类指令

助记符	功　　能	机　器　码	对标志位影响				字节数	周期数
			P	OV	AC	CY		
MOV DPTR，#data16	DPTR←data16	10010000 $data_{15\sim8}$ $data_{7\sim0}$	×	×	×	×	3	2

附表 2-3　外部数据传送与查表类指令

助 记 符		功　能	机器码	对标志位影响				字节数	周期数
				P	OV	AC	CY		
MOVX A,	@Ri	A←((Ri))	1110001i	√	×	×	×	1	2
	@DPTR	A←((DPTR))	11100000	√	×	×	×	1	2
MOVX @Ri,	A	(Ri)←(A)	1111001i	×	×	×	×	1	2
	#data	（Ri）←data	01111rrr data	×	×	×	×	2	1
MOVX @DPTR, A		(DPTR)←(A)	11110000	×	×	×	×	1	2
MOVC A,	@A+DPTR	A←((A)+(DPTR))	1001001 1	√	×	×	×	1	2
	@A+PC	A←((A)+(PC))	1000001 1	√	×	×	×	1	2

附表 2-4　交换类指令

助 记 符		功　能	机器码	对标志位影响				字节数	周期数
				P	OV	AC	CY		
SWAP A		$(A)_{7\sim4}$～$(A)_{3\sim0}$	11000100	√	×	×	×	1	1
XCHD A ,@Ri		$(A)_{3\sim0}$～$((Ri))_{3\sim0}$	1101011i	√	×	×	×	1	1
XCH A,	Rn	(Rn)～(A)	11001rrr	√	×	×	×	1	2
	direct	(A)～(direct)	11000101 direct	√	×	×	×	2	1
	@Ri	(A)～((Ri))	1100011i	×	×	×	×	1	1

附表 2-5　堆栈操作类指令表

助 记 符	功　能	机器码	对标志位影响				字节数	周期数
			P	OV	AC	CY		
PUSH direct	(SP)←(direct)	1100000 direct	×	×	×	×	2	2
POP direct	direct←((SP))	11010000 direct	×	×	×	×	2	2

附表 2-6　算术运算类指令

助　记　符		功　　能	机器码	对标志位影响				字节数	周期数
				P	OV	AC	CY		
ADD A，	Rn	A←(A)+（Rn）	00101rrr	√	√	√	√	1	1
	direct	A←(A)+(direct)	00100101 direct	√	√	√	√	2	1
	@Ri	A←(A)+((Ri))	0010011i	√	√	√	√	1	1
	#data	A←(A)+data	00100100 date	√	√	√	√	2	1
ADDC A,	Rn	A←(A)+（Rn）+(C)	00111rrr	√	√	√	√	1	1
	direct	A←(A)+(direct)+(C)	00110101 direct	√	√	√	√	2	1
	@Ri	A←(A)+((Ri))+(C)	0011011i	√	√	√	√	1	1
	#data	A←(A)+data+(C)	00110100 data	√	√	√	√	2	1
INC	A	A←(A)+1	00000100	√	×	×	×	1	1
	Rn	Rn←(Rn)+1	00001rrr	×	×	×	×	1	1
	direct	direct←(direct)+1	00000101 direct	×	×	×	×	2	1
INC	@Ri	(Ri)←((Ri))+1	0000011i	×	×	×	×	1	1
	DPTR	DPTR←(DPTR)+1	10100011	×	×	×	×	1	2
DA A		BCD 码调整	11010100	√	×	√	√	1	1
SUBB A,	Rn	A←(A)-(Rn)-(C)	10011rrr	√	×	×	×	1	1
	direct	A←(A)-(direct)-(C)	10010101 direct	√	√	√	√	2	1
	@Ri	A←(A)-((Ri))-(C)	1001011i	√	√	√	√	1	1
	#data	A←(A)-data-(C)	10010100 data	√	√	√	√	2	1
DEC	A	A←(A)-1	00010100	√	×	×	×	1	1
	Rn	Rn←(Rn)-1	00011rrr	×	×	×	×	1	1
	direct	direct←(direct)-1	00010101 direct	×	×	×	×	2	1
	@Ri	(Ri)←((Ri))-1	0001011i	×	×	×	×	1	1
MUL AB		BA←(A)*(B)	10100100	√	√	×	0	1	4
DIV AB		A←(A)/(B) B←余数	100000100	√	√	×	0	1	4

附表 2-7　逻辑运算类指令

助记符		功能	机器码	对标志位影响				字节数	周期数
				P	OV	AC	CY		
CLR A		A←00H	11100100	√	×	×	×	1	1
CPL A		A←(A)	11110100	√	×	×	×	1	1
ANL A,	Rn	A←(A)∧(Rn)	01011rrr	√	×	×	×	1	1
	direct	A←(A)∧(direct)	01010101 direct	√	×	×	×	2	1
	@Ri	A←(A)∧((Ri))	0101011i	√	×	×	×	1	1
	#data	A←(A)∧data	01010100 data	√	×	×	×	2	1
ANL direct,	A	A←(A)∧(direct)	01010010 direct	×	×	×	×	2	1
	#data	A←(A)∧data	01010011 direct data	×	×	×	×	3	2
ORL A,	Rn	A←(A)∨(Rn)	01001rrr	×	×	×	×	1	1
	direct	A←(A)∨(direct)	01000101 direct	×	×	×	×	2	1
ORL A,	@Ri	A←(A)∨((Ri))	0100011i	×	×	×	×	1	1
	#data	A←(A)∨data	01000100 data	×	×	×	×	2	1
ORL direct,	A	direct←(direct)∨(A)	01000010 direct	×	×	×	×	2	1
	#data	direct←(direct)∨data	01000011 direct data	×	×	×	×	3	2
XRL A,	Rn	A←(A)⊕(Rn)	01101rrr	√	×	×	×	1	1
	direct	A←(A)⊕(direct)	01100101 direct	√	×	×	×	2	1
	@Ri	A←(A)⊕((Ri))	0110011i	√	×	×	×	1	1
	#data	A←(A)⊕data	01100100 data	√	×	×	×	2	1
XRL direct,	A	direct←(direct)⊕(A)	01100010 direct	×	×	×	×	2	1
	#data	direct←(direct)⊕data	01100011 direct data	×	×	×	×	3	2

附表 2-8　循环/移位类指令表

助记符	功　能	机器码	对标志位影响				字节数	机器周期
			C	AC	OV	P		
RL A	A中内容循环左移一位	00100011	–	–	–	–	1	1
RLC A	A中内容带进位循环左移一位	00110011	√	–	–	√	1	1
RR A	A中内容循环右移一位	00000011	–	–	–	–	1	1
RRC A	A中内容带进位循环右移一位	00010011	√	–	–	√	1	1

附表 2-9　位操作类指令表

助记符		功　能	机器码	对标志位影响				字节数	周期数
				P	OV	AC	CY		
MOV	C, bit	C←bit	10100010bit	×	×	×	√	2	1
	bit, C	bit←(C)	10010010bit	×	×	×	×	2	1
CLR	C	C←0	11000011	×	×	×	√	1	1
	bit	bit←0	11000010bit	×	×	×	×	2	1
SETB	C	C←1	11010011	×	×	×	√	1	1
	bit	bit←1	11010010bit	×	×	×	×	2	1
CPL	C	C←(C)	10110011	×	×	×	√	1	1
	bit	bit←(bit)	10110010bit	×	×	×	×	1	1
ANL	C, bit	C←(C)∧(bit)	10000010bit	×	×	×	√	2	2
	C, /bit	C←(C)∧(bit)	10110000bit	×	×	×	√	2	2
ORL	C, bit	C←(C)∨(bit)	01110010bit	×	×	×	√	2	2
	C, /bit	C←(C)∨(bit)	10100000bit	×	×	×	√	2	2

附表 2-10　转移类指令表

助记符	功　能	机器码	对标志位影响				字节数	周期数
			P	OV	AC	CY		
LJMP add16	PC←$addr_{15\sim0}$	00000010 $add_{15\sim8}$ $add_{7\sim0}$	×	×	×	×	3	2
AJMP add11	$PC_{10\sim0}$←$addr_{10\sim0}$	$a_{10}a_9a_8$ 00001 $addr_{7\sim0}$	×	×	×	×	2	2

续表

助记符		功能	机器码	对标志位影响				字节数	周期数
				P	OV	AC	CY		
SJMP rel		PC←(PC)+rel	10000000rel	×	×	×	×	2	2
JMP @A+DPTR		PC←(A)+(DPTR)	01110011	×	×	×	×	1	2
JZ rel		IF (A)=0 PC←(PC)+rel	01100000rel	×	×	×	×	2	2
JNZ rel		IF (A) ≠0 PC←(PC)+rel	01110000rel	×	×	×	×	2	2
JC rel		IF (C)=1 PC←(PC)+rel	01000000rel	×	×	×	×	2	2
JNC rel		IF (C)=0 PC←(PC)+rel	01010000rel	×	×	×	×	2	2
JB bit, rel		IF(bit)=1 PC←(PC)+rel	00100000bit rel	×	×	×	×	3	2
JNB bit , rel		IF (bit)=0 PC←(PC)+rel	00110000bit rel	×	×	×	×	3	2
JBC bit, rel		IF (bit)=1 PC←(PC)+rel bit←0	00010000bit rel	×	×	×	×	3	2
CJNE	A, #data,rel	if(A)≠data 则 PC←(PC)+rel	10110100data rel	√	×	×	×	3	2
CJNE	Rn, #data,rel	if(Rn)≠data 则 PC←(PC)+rel	10111rrrdata rel	×	×	×	×	3	2
	@Ri,#data,rel	if((Ri))≠data 则 PC←(PC)+rel	1011011idata rel	√	×	×	×	3	2
	A,direct,rel	if(A)≠(direct) 则 PC←(PC)+rel	10110101direct rel	√	×	×	×	3	2
DJNZ	Rn, rel	Rn←(Rn)−1 if(Rn)≠0 则 PC←(PC)+rel	11011rrrrel	×	×	×	×	2	2
	direct, rel	direct←(direct)−1 if(direct)≠0 则 PC←(PC)+rel	11010101direct rel	×	×	×	×	3	2

附表 2-11　调用/返回类指令表

助记符	功　能	机　器　码	对标志位影响				字节数	周期数
			P	OV	CA	CY		
LCALL addr16	（PC）←（PC）+3，（SP）←（PC），（PC）←addr16	00010010 $add_{15\sim8}$ $add_{7\sim0}$	×	×	×	×	3	2
ACALL addr11	（PC）←（PC）+2，（SP）←（PC），（$PC_{10\sim0}$）←addr11	$A_{10}a_9a_8$10001 $add_{7\sim0}$	×	×	×	×	2	2
RET	（PC）←（（SP））	00100010	×	×	×	×	1	2
RETI	（PC）←（（SP））	00110010	×	×	×	×	1	2

附表 2-12　空操作类指令表

助记符	功能	机器码	对标志位影响				字节数	周期数
			P	OV	AC	CY		
NOP	空操作	00000000	√	×	×	×	1	1

附表 2-13　MCS-51 指令矩阵（汇编/反汇编）表

	0	1	2	3	4	5	6，7	8～F
0	NOP	AJMP	LJMP add16	RR A	INC A	INC dir	INC @Ri	INC Rn
1	JBC bit,rel	ACALL	LCALL Addr16	RRC A	DEC A	DEC dir	DEC @Ri	DEC Rn
2	JB bit,rel	AJMP	RET	RL A	ADD A,#da	ADD A,dir	ADD A,@Ri	ADD A,Rn
3	JNB bit ,rel	ACALL	RETI	RLC A	ADDC A,#da	ADDC A,dir	ADDC A,@Ri	ADDC A,Rn
4	JC rel	AJMP	ORL dir ,A	ORL dir,#da	ORL A,#da	ORL A,dir	ORL A,@Ri	ORL A,Rn
5	JNC rel	ACALL 2	ANL dir,A	ANL dir,A	ANL A,#da	ANL A,dir	ANL A,@Ri	ANL A,Rn
6	JZ rel	AJMP 3	XRL dir,A	XRL dir,#da	XRL A,#da	XRL A,dir	XRL A,@Ri	XRL A,Rn

续表

	0	1	2	3	4	5	6，7	8～F
7	JNZ rel	ACALL 3	ORL C,bit	JMP @A+ DPTR	MOV A,#da	MOV dir,#da	MOV @Ri, #da	MOV Rn,#da
8	SJMP rel	AJMP 4	ANL C,bit	MOVC A,@A+PC	DIV AB	MOV dir,dir	MOV dir,@Ri	MOV dir,Rn
9	MOV DPTR, #da	ACALL 4	MOV bit,C	MOVC A,@A+DPTR	SUBB A#da	SUBB A,dir	SUBB A,@Ri	SUBB A,Rn
A	ORL C,/bit	AJMP 5	MOV C,bit	INC DPTR	MUL AB		MOV @Ri,dir	MOV Rn,dir
B	ANL C,/bit	ACALL 5	CPL Bit	CPL C	CJNE A,#da,rel	CJNE A,dir,rel	CJNE @Ri, #da,rel	CJNE Rn,#da,rel
C	PUSH dir	AJMP 6	CLR bit	CLR C	SWAP A	XCH A,dir	XCH A,@Ri	XCH A,Rn
D	POP dir	ACALL 6	SETB bit	SETB C	DA A	DJNZ dir,rel	XCHD A,@Ri	DJNZ Rn,rel
E	MOVX A,@ DPTR	AJMP 7	MOVX A,@R0	MOVX A,@R1	CLR A	MOV A,dir	MOV A,@Ri	MOV A,Rn
F	MOVX @DPTR,A	ACALL 7	MOVX @R0,A	MOVX @R1,A	CPL A	MOV dir,A	MOVX @Ri,A	MOV Rn,A

说明：表中纵向为高位、横向为低位构成一个字节的十六进制数指令操作码，其相交处的框内就是相对应的汇编指令，在横向低半字节的 6、7 所对应的工作寄存器@Ri 指@R0、@R1；8～F 对应的工作寄存器 R*n* 指 R0～R7。